李　勤◎主　编
谭　译　嵇　艳　唐　明　张金萍◎副主编

苏州生态文明建设与区域生态文明实践

首都经济贸易大学出版社
Capital University of Economics and Business Press
·北京·

图书在版编目（CIP）数据

苏州生态文明建设与区域生态文明实践/李勤主编．—北京：首都经济贸易大学出版社，2022.3

ISBN 978-7-5638-3344-3

Ⅰ.①苏…　Ⅱ.①李…　Ⅲ.①区域生态环境—生态环境建设—成就—苏州　Ⅳ.①X321.253.3

中国版本图书馆 CIP 数据核字（2022）第 055468 号

苏州生态文明建设与区域生态文明实践

主　编　李　勤

副主编　谭　译　嵇　艳　唐　明　张金萍

SUZHOU SHENGTAI WENMING JIANSHE YU QUYU SHENGTAI WENMING SHIJIAN

责任编辑　陈雪莲

封面设计　砚祥志远·激光照排　TEL：010-65976003

出版发行　首都经济贸易大学出版社

地　　址　北京市朝阳区红庙（邮编 100026）

电　　话　（010）65976483　65065761　65071505（传真）

网　　址　http://www.sjmcb.com

E-mail　publish@cueb.edu.cn

经　　销　全国新华书店

照　　排　北京砚祥志远激光照排技术有限公司

印　　刷　北京九州迅驰传媒文化有限公司

成品尺寸　185 毫米×260 毫米　1/16

字　　数　431 千字

印　　张　17.25

版　　次　2022 年 3 月第 1 版　2022 年 3 月第 1 次印刷

书　　号　ISBN 978-7-5638-3344-3

定　　价　78.00 元

序

生态文明是人类社会发展的必然选择，是实现人与自然和谐发展的新要求。党的十八大作出“大力推进生态文明建设”的战略部署，要求把生态文明建设放在突出地位，融入经济建设、政治建设、文化建设、社会建设各方面和全过程，努力建设美丽中国，实现中华民族永续发展。党的十九届五中全会明确提出二〇三五年“美丽中国建设目标基本实现”的远景目标和“十四五”时期“生态文明建设实现新进步”的新目标，并就“推动绿色发展，促进人与自然和谐共生”作出具体部署，为新时期生态文明建设提供了方向指引和行动指南。习近平总书记多次对“美丽中国”作出明确指示和形象描述，要求贯彻创新、协调、绿色、开放、共享的发展理念，推动形成绿色发展方式和生活方式，改善环境质量，建设天蓝、地绿、水净的美丽中国。苏州市是我国长江三角洲地区的重要中心城市，也是历史文化名城和重要的风景旅游城市。改革开放以来，苏州市一直是我国经济发展的排头兵。“十二五”至“十三五”期间，苏州市委、市政府认真贯彻中央和江苏省有关部署，在经济快速发展的同时，大力推进生态文明建设，苏州市生态制度体系逐步健全，生态环境质量稳步改善，生态空间体系不断优化，生态经济体系初步形成，生态生活体系不断优化，生态文化体系不断扩展。“十三五”时期苏州生态文明建设工作取得了可喜的成绩，“十四五”时期乃至未来一段时期苏州市生态文明建设仍处于可以大有作为的重要战略机遇期，面对新机遇、新挑战，苏州市仍需深入贯彻习近平生态文明思想，自觉对标对表中央、省“十四五”时期乃至到2035年生态文明建设和生态环境保护的部署要求，推动全市生态文明建设再上新台阶。

苏州市环境科学学会　理事长 杨秋德

前言

人类文明经历了原始文明、农业文明、工业文明三个阶段，生态文明是人类文明发展理念、道路和模式的重大进步，是人类社会可持续发展的必然结果。生态文明建设是关系中华民族永续发展的根本大计，是世界和中国发展史上的一场深刻变革。党的十八大作出“大力推进生态文明建设”的战略部署，首次明确“美丽中国”是生态文明建设的总体目标。党的十八大以来，以习近平同志为核心的党中央把生态文明建设作为统筹推进“五位一体”总体布局和协调推进“四个全面”战略布局的重要内容，生态文明建设从认识到实践发生了历史性、转折性和全局性的变化。党的十九大历史性地将“美丽”二字写入社会主义现代化强国目标，提出“坚持人与自然和谐共生”的基本方略，要求“加快生态文明体制改革，建设美丽中国”。为了更好更快地推动生态文明建设，国家以及江苏省、苏州市各级陆续出台生态文明建设示范区的管理规程、指标。苏州市始终坚持以习近平总书记生态文明建设重要战略思想为引领，牢固树立“绿水青山就是金山银山”的理念，持续深化生态文明示范区建设，巩固提升创建成果，保持生态文明规划先行，不断持续完善生态制度、生态安全、生态空间、生态经济、生态生活、生态文化六大体系，高标准推进美丽苏州建设。自2017年苏州市被评为“首批国家生态文明建设示范市”以来，苏州市昆山市、太仓市、吴江区、常熟市分别获得第四批、第五批国家生态文明建设示范县区称号。至今，苏州建成省级生态文明建设示范县区5个、省级生态文明建设示范镇（街道）56个、示范村（社区）64个。立足沪苏同城化和长江三角洲一体化发展的大格局大背景，全力打造太湖生态岛，高标准建设低碳、美丽、富裕、文明、和谐的生态示范岛，出台《苏州市太湖生态岛条例》，这是苏州推进生态文明建设，以立法形式保护太湖岛屿生态的新进展，在江苏省内也是先例。生态文明建设是一项科学而严肃的系统工程，是一个长期性、战略性、持续性进程，必须以科学规划为指导。本书汇集了苏州市生态文明建设取得的成绩，展示了苏州各区域生态文明建设的实践经验和亮点工程，以示范引领苏州全市生态文明建设。

苏州市环境科学学会是苏州市环境科技工作者、环境工程技术人员、环境教育工作者、环境管理工作者、企业环保工作者和与环境保护事业有关人士等自愿结成的全市性、学术性、非营利性社会团体法人组织。自成立以来，苏州市环境科学学会一直积极开展环境学术交流、科普宣教和咨询服务等活动，为苏州市环境保护事业做出了应有的贡献，于2017年被评为苏州市AAAA级社会组织。《苏州生态文明建设与区域生态文明实践》在编写过程中，得到了苏州各县市区生态环境局的资料支持及诸多会员的技术支持，在此谨表谢忱！

本书中的照片主要由苏州市各县市区生态环境局提供，也有少量来源于苏州各乡镇网络宣传，在此一并致谢！在书中不再一一注明来源。

由于时间紧迫、自身能力所限等，难免存在不足之处，欢迎有关专家、学者和管理人员提出宝贵意见！

编　者

2022 年 2 月

目录

第一章　生态文明的由来与我国生态文明示范区建设 …… 1
第一节　生态文明的由来 …… 2
第二节　生态文明示范区建设 …… 16

第二章　苏州区域生态文明实践 …… 41
第一节　国家生态文明示范县太仓市生态文明建设实践与创新 …… 42
第二节　国家生态文明示范县昆山市生态文明建设实践与创新 …… 53
第三节　国家生态文明示范县常熟市生态文明建设实践与创新 …… 71
第四节　国家生态文明示范区吴江区生态文明建设实践与创新 …… 83
第五节　生态岛建设吴中区生态文明建设实践与创新 …… 93

第三章　苏州市生态文明建设规划（2021—2025年） …… 103
第一节　相关政策 …… 104
第二节　工作基础与形势分析 …… 104
第三节　规划总则 …… 108
第四节　完善生态制度 …… 111
第五节　改善生态环境质量 …… 116
第六节　优化空间格局 …… 126
第七节　发展绿色生态经济 …… 128
第八节　倡导生态生活 …… 133
第九节　弘扬生态文化 …… 136
第十节　保障措施 …… 138

附录　四批江苏省生态文明建设示范乡镇（街道）、村（社区） …… 141
第一批　江苏省生态文明建设示范乡镇（街道）、村（社区） …… 143
第二批　江苏省生态文明建设示范乡镇（街道）、村（社区） …… 171
第三批　江苏省生态文明建设示范乡镇（街道）、村（社区） …… 211
第四批　江苏省生态文明建设示范乡镇（街道）、村（社区） …… 239

第一章

生态文明的由来与我国生态文明示范区建设

第一节 生态文明的由来

一、国外生态文明的由来

（一）国外生态文明概念的起源

"生态文明"一词的使用时间并不长，苏联环境学家在《莫斯科大学学报·科学共产主义》1984年第2期发表的《在成熟社会主义条件下培养个人生态文明的途径》一文中首次使用"生态文明"一词，认为人类发展必须重视生态状况。对生态文明内涵的理解因人而异，有人强调生态状况，有人强调文明程度，有人强调生态环境保护，有人强调生态环境工程建设，可谓见仁见智[1]。

生态文明涉及生态和文明两个方面。生态是自然科学的研究范畴。1866年，德国动物学家海克尔把"研究有机体与环境相互关系"的科学命名为生态学。生态学理论认为，生态指生物之间、生物与环境之间的存在状态及相互关系，有竞争、共生、自生和再生的演化规律，有保持时间、空间、数量、结构和秩序的持续与和谐功能。1944年，日本民族和人类学学者梅棹忠夫用生态史观研究人类文明史并发表文章，1967年出版《文明的生态史观：梅棹忠夫文集》，认为自然环境、生态条件对文明史进程有着重要作用。自此，用生态学方法认识人与自然关系、处理环境与发展问题，就形成了一种崭新的世界观和方法论。文明是人类社会发展的产物，是一切物质文明和精神文明的总和。英国著名历史学家汤因比在其巨著《历史研究》中提出，文明包含政治、经济、文化三个方面，其中文化构成一个文明社会的精髓[1]。

生态文明有狭义和广义之分。狭义的生态文明要求改善人与自然的关系，用文明和理智的态度对待自然，反对粗放利用资源，建设和保护生态环境。广义的生态文明包括多层含义。第一，在文化价值上，树立符合自然规律的价值需求、规范和目标，使生态意识、生态道德、生态文化成为具有广泛基础的文化意识。第二，在生活方式上，以满足自身需要又不损害他人需求为目标，践行可持续消费。第三，在社会结构上，生态化渗入到社会组织和社会结构的各个方面，追求人与自然的良性循环[1]。

（二）生态文明是人类社会发展的必然结果

人与自然的关系通过社会联系在一起。马克思、恩格斯在全面研究自然、人、社会演变历史及其相互关系的基础上揭示了：人是自然界的产物，是在自己所处的环境中并且和这个环境一起发展起来的。自然是人类生存和表现自我的基本条件。劳动使人们以一定方式结成一定的社会关系，社会是人与自然关系的中介，把人与人、人与自然联系起来。人利用自然、改造自然，不仅满足了生存需求，还创造了财富；同时也使自然界发生变化，如植树造林改善了环境，污染物排放污染了环境，前者是人类活动的正外部性，收到"前人种树后人乘凉"的效果，后者是负的外部性，排污者转嫁了污染物治理成本。人类作用于自然，自然也会反作用于人类。关于这一点，恩格斯早就指出："我们不要过分陶醉于我们人类对自然界的胜利，对于每一次这样的胜利，自然界都对我们进行报复。"当然，各种自然灾害，如地震、火山爆发等的发生是目前技术经济条件下人类难以抗拒的，这就需要人类在了解自然、尊重自然规律的前提下顺应自然，利用自然造福人类[1]。

文明是人类社会发展的结晶，生态文明则是人类社会可持续发展的必然结果。生态文明建设有利于可持续发展目标的实现，可持续的生产方式和消费模式必将会带来生态文明的结果，两者互为因果，相辅相成，相互促进。人类社会处于不断发展之中，经历了不同的文明阶段。人类文明，从时间上看可分为原始文明、农业文明和工业文明，现在进入工业文明后期，或现代文明阶段[1]。

1. 原始文明时期

原始文明是人类文明史上经历时间最长的文明时代，在这一时期，生产力水平极其低下，人们对各种自然现象无法理解，逐渐形成了“图腾”崇拜，对大自然也就存在一种敬畏心理。人与自然的关系表现为：人们只能被动地适应自然、盲目地崇拜自然、顺从自然，人受制于自然，人类寄生于大自然，始终以自然为中心，这一时期人类几乎没有对自然造成破坏[2]。

2. 农业文明时期

距今大约 8 000 年前，人类迈入农业文明时代。农业文明初期，生产力水平相对于原始文明有了一定的发展，人类为了自身的生存与发展对大自然进行开发与改造，但由于当时的生产力水平并不高，人类使用的生产工具还比较简单，使用的能源也仅仅是人力、畜力、风力以及水力等可再生资源，还并没有从根本上破坏自然生态系统的平衡。人与自然的关系是：自然处于主导地位，人类处于从属地位，人与自然基本和谐。人类的一切行为都要依赖自然界，但人类也在积极地利用自然为自身服务、改善自身生活水平[2]。随着农耕作业的发展，生产活动对环境的破坏也不断加剧，生态环境恶化致使古文明衰落和变故的例子屡见不鲜：尼罗河流域得天独厚的自然生态环境造就了辉煌的古埃及文明，但是不断地砍伐森林、过度垦荒和放牧导致了严重的水土流失、土地退化，最终使古埃及文明失去了生存发展之本；诞生于两河流域的古巴比伦文明，也是由于土地的恶化和人口的增加，“生命支持系统”濒于崩溃，最终走向了灭亡；过度开发造成的土地盐碱化，使伟大的古印度文明走向了没落；同样，盛极一时的楼兰古国的急剧衰亡，也是由于生态系统的破坏和自然环境的恶化[3]。

3. 工业文明时期

以珍妮纺织机的出现为标志，英国首先开启了工业文明时代。人类开始利用先进的工具、技术，尽情地享受大自然赋予的淡水、森林、土地、矿藏等资源，生活水平得到前所未有的提高。农业、牧业、渔业、交通、通信等的现代化，丰富了人类生存的物质基础，扩大了人类的活动领域[4]。

以追求规模经济效益、强化人的作用为主要特征，工业文明依赖于各种资源，包括不可再生资源。工业革命后，人类对大自然展开了空前规模的开发，不顾一切地掠夺自然资源，造成资源紧张、环境污染、生态破坏。温室效应、酸雨、臭氧层破坏等打破了大气圈原有的动态平衡；大量污染物排向江、河、湖、海，造成水质恶化，水体生态系统失去平衡；水土流失、农药污染、沙漠化导致土壤质量下降，正常功能失调，以致农作物产量和质量下降，并通过食物链对生物乃至人类产生危害[4]。自然资源供应和环境容量的有限性逐步成为经济增长的制约。以 20 世纪“八大公害事件”（比利时马斯河谷污染事件、美国多诺拉镇烟雾事件、英国伦敦烟雾事件、美国洛杉矶光化学烟雾事件、日本水俣病事件、日本富山骨痛病事件、日本四日市哮喘病事件、日本米糠油事件）为代表的环境污染，极大地损害了公众健康[1]。

经过300年的发展，以高消耗、高污染为主要特点的工业文明在给人类带来极大的物质满足的同时也带来了极大的破坏，使人类遇到了前所未有的社会危机和生态危机，人类开始对自己的生存空间、生活方式和价值观念进行反思。从经济学角度看，工业文明是人类文明史上的一次巨大进步；从生态学角度分析，工业文明向自然界无尽索取只不过是一种饮鸩止渴的行为。这种工业文明实际上是一种“黑色文明”，正如托夫勒所指出的，工业文明对生物圈的过度侵袭以及对不可再生资源的依赖为自身敲起了丧钟，工业文明正在消亡[4]。

只有发展，人类才能进入文明社会；只有可持续发展，才会有生态文明。换言之，生态文明既是人类社会可持续发展的前提，也是可持续发展的必然结果。如果我们延续高投入、高能耗、高排放、低效率的传统生产方式和消费模式，自然资源就供应不起，环境容纳不下，发展也难以为继[1]。

（三）国际生态文明典型案例[4]

1. 美国生态文明建设示例

在生态文明理论研究和实践方面，美国一直走在世界的前列，且民众的参与性很强。1962年，美国海洋生物学家蕾切尔·卡逊出版了《寂静的春天》，揭开了环境污染对生态系统的影响，引发了人们对生态环境问题的关注和讨论，群众性环境运动开始兴起。1970年4月22日，美国爆发了公民环境保护运动，2 000多万名群众参与，这是人类有史以来第一次爆发规模如此宏大的群众性环保运动，后来这一天被定为“世界地球日”。

美国的生态环境保护目标主要体现在可持续发展和环境保护两个方面，以及以下七项原则上：保护原则、预防原则、公平原则、依靠科技原则、改进管理原则、合作原则和责任原则。这七项原则囊括了治理污染的范围、手段工艺、管理过程和参与主体各个方面，有力地保证了美国的生态文明实践。

美国是典型的市场经济国家，利用市场手段解决环境问题是其最大的特点。美国企业提出了实行产品责任制和进行生态论证并有效实施生态环境保护战略。产品责任制是指政府在产品的生产和消费中有明确的环境保护责任，在责任明确后，制造商、销售商和消费者各自负起自身责任。同时，美国政府还鼓励包装回收再利用，以及发展旧货市场，对再生物质加贴生态标签，控制其价格，以此来倡导生态消费。美国的生态环境保护战略主要是采用税收、补贴的形式对有利于生态环境保护的项目予以鼓励，对不利的项目加以限制，其中最富有特色的一项政策就是排污权交易计划。

2. 德国生态文明建设示例

德国生态治理模式是一个成功的“先发展后治理”模式，对中国“边发展边治理”的生态治理模式具有重要的启发意义。

从19世纪初期到20世纪70年代，德国生态环境一直遭受工业和战争的双重污染和破坏，生态破坏程度和环境污染程度举世罕见；德国境内主要河流中几乎没有生物存在，居民也无法在其中游泳；整个鲁尔地区白昼如同黑夜，因为树木都被煤灰、粉尘染成黑色，栖息在树上的蝴蝶竟也将保护色演变成黑色。德国生态环境已经严重影响到德国居民的生存和健康。从20世纪70年代开始，德国政府相继关闭污染严重的煤炭和化工企业，并投入巨资对废弃厂区进行生态修复。同时，在世界领先的信息技术、生物技术和环保技术的直接推动下，德国从工业化社会进入信息化社会，进一步降低了社会经济对生态环境的污染和破坏。经过 30 多年的不懈努力，德国目前已经成为世界上生态环境最好的国家之一，其中，科学技术和生态民主在德国生态治理过程中起着关键性作用，表现如下：

（1）充分利用科学技术对遭受污染的生态环境进行彻底修复。在 100 多年的工业化工程中，特别是在第二次世界大战过程中，德国的生态环境遭到了毁灭性破坏。经过 30 多年的生态修复，德国不仅恢复了碧水蓝天，而且利用各种科学技术将渗透在德国土地上的各种重金属和化工有毒物质逐一清除。

（2）利用科学技术进行全民生态教育。环保科技通过各种教育体系使德国公民将环保意识转化为环保行为，又将环保行为转化为环保潜意识。德国的环境教育分为环保习惯养成教育和环境专业知识教育两个部分，家庭垃圾分类等习惯养成教育从幼儿就开始进行，环境专业知识教育则贯穿德国整个学历教育体系。鲁尔工业区在 20 世纪 60 年代之前一所高校也没有，目前该区已拥有 58 所高等院校，共有 47 万名在校学生。除了高校的环境专业之外，德国政府还建立了许多环境教育机构，对德国公民进行专门培训，以便政府官员、企业技术人员、环保非政府（NGO）成员以及普通市民及时了解并掌握各种环保技术和环保法规。例如，北威州政府于 1983 年创立的莱茵豪森教育培训中心（BEW），现在每年培训 5 万多名学员。

（3）利用科学技术对生态环境状况实行全程控制和监测。为了保证生态环境免遭再次破坏和污染，德国利用科学技术手段建立了比较完善的生态监控网络。德国通过卫星、飞机、雷达、地面和水下传感系统，建立了遍布全国的生态环境监测体系，对德国气候变化、土壤状况、空气质量、降水量、水域治理、污水处理和下水道系统等进行实时监测。例如，为了监测企业排污情况，在企业排污口设置传感器和实况录像系统，任何人都可以通过电脑或者手机等工具随时查看各种数据，参与生态环境监测和管理体系。鲁尔地区所在的北威州共设有 70 个空气监测站，检测结果即时公布，任何人都可以随时通过网络等工具查询大气中可吸入颗粒物和氧化物等的含量。生态监控网络有效地保证了德国生态环境免遭再次破坏和污染，例如，2008 年年初，科恩大学研究机构通过检测新技术检测到鲁尔河中含有欧盟法律中明文禁止的化学物质 PFT（高氟表面活性剂），直接导致北威州环境部长辞职以及使用 PFT 的企业主入狱。

（4）科学技术标准进入德国的环境立法体系，德国的生态治理过程因而具有科学性、实践性和可操作性。从 20 世纪 70 年代开始，德国开始将科学技术标准体系置于环境立法体系，比如《核能法》《转基因法》《化学品使用法》《污水排放法》《电——烟雾法规》《放射线防护法》《自然保护法》《循环经济法》《可再生能源法》《环保行政法》等，目前已经制定了 8 000 多部环保法律法规。这些法律法规不仅保证生命以及生命生存所必需的水、大气和土地的安全，而且保证生产过程和经济过程的生态化，避免废物产生或者对废物进行循环利用。同时，德国环保刑法则对环保犯罪行为进行法律制裁。

（5）通过政府与企业合作机制解决具体的生态环保问题。德国政府通过政府主导、企业参与的合作方式，充分发挥民间政治和经济力量在生态治理过程中的积极作用，取得了一系列富有成效的治理结果。例如，在洛伊纳化工园区，联邦政府与基础洛伊纳公司合作，首先利用科学技术对土地进行修复，然后再出售给来自世界各地的化工企业。目前，联邦政府拥有洛伊纳化工园区 13.25%的股份，基础洛伊纳公司则负责具体经营，园内企业林德公司占 24.5%的股份，其他股份由园内企业共同拥有。在莱茵河的治理过程中，政府与企业合作机制的优势得到了充分体现。德国政府充分发挥莱茵河两岸居民的知情权和收益权优势，让河两岸的居民和企业成员强制入股，成立股份制管理机构，对所属河段的大坝安全和附近生态环境负责。政府负责常规工程投资，股份管理机构负责日常维护，所属企业根据“谁污染谁负责”的原则支付治理费用。目前，德国莱茵河不仅重现勃勃生机，而且即使在 1993 年和 1995 年遭遇百年难遇的特大洪水，莱茵河大坝也不曾决堤。

（6）充分发挥大众媒体和环保 NGO 的独立性。大众媒体和环保 NGO 成为民众参与生态治理的有效途径。大众媒体不仅在普及环保知识方面起关键作用，而且在发挥媒体监督方面也起着不可低估的作用。同时，环保 NGO 具有代表当地居民的法定权力，参与政府和企业在当地有关环保的经济规划。德国环境与自然保护联合会（BUND）是德国最大的环保 NGO，它不接受任何政府、党派以及与环境有关企业的捐款，从而保持着自己民间的独立性。

3. 新加坡生态文明建设示例

新加坡是世界银行认定的生态经济城市，在生态保护和经济发展中取得了令世人瞩目的成就。新加坡位于马来半岛南端，土地面积约为 700 平方千米，有人口 480 万人，人口密度为 6 814 人/平方千米（2008 年），国内生产总值（GDP）为 1 819 亿美元（2008 年）。新加坡是东南亚的商业和工业中心、全球金融中心和贸易枢纽、世界上最繁忙的港口之一。

为了优化土地利用，新加坡推动高密度的发展。高密度发展有助于提高单位土地的经济生产力，也便于更多地使用公共交通，主要的商业和住宅区都与公共交通网络紧密连接。2004 年，繁忙时段的公共交通占所有交通方式的比重达到 63%。高密度发展还有利于绿地和自然区域的保护，新加坡也被称为“世界花园城市”。

新加坡是一个自然资源匮乏的城市国家，大部分资源依赖进口，这些资源包括食物、水和工业原料。新加坡已经推出了各种激励机制来管理资源的供给和需求。例如，采用环流和级联用水的水资源综合管理模式，实施战略水费关税制度、创造性的能源政策、道路收费计划、车辆配额制度。这些措施阻止了使用超出城市供应量的资源。

新加坡已经证明，一个城市能够在提高经济生产力和促进经济增长的同时，尽量减少对生态环境的影响，并最大限度地提高资源利用效率。强有力的领导已成为可持续发展的主要驱动力，利益相关者的积极合作则是必要的补充。

由于土地资源有限，土地利用总体规划在维护新加坡的环境质量和支持经济增长方面一直很重要。新加坡的中央商务区容积率为 13，发展中的滨海湾中央商务区容积率高达 20。

新加坡的高密度建成区使得露天场所、自然公园和绿地的保护成为可能。1986 年，新加坡的绿地面积占有率为 36%（包括路边绿化区）；尽管在 2007 年人口增长了 68%，但绿化率也增加到了 47%。高密度区，如新的城镇、工业区和商业领域，都跟城市的大众捷运系统紧密连接。捷运网络是新加坡的公共交通系统的骨干，其他运输方式则为补充。新加坡依靠激励机制来控制私家车的数量，如鼓励错峰驾驶、停泊及转乘。总体来说，这些措施使新加坡 71%的出行可以在不到一个小时内完成。

公用事业委员会（PUB）负责管理整个水循环，全面管理用水需求，并利用水费加强用水管理。污水收集系统覆盖100%的城市地区，所有的废水都被收集。废水和排水被回收，再进入这个城市的供水系统。新加坡成功地将水的需求从2000年的4.54亿吨/年降低到2004年的4.40亿吨/年，而其人口和GDP分别增长了3.4%和18.3%。

为避免过度消费，新加坡电力供应是由市场需求和竞争决定的，新加坡鼓励工业找到更好的解决方案和采取高效节能措施。单位GDP的能源消耗减少，用电效率已得到提高。为减少空气污染，土地利用计划将工业设施放在市区以外的地方。车辆配额系统和电子道路收费系统帮助缓解交通拥堵，综合公共交通系统鼓励乘坐公共交通。2008年一年中，有96%的日子显示空气质量良好。

快速的经济发展和人口增长导致废弃物增加。焚烧产生的电力满足了城市2%~3%的用电需求。为促进回收及减少废弃物，新加坡的国家回收计划鼓励各种活动，尽管经济增长了，但人均家居废弃物反而下降了，2008年废弃物回收率达56%。此外，政府还与业界合作，促进简易包装，减少浪费。

20世纪70年代以来，新加坡沿路边及在空置的地块、填海土地和新的发展地区种植树木，实现了高标准的景观美化。

政府为其市民提供经济适用住房，推动高密度开发。鼓励城市改造和新的卫星城镇的开发。2003年，84%的新加坡人居住在公共住房中，92.8%的新加坡人有自己的住房。

新加坡面临的挑战与在强劲的经济和人口增长状态下的土地和自然资源的稀缺有关。新加坡案例表明，创新土地和其他资源的管理是可以实现的。新加坡已利用其对当地条件的认识，开发出保留有绿地和空地的高密度城市。公共交通高效率运作，并且在经济上可行，与土地利用紧密结合。由于全面和综合的资源管理，新加坡成功地解决了生态、经济和社会问题，同时确保了可持续发展和生产力的提高。

二、我国的生态文明的由来

（一）古代生态文明的文化内涵

习近平总书记在2018年全国生态环境保护大会上发表重要讲话，他说道，中华民族向来尊重自然、热爱自然，绵延5 000多年的中华文明孕育着丰富的生态文化。《易经》中说，“观乎天文，以察时变；观乎人文，以化成天下”，“财成天地之道，辅相天地之宜”。《老子》中说：“人法地，地法天，天法道，道法自然。”《孟子》中说：“不违农时，谷不可胜食也；数罟不入洿池，鱼鳖不可胜食也；斧斤以时入山林，材木不可胜用也。”《荀子》中说：“草木荣华滋硕之时，则斧斤不入山林，不夭其生，不绝其长也。”《齐民要术》中有“顺天时，量地利，则用力少而成功多”的记述。这些观念都强调把天地人统一起来、把自然生态同人类文明联系起来，按照大自然规律活动，取之有时，用之有度，表达了我们的先人对处理人与自然关系的重要认识[5]。

同时，我国古代很早就把关于自然生态的观念上升为国家管理制度，专门设立掌管山林川泽的机构，制定政策法令，这就是虞衡制度。《周礼》记载，设立“山虞掌山林之政令，物为之厉而为之守禁”，“林衡掌巡林麓之禁令而平其守”。秦汉时期，虞衡制度分为林官、湖官、陂官、苑官、畴官等。虞衡制度一直延续到清代。我国不少朝代都有保护自然的律令并对违令者重惩，例如，周文王颁布的《伐崇令》规定：“毋坏屋，毋填井，毋伐树木，毋动六畜。有不如令者，死无赦。”[5]

（二）中国共产党人生态文明思想发展历程

在社会主义建设初期，以毛泽东同志为代表的第一代共产党人是社会主义生态文明思想探索的“领路人”，他们进行社会主义生态文明的初步探索，为以后中国共产党人生态文明建设提供了历史经验借鉴。尽管毛泽东同志没有明确提出系统的生态文明理论，未把“生态文明建设”列入党代会报告成为全局高度的指导思想，但是中国共产党人生态文明思想萌芽得以形成，如：重视农业在国民经济的基础地位，发展农业水利建设，平衡工业布局，加强农林牧业的环境建设，节约资源等。最重要的是他提倡进行环境保护，由此而制定的法规，成为后来生态文明法律和制度建设的雏形[6]。

改革开放以来，邓小平同志在总结第一代中国共产党人领导集体历史实践的经验教训基础上，进一步提出和发展生态文明思想。邓小平提出社会主义本质理论，明确了生态文明建设的社会主义本质核心。提出农业建设“两个飞越”思想：关于节约资源，提高资源利用率等思想；关于控制人口数量和提高人民生态保护素质等思想。其中，进一步发展生态文明思想是指利用科技保护生态环境，加强生态环境保护的法律和制度建设。同时，邓小平同志顺应时代发展，提出符合国际视野的协调资源能源和环境保护思想，成为可持续发展思想的萌芽。以上这些思想构成邓小平同志的生态文明思想。这一时期是中国共产党人正式提出生态文明战略之前的重要的初步形成时期[6]。

20 世纪 90 年代，以江泽民同志为代表的第三代共产党人把生态环境保护提升到执政兴国和可持续发展战略高度，提出“保护环境就是保护生产力”，提倡资源、人口与环境的和谐发展，提倡科技创新推动生态文明，持续发展战略、新型工业化道路等与生态文明相关的发展战略，形成了以江泽民同志为代表的第三代共产党人的生态文明思想[6]。

以胡锦涛同志为代表的共产党人以马克思主义生态思想为指导，继承和发展前三代中国共产党人生态文明思想和实践精髓，创造性提出科学发展观，进一步丰富和发展党的生态文明思想，逐渐为生态文明进入“五位一体”总体布局做准备[6]。从党的十六大开始，以胡锦涛同志为代表的共产党人坚持以科学发展观统领经济社会发展全局，坚持节约资源和保护环境的基本国策，深入实施可持续发展战略，创造性地提出建设生态文明的重大命题和战略任务，为我国实现人与自然、环境与经济、人与社会和谐发展提供了坚实理论基础、远大目标指向和强大实践动力，开辟了中国特色社会主义的新境界。

党的十八大以来，以习近平同志为核心的党中央继承和发展马克思主义人与自然学说，准确把握新时代我国人与自然关系的新形势、新矛盾的特征，坚持不懈地探索生态文明建设，深刻回答了为什么建设生态文明、建设什么样的生态文明、怎样建设生态文明的重大理论和实践问题，形成了习近平生态文明思想。习近平生态文明思想内涵丰富，立意高远，对于我们深刻认识生态文明建设的战略地位，坚持和贯彻新发展理念，正确处理好经济发展同环境保护的关系，坚定不移走生产发展、生活富裕、生态良好的文明发展之路，坚持绿色发展、低碳发展、循环发展，推动形成绿色发展方式和生活方式，建设美丽中国，构建人类命运共同体都具有十分重要的意义。新时代共产党人始终把生态文明建设放在治国理政的突出位置，全面深化生态文明体制改革，建立系统完整的生态文明法律制度体系，为生态文明建设提供了强有力的制度基石，推动经济高质量发展，建设现代化经济体系，建设人与自然和谐共生的现代化城市，以生态文明建设推动人类命运共同体的构建，开创了我国生态文明建设和环境保护新格局。

（三）重要会议上中国特色社会主义生态文明阐述梳理

2003 年 10 月，中国共产党第十六届中央委员会第三次全体会议明确提出，要坚持科学发展观，强调统筹人与自然和谐发展，坚持在开发利用自然中实现人与自然和谐相处。

2004 年 9 月，中国共产党第十六届中央委员会第四次全体会议通过了《中共中央关于加强党的执政能力建设的决定》，首次完整提出了“构建社会主义和谐社会”的概念。人与自然和谐相处作为社会主义和谐社会的基本特征之一，是生态文明建设的目标[7]。

2005 年 10 月，中国共产党第十六届中央委员会第五次全体会议通过了《中共中央关于制定国民经济和社会发展第十一个五年规划的建议》，首次把建设资源节约型和环境友好型社会确定为国民经济与社会发展中长期规划的一项战略任务，这是建设生态文明的重要途径[7]。

2007 年 10 月，在中国共产党第十七次全国代表大会上，“生态文明”这个概念被首次写入党代会的政治报告中。报告将建设生态文明列为全面建设小康社会目标之一，并将其作为一项战略任务确定下来。大会提出要“基本形成节约能源资源和保护生态环境的产业结构、增长方式、消费模式。循环经济形成较大规模，可再生能源比重显著上升。主要污染物排放得到有效控制，生态环境质量明显改善。生态文明观念在全社会牢固树立”。大会要求，坚持节约资源和保护环境的基本国策，必须把建设资源节约型、环境友好型社会放在工业化、现代化发展战略的突出位置，明确到 2020 年全面建设小康社会目标实现之时，把我国建设成为生态环境良好的国家。

2009 年 9 月，中国共产党第十七届中央委员会第四次全体会议提出“全面推进社会主义经济建设、政治建设、文化建设、社会建设以及生态文明建设”。生态文明建设作为中国特色社会主义事业总体布局的有机组成部分被提出，地位提升至与经济建设、政治建设、文化建设、社会建设并列的战略高度。

2010 年 10 月，中国共产党第十七届中央委员会第五次全体会议通过《中共中央关于制定国民经济和社会发展第十二个五年规划的建议》，把“加快建设资源节约型、环境友好型社会，提高生态文明水平”作为“十二五”时期的重要战略任务。

2011 年 3 月，《国民经济和社会发展第十二个五年规划纲要》出台，明确指出“面对日趋强化的资源环境约束，必须增强危机意识，树立绿色、低碳发展理念，以节能减排为重点，健全激励与约束机制，加快构建资源节约、环境友好的生产方式和消费模式，增强可持续发展能力，提高生态文明水平”。

2012 年 7 月，时任中共中央总书记胡锦涛在省部级主要领导干部专题研讨班上指出，推进生态文明建设，是涉及生产方式和生活方式根本性变革的战略任务，必须把生态文明建设的理念、原则、目标等深刻融入和全面贯穿到我国经济、政治、文化、社会建设的各方面和全过程，坚持节约资源和保护环境的基本国策，着力推进绿色发展、循环发展、低碳发展。

2012 年 11 月，中国共产党第十八次全国代表大会指出“建设生态文明，是关系人民福祉、关乎民族未来的长远大计”，“必须树立尊重自然、顺应自然、保护自然的生态文明理念，把生态文明建设放在突出地位，融入经济建设、政治建设、文化建设、社会建设各方面和全过程，努力建设美丽中国，实现中华民族永续发展”。要通过优化国土空间开发格局、全面促进资源节约、加大自然生态系统和环境保护力度、加强生态文明制度建设，大力推进生态文明建设，努力走向社会主义生态文明新时代。自此，生态文明建设写入《中国共产党章程》，生态文明建设被提升到历史新高度。

2013年11月，中国共产党第十八届中央委员会第三次全体会议审议通过了《中共中央关于全面深化改革若干重大问题的决定》，首次确立了生态文明制度体系，提出“必须建立系统完整的生态文明制度体系，实行最严格的源头保护制度、损害赔偿制度、责任追究制度，完善环境治理和生态修复制度，用制度保护生态环境”，为生态文明建设提供强有力的制度保障。

2014年10月，中国共产党第十八届中央委员会第四次全体会议通过《中共中央关于全面推进依法治国若干重大问题的决定》，指出“加强重点领域立法”，“用严格的法律制度保护生态环境，加快建立有效约束开发行为和促进绿色发展、循环发展、低碳发展的生态文明法律制度”，“制定完善生态补偿和土壤、水、大气污染防治及海洋生态环境保护等法律法规，促进生态文明建设”。

2015年10月，中国共产党第十八届中央委员会第五次全体会议指出，“坚持绿色发展，必须坚持节约资源和保护环境的基本国策，坚持可持续发展，坚定走生产发展、生活富裕、生态良好的文明发展道路，加快建设资源节约型、环境友好型社会，形成人与自然和谐发展现代化建设新格局，推进美丽中国建设，为全球生态安全作出新贡献。促进人与自然和谐共生，构建科学合理的城市化格局、农业发展格局、生态安全格局、自然岸线格局，推动建立绿色低碳循环发展产业体系。加快建设主体功能区，发挥主体功能区作为国土空间开发保护基础制度的作用。推动低碳循环发展，建设清洁低碳、安全高效的现代能源体系，实施近零碳排放区示范工程。全面节约和高效利用资源，树立节约集约循环利用的资源观，建立健全用能权、用水权、排污权、碳排放权初始分配制度，推动形成勤俭节约的社会风尚。加大环境治理力度，以提高环境质量为核心，实行最严格的环境保护制度，深入实施大气、水、土壤污染防治行动计划，实行省以下环保机构监测监察执法垂直管理制度。筑牢生态安全屏障，坚持保护优先、自然恢复为主，实施山水林田湖生态保护和修复工程，开展大规模国土绿化行动，完善天然林保护制度，开展蓝色海湾整治行动”。

2017年10月，中国共产党第十九次全国代表大会为生态文明建设进一步明确了方向和任务。大会在总结以往实践的基础上提出了构成新时代坚持和发展中国特色社会主义基本方略的“十四条坚持”，其中就明确地提出“坚持人与自然和谐共生”，还阐述了生态文明建设的重要性，提出了解决生态文明建设中存在问题的清晰的思路和举措，向全世界发出了中国建设生态文明的庄严承诺。党的十九大报告指出，“建设生态文明是中华民族永续发展的千年大计。必须树立和践行绿水青山就是金山银山的理念，坚持节约资源和保护环境的基本国策，像对待生命一样对待生态环境，统筹山水林田湖草系统治理，实行最严格的生态环境保护制度，形成绿色发展方式和生活方式，坚定走生产发展、生活富裕、生态良好的文明发展道路，建设美丽中国，为人民创造良好生产生活环境，为全球生态安全作出贡献”，“生态文明建设功在当代、利在千秋。我们要牢固树立社会主义生态文明观，推动形成人与自然和谐发展现代化建设新格局”。

2018年3月，十三届全国人大一次会议第三次全体会议通过了《中华人民共和国宪法修正案》，将“生态文明”写入宪法，生态文明建设被赋予了更高的法律地位。同年5月，习近平生态文明思想在全国生态环境保护大会上确立，这是继习近平新时代中国特色社会主义经济思想、习近平强军思想、习近平网络强国战略思想之后，在全国性会议上全面阐述、明确宣示的又一重要思想。这是标志性、创新性、战略性的重大理论成果，是新时代生态文明建设的根本遵循，为推动生态文明建设提供了思想指引和实践指南。习近平提出推进生态文明建设的六项重要原则：坚持人与自然和谐共生、绿水青山就是金山银山、良好生态环境是最普惠的民生福祉、山水林田湖草是生命共同体、用最严格制度最严密法治保护生态环境、共谋全球生态文明建设。首次提出要加快构建生态文明体系的"五个体系"，即生态文化体系、生态经济体系、目标责任体系、生态文明制度体系、生态安全体系。习近平生态文明思想已经形成了系统科学的理论体系，回答了生态文明建设的历史规律、根本动力、发展道路、目标任务等重大理论课题，是我们党的理论和实践创新成果。习近平生态文明思想不但是建设美丽中国的行动指南，也为构建人类命运共同体贡献了思想和实践的"中国方案"[8]。

2020 年 10 月，中国共产党第十九届中央委员会第五次全体会议提出了"十四五"时期经济社会发展主要目标，要求"生态文明建设实现新进步，国土空间开发保护格局得到优化，生产生活方式绿色转型成效显著，能源资源配置更加合理、利用效率大幅提高，主要污染物排放总量持续减少，生态环境持续改善，生态安全屏障更加牢固，城乡人居环境明显改善"。全会还提出"推动绿色发展，促进人与自然和谐共生。坚持绿水青山就是金山银山理念，坚持尊重自然、顺应自然、保护自然，坚持节约优先、保护优先、自然恢复为主，守住自然生态安全边界。深入实施可持续发展战略，完善生态文明领域统筹协调机制，构建生态文明体系，促进经济社会发展全面绿色转型，建设人与自然和谐共生的现代化。要加快推动绿色低碳发展，持续改善环境质量，提升生态系统质量和稳定性，全面提高资源利用效率"。

（四）习近平生态文明思想的深刻内涵

习近平生态文明思想是习近平新时代中国特色社会主义思想的重要组成部分，深刻回答了为什么建设生态文明、建设什么样的生态文明、怎样建设生态文明等重大问题，是新时代生态文明建设的根本遵循和行动指南，也是马克思主义关于人与自然关系理论的最新成果，其内涵主要体现在以下方面。

以"坚持人与自然和谐共生"为本质要求。随着我国迈入新时代，生态环境问题成为关系党的使命、宗旨的重大政治问题，也成为关系民生的重大社会问题。我们应像保护眼睛一样保护生态环境，像对待生命一样对待生态环境，让自然生态美景永驻人间。在人类发展史上，发生过大量破坏自然生态的事件，教训惨痛。恩格斯在其著作《自然辩证法》中指出："我们不要过分陶醉于我们人类对自然界的胜利。对于每一次这样的胜利，自然界都对我们进行报复。"因此，人类只有尊重自然、顺应自然、保护自然，才能实现经济社会可持续发展。

以"绿水青山就是金山银山"为基本内核。自然生态是有价值的，保护自然就是增加自然价值和增值自然资本的过程；生态环境价值，也是随发展而变化的。"既要绿水青山，也要金山银山"，强调两者兼顾，要立足当前，着眼长远。"宁要绿水青山，不要金山银山"，说明生态环境一旦遭到破坏就难以恢复，因而宁愿不开发也不能破坏。绿水青山也可以转化为金山银山。我们要贯彻创新、协调、绿色、开放、共享发展理念，用集约、循环、可持续方式做大"金山银山"，形成节约资源和保护环境的空间格局、产业结构、生产方式、生活方式，给自然生态留下休养生息的时间和空间。

以“良好生态环境是最普惠的民生福祉”为宗旨精神。生态文明建设，不仅可以改善民生，增进群众福祉，还可以让人民群众公平享受发展成果。随着物质文化生活水平不断提高，城乡居民的需求也在升级。他们不仅关注“吃饱穿暖”，还增加了对良好生态环境的诉求，更加关注饮用水安全、空气质量等议题。创造良好的生态环境，目的在民生，也是对人民群众生态产品需求日益增长的积极回应。我们应当坚持生态惠民、生态利民、生态为民，重点解决损害群众健康的突出环境问题，不断满足人民日益增长的优美生态环境需要，使生态文明建设成果惠及全体人民，既让人民群众充分享受绿色福利，也造福子孙后代。

以“山水林田湖草是生命共同体”为系统思想。人类生存和发展的自然系统，是社会、经济和自然的复合系统，是普遍联系的有机整体。只有遵循自然规律，才能让生态系统始终保持稳定、和谐、前进的状态，持续焕发生机和活力。因此，我们要统筹兼顾、整体施策，自觉地推动绿色发展、循环发展、低碳发展；多措并举，对自然空间用途进行统一管制，使生态系统功能和居民健康得到最大限度的保护，全方位、全地域、全过程建设生态文明，使经济、社会、文化和自然得到协调、持续发展。

以“用最严格制度最严密法治保护生态环境”为重要抓手。党的十八大以来，我们开展一系列根本性、开创性、长远性工作，完善法律法规，建立并实施中央环境保护督察制度，深入实施大气污染防治、水污染防治、土壤污染防治三大行动计划，推动生态环境保护发生历史性、转折性、全局性变化。与此同时，生态文明建设处于压力叠加、负重前行的关键期，我们必须咬紧牙关，爬过这个坡，迈过这道坎。未来，我们必须加快制度创新，不断完善环境保护法规和标准体系并严格执法，让制度成为刚性的约束和不可触碰的“高压线”。环境司法应当愈加深入，监督应当常态化，环境信息应当得到越来越及时、完整的披露，公众参与应当越来越有序有效，守法应当成为企业的责任。

以“共谋全球生态文明建设”彰显大国担当。习近平以全球视野、世界眼光、人类胸怀，积极推动治国理政理念走向更高视野、更广时空。保护生态环境，应对气候变化，是人类面临的共同挑战。习近平主席在多个国际场合宣称，中国将继续承担应尽的国际义务，同世界各国深入开展生态文明领域的交流合作，推动成果共享，携手共建生态良好的地球美好家园。说到做到，中国将深度参与全球环境治理，通过“一带一路”建设等多边合作机制，形成世界环境保护和可持续发展的解决方案，成为全球生态文明建设的重要参与者、贡献者、引领者[9]。

（五）中国特色社会主义生态文明制度体系

习近平总书记指出：“保护生态环境必须依靠制度、依靠法治。只有实行最严格的制度、最严密的法治，才能为生态文明建设提供可靠保障。”党的十八届三中全会通过的《中共中央关于全面深化改革若干重大问题的决定》强调：“建设生态文明，必须建立系统完整的生态文明制度体系。”制度具有引导、规制、激励和服务等功能，只有实行最严格的制度，才能为生态文明建设提供可靠保障。

十八大以来，围绕生态文明建设，国家出台了百余份改革文件，制订了 40 多项涉及生态文明建设的改革方案，从总体目标、基本理念、主要原则、重点任务、制度保障等方面对生态文明建设进行全面系统部署，初步建立了生态文明制度体系的“四梁八柱”；修订了《中华人民共和国环境保护法》等一系列环境保护法律法规和环境标准。这样，一个源头严防、过程严管、损害赔偿、后果严惩的生态文明制度体系初步建立[10]。从系统论和实践要求看，我国生态文明制度体系主要包括决策制度、评价制度、管理制度、考核制度等内容[11]。

1. 生态文明决策制度

生态文明建设是一项系统工程，需要从全局高度通盘考虑，搞好顶层设计和整体部署。要针对生态文明建设的重大问题和突出问题，加强顶层设计和整体部署，统筹各方力量形成合力，协调解决跨部门、跨地区的重大事项，把生态文明建设要求全面贯穿和深刻融入经济建设、政治建设、文化建设、社会建设各方面和全过程[11]。

2015 年 4 月，中共中央国务院印发《关于加快推进生态文明建设的意见》，指出"生态文明建设是中国特色社会主义事业的重要内容，关系人民福祉，关乎民族未来，事关'两个一百年'奋斗目标和中华民族伟大复兴中国梦的实现"，"加快推进生态文明建设是加快转变经济发展方式、提高发展质量和效益的内在要求，是坚持以人为本、促进社会和谐的必然选择，是全面建成小康社会、实现中华民族伟大复兴中国梦的时代抉择，是积极应对气候变化、维护全球生态安全的重大举措。要充分认识加快推进生态文明建设的极端重要性和紧迫性，切实增强责任感和使命感，牢固树立尊重自然、顺应自然、保护自然的理念，坚持绿水青山就是金山银山，动员全党、全社会积极行动、深入持久地推进生态文明建设，加快形成人与自然和谐发展的现代化建设新格局，开创社会主义生态文明新时代"。从强化主体功能定位、优化国土空间开发格局，推动技术创新和结构调整、提高发展质量和效益，全面促进资源节约循环高效使用、推动利用方式根本转变，加大自然生态系统和环境保护力度、切实改善生态环境质量，健全生态文明制度体系，加强生态文明建设统计监测和执法监督，加快形成推进生态文明建设的良好社会风尚，切实加强组织领导等八个方面提出了具体建议。

2015 年 9 月，中共中央国务院印发《生态文明体制改革总体方案》，为加快建立系统完整的生态文明制度体系，加快推进生态文明建设，增强生态文明体制改革的系统性、整体性、协同性指引了方向。该方案明确了生态文明体制改革的总体要求，对健全自然资源资产产权制度、建立国土空间开发保护制度、建立空间规划体系、完善资源总量管理和全面节约制度、健全资源有偿使用和生态补偿制度、建立健全环境治理体系、健全环境治理和生态保护市场体系、完善生态文明绩效评价考核和责任追究制度做出了具体部署。

2. 生态文明评价制度

把资源消耗、环境损害、生态效益纳入经济社会发展评价体系，建立体现生态文明要求的目标体系。把经济发展方式转变、资源节约利用、生态环境保护、生态文明制度、生态文化、生态人居等内容作为重点纳入目标体系，探索建立有利于促进绿色低碳循环发展的国民经济核算体系，探索建立体现自然资源生态环境价值的资源环境统计制度，探索编制自然资源资产负债表[11]。

2014 年 1 月，原环境保护部印发《国家生态文明建设示范村镇指标（试行）》，大力推进农村生态文明建设，打造国家级生态村镇的升级版。

2015 年 11 月，国务院办公厅印发《编制自然资源资产负债表试点方案》，通过探索编制自然资源资产负债表，推动建立健全科学规范的自然资源统计调查制度，努力摸清自然资源资产的家底及其变动情况，为推进生态文明建设、有效保护和永续利用自然资源提供信息基础、监测预警和决策支持。按照该方案要求，试编出自然资源资产负债表，对完善自然资源统计调查制度提出建议，为编制自然资源资产负债表提供经验。

2016 年 1 月，原环境保护部印发《国家生态文明建设示范区管理规程（试行）》《国家生态文明建设示范县、市指标（试行）》，从生态空间、生态经济、生态环境、生态生活、生态制度、生态文化六个方面，设置建设指标，鼓励和指导各地以国家生态文明建设示范区为载体，以市、县为重点，全面践行“绿水青山就是金山银山”的理念，积极推进绿色发展，不断提升区域生态文明建设水平。经过数次修订，国家生态文明建设示范县、市指标逐渐完善。

2016 年 12 月，中共中央办公厅、国务院办公厅印发了《生态文明建设目标评价考核办法》，明确突出公众获得感，对各省（自治区、直辖市）实行年度评价、五年考核机制，以考核结果作为党政领导综合考核评价、干部奖惩任免的重要依据。

3. 生态文明管理制度

建立空间规划体系，划定生产、生活、生态空间开发管制界限，落实用途管制。健全能源、水、土地节约集约使用制度。健全国家自然资源资产管理体制，统一行使全民所有自然资源所有者职责。完善自然资源监管体制，统一行使所有国土空间用途管制职责。统一监管所有污染物排放，实行企业污染物排放总量控制制度，推进行业性和区域性特征污染物总量控制，使污染减排与行业优化调整、区域环境质量改善紧密衔接。完善环境标准体系，实施更加严格的排放标准和环境质量标准。着力推进重点流域水污染治理和重点区域大气污染治理，鼓励有条件的地区采取更加严格的措施，使这些地区环境质量率先改善。依法依规强化环境影响评价，开展政策环评、战略环评、规划环评，建立健全规划环境影响评价和建设项目环境影响评价的联动机制。按照谁受益谁补偿原则，建立开发与保护地区之间、上下游地区之间、生态受益与生态保护地区之间的生态补偿机制，研究设立国家生态补偿专项资金，实行资源有偿使用制度和生态补偿制度。健全生物多样性保护制度，对野生动植物、生物物种、生物安全、外来物种、遗传资源等生物多样性进行统一监管。建立国家公园体制。实行以奖促保，把良好的生态系统尽可能保护起来、休养生息，优先保护水质良好的湖泊。加快自然资源及其产品价格改革，全面反映市场供求关系、资源稀缺程度、生态环境损害成本和修复效益，促进生态环境外部成本内部化。继续深化绿色信贷、绿色贸易政策，全面推行企业环境行为评级。加强行政执法部门与司法部门衔接，推动环境公益诉讼，严厉打击环境违法行为。在高环境风险行业全面推行环境污染强制责任保险。扩大环境信息公开范围，保障公众的环境知情权、参与权和监督权。健全听证制度，凡涉及群众利益的规划、决策和项目，充分听取群众意见。鼓励公众检举揭发环境违法行为。开展环保公益活动，培育和引导环保社会组织健康有序发展[11]。

2015 年 7 月，国务院办公厅印发《生态环境监测网络建设方案》，要求到 2020 年初步建成陆海统筹、天地一体、上下协同、信息共享的生态环境监测网络，使生态环境监测能力与生态文明建设要求相适应。

2015 年 12 月，中共中央办公厅、国务院办公厅印发《生态环境损害赔偿制度改革试点方案》，以期通过试点逐步明确生态环境损害赔偿范围、责任主体、索赔主体和损害赔偿解决途径等，形成相应的鉴定评估管理与技术体系、资金保障及运行机制，探索建立生态环境损害的修复和赔偿制度，加快推进生态文明建设。

2016 年 5 月，国务院办公厅印发《关于健全生态保护补偿机制的意见》，要求到 2020 年，实现森林、草原、湿地、荒漠、海洋、水流、耕地等重点领域和禁止开发区域、重点生态功能区等重要区域生态保护补偿全覆盖，补偿水平与经济社会发展状况相适应，跨地区、跨流域补偿试点示范取得明显进展，多元化补偿机制初步建立，基本建立符合我国国情的生态保护补偿制度体系，促进形成绿色生产方式和生活方式。

2017 年 9 月，中共中央办公厅、国务院办公厅印发《建立国家公园体制总体方案》，推动构建统一、规范高效的中国特色国家公园体制，建立分类科学、保护有力的自然保护地体系。

2018 年 6 月，国家标准化管理委员会组织编制了《生态文明建设标准体系发展行动指南（2018—2020 年）》，充分发挥标准化在生态文明建设中的支撑和引领作用，从基础与管理、空间布局优化、生态经济发展、生态环境保护、生态文化培育等 5 个方面提出了生态文明建设标准体系的基础框架，为全面推动生态文明建设标准体系的研制和实施提供了依据。

2021 年 10 月，中共中央办公厅、国务院办公厅印发了《关于进一步加强生物多样性保护的意见》，从加快完善生物多样性保护政策法规、持续优化生物多样性保护空间格局、构建完备的生物多样性保护监测体系、着力提升生物安全管理水平、创新生物多样性可持续利用机制、加大执法和监督检查力度、深化国际合作与交流、全面推动生物多样性保护公众参与、完善生物多样性保护保障措施等九个方面提出明确要求，推进生物多样性保护工作。

4. 生态文明考核制度

将反映生态文明建设水平和环境保护成效的指标纳入地方领导干部政绩考核评价体系，大幅提高生态环境指标考核权重。在限制开发区域和禁止开发区域，主要考核生态环保指标。严格领导干部责任追究，对领导干部实行自然资源资产离任审计。建立生态环境损害责任终身追究制。对造成生态环境损害的责任者严格实行赔偿制度，依法追究刑事责任[11]。

2015 年 8 月，中共中央办公厅、国务院办公厅印发《党政领导干部生态环境损害责任追究办法（试行）》，贯彻从严治党、从严治吏和依法治国的要求，聚焦党政领导干部这个“关键少数”，明确了追责对象、追责情形、追责办法，划定了领导干部在生态环境领域的责任红线，强化党政领导干部生态环境和资源保护职责。

2015 年 11 月，中共中央办公厅、国务院办公厅印发《开展领导干部自然资源资产离任审计试点方案》，主要目标是探索并逐步完善领导干部自然资源资产离任审计制度，形成一套比较成熟、符合实际的审计规范，保障领导干部自然资源资产离任审计工作深入开展，推动领导干部守法、守纪、守规、尽责，切实履行自然资源资产管理和生态环境保护责任，促进自然资源资产节约集约利用和生态环境安全。

2019 年，中共中央办公厅印发《党政领导干部考核工作条例》（以下简称《条例》），生态文明建设进入领导班子考核内容。与 1998 年中组部印发的《党政领导干部考核工作暂行规定》相比，《条例》将生态文明建设、生态环境保护放到了更重要的位置。

第二节 生态文明示范区建设

一、国家生态文明建设示范区

（一）国家生态文明建设示范区建设标准文件

（1）2013年5月23日，原环境保护部发布《关于印发〈国家生态文明建设试点示范区指标（试行）〉的通知》（环发〔2013〕58号），深入贯彻落实党的十八大精神，以生态文明建设试点示范推进生态文明建设，指导各生态文明建设试点按照指标要求，建立工作机制，编制生态文明建设规划。

《国家生态文明建设试点示范区指标（试行）》制定了生态文明试点示范县（含县级市、区）、示范市（含地级行政区）2项建设指标体系，涉及基本条件、建设指标、指标解释三部分内容，提出“一、建立生态文明建设党委、政府领导工作机制，研究制定生态文明建设规划，通过人大审议并颁布实施4年以上……；二、达到国家生态市建设标准并通过考核验收……；三、完成上级政府下达的节能减排任务，总量控制考核指标达到国家和地方总量控制要求……；四、环境质量（水、大气、噪声、土壤、海域）达到功能区标准并持续改善……；五、实施主体功能区规划，划定生态红线并严格遵守……。”等需满足的5项基本条件。从生态经济、生态环境、生态人居、生态制度、生态文化五个方面，分别设置29项（示范县）和30项（示范市）建设指标。

（2）2014年1月17日，原环境保护部发布《关于印发〈国家生态文明建设示范村镇指标（试行）〉的通知》（环发〔2014〕12号），深入贯彻落实党的十八大精神，大力推进农村生态文明建设，指导、监督、推进国家生态文明建设示范村镇建设。国家生态文明建设示范村镇指标涉及基本条件、建设指标、指标解释三部分内容。

专栏1 国家生态文明建设示范村指标

（一）基本条件

基础扎实。制定国家生态文明建设示范村规划或方案，并组织实施。村庄环境综合整治长效管理机制健全，建立制度，配备人员，落实经费。村庄配备环保与卫生保洁人员，协助开展生态环境监管工作，比例不低于常住人口的0.2%。

生产发展。主导产业明晰，无农产品质量安全事故。辖区内的资源开发符合生态文明要求。农业基础设施完善，基本农田得到有效保护，林地无滥砍、滥伐现象，草原无乱垦、乱牧和超载过牧现象。有机农业、循环农业和生态农业发展成效显著。工业企业向园区集聚，建设项目严格执行环境管理有关规定，污染物稳定达标排放，工业固体废物和医疗废物得到妥当处置。农家乐等乡村旅游健康发展。

生态良好。村域内水源清洁、田园清洁、家园清洁，水体、大气、噪声、土壤环境质量符合功能区标准并持续改善。未划定环境质量功能区的，满足国家相关标准的要求，无黑臭水体等严重污染现象。村容村貌整洁有序，生产生活合理分区，河塘沟渠得到综合治理，庭院绿化美化。近三年无较大以上环境污染事件，无露天焚烧农作物秸秆现象，环境投诉案件得到有效处理。属国家重点生态功能区的，所在县域在国家重点生态功能区县域生态环境质量考核中生态环境质量不变差。

生活富裕。农民人均纯收入逐年增加。住安全房、喝干净水、走平坦路，用水、用电、用气、通信等生活服务设施齐全。新型农村社会养老保险和新型农村合作医疗全覆盖。

村风文明。节约资源和保护环境的村规民约深入人心。邻里和睦，勤俭节约，反对迷信，社会治安良好，无重大刑事案件和群体性事件。历史文化名村、古街区、古建筑、古树名木得到有效保护，优秀的传统农耕文化得到传承。村级组织健全、领导有力、村务公开、管理民主。

（二）建设指标

国家生态文明建设示范村建设指标如表 1-1 所示。

表 1-1　国家生态文明建设示范村建设指标

类别	序号	指　标	单位	指标值	指标属性
生产发展	1	主要农产品中有机、绿色食品种植面积的比重	%	≥60	约束性指标
	2	农用化肥施用强度	折纯，千克/公顷	<220	约束性指标
	3	农药施用强度	折纯，千克/公顷	<2.5	约束性指标
	4	农作物秸秆综合利用率	%	≥98	约束性指标
	5	农膜回收率	%	≥90	约束性指标
	6	畜禽养殖场（小区）粪便综合利用率	%	100	约束性指标
生态良好	7	集中式饮用水水源地水质达标率	%	100	约束性指标
	8	生活污水处理率	%	≥90	约束性指标
	9	生活垃圾无害化处理率	%	≥100	约束性指标
	10	林草覆盖率 山区 丘陵区 平原区	%	 ≥80 ≥50 ≥20	约束性指标
	11	河塘沟渠整治率	%	≥90	约束性指标
	12	村民对环境状况满意率	%	≥95	参考性指标
生活富裕	13	农民人均纯收入	元/年	高于所在地市平均值	约束性指标
	14	使用清洁能源的户数比例	%	≥80	约束性指标
	15	农村卫生厕所普及率	%	100	约束性指标
村风文明	16	开展生活垃圾分类收集的居民户数比例	%	≥80	约束性指标
	17	遵守节约资源和保护环境村规民约的农户比例	%	≥95	参考性指标
	18	村务公开制度执行率	%	100	参考性指标

专栏2 国家生态文明建设示范乡镇指标

（一）基本条件

基础扎实。已获得国家级生态乡镇命名。建立健全领导机制，制定国家生态文明建设示范乡镇规划或方案，并组织实施。乡镇环境综合整治长效管理机制健全，明确相关机构和人员专职承担环保职能，协助开展生态环境监管工作，落实工作经费和环保设施运行维护费用。

生产发展。区域空间开发和产业布局符合主体功能区规划、环境功能区划和生态功能区划要求。辖区内的资源开发符合生态文明要求。产业结构合理，主导产业明晰。严守生态红线和耕地红线，基本农田得到有效保护，林地无滥砍、滥伐现象，草原无乱垦、乱牧和超载过牧现象。有机农业、循环农业和生态农业发展成效显著。工业企业向园区集聚，建设项目严格执行环境管理有关规定，污染物稳定达标排放，并达到总量控制要求。工业固体废物和医疗废物得到妥当处置。

生态良好。完成上级政府下达的节能减排任务。辖区内水体（包括近岸海域）、大气、噪声、土壤环境质量达到功能区标准并持续改善。未划定环境质量功能区的，满足国家相关标准的要求，无黑臭水体等严重污染现象。近三年内无较大以上环境污染事件，无露天焚烧农作物秸秆现象，环境投诉案件得到有效处理。镇容镇貌整洁有序。属国家重点生态功能区的，所在县域在国家重点生态功能区县域生态环境质量考核中生态环境质量不变差。

生活富裕。农民人均纯收入逐年增加。喝干净水、走平坦路，用水、用电、用气、通信等生活服务设施齐全，住宅美观舒适、节能环保。基本社会公共服务全覆盖。

乡风文明。节约资源和保护环境的理念深入人心。邻里和睦，勤俭节约，反对迷信，社会治安良好，无重大刑事案件和群体性事件。历史文化名镇（村）、古街区、古建筑、古树名木得到有效保护。乡镇政务公开、管理民主。

（二）建设指标

国家生态文明建设示范乡镇建设指标如表1-2所示。

表1-2 国家生态文明建设示范乡镇建设指标

类别	序号	指标	单位	指标值	指标属性
生产发展	1	主要农产品中有机、绿色食品种植面积的比重	%	≥60	约束性指标
	2	农业灌溉水有效利用系数	—	≥0.6	约束性指标
	3	农用化肥施用强度	折纯，千克/公顷	<220	约束性指标
	4	农药施用强度	折纯，千克/公顷	<2.5	约束性指标
	5	农作物秸秆综合利用率	%	≥98	约束性指标
	6	农膜回收率	%	≥90	约束性指标
	7	畜禽养殖场（小区）粪便综合利用率	%	100	约束性指标
	8	应当实施清洁生产审核的企业通过审核比例	%	100	约束性指标
	9	工业企业污染物排放达标率	%	100	约束性指标

续表

类别	序号	指 标	单位	指标值	指标属性
生态良好	10	集中式饮用水水源地水质达标率	%	100	约束性指标
	11	生活污水处理率	%	≥80	约束性指标
	12	生活垃圾无害化处理率	%	≥95	约束性指标
	13	林草覆盖率 山区 丘陵区 平原区	%	 ≥80 ≥50 ≥20	约束性指标
	14	建成区人均公共绿地面积	平方米/人	≥15	约束性指标
	15	居民对环境状况满意率	%	≥95	参考性指标
生活富裕	16	农民人均纯收入	元/年	高于所在地市平均值	约束性指标
	17	使用清洁能源的户数比例	%	≥60	约束性指标
	18	农村卫生厕所普及率	%	100	约束性指标
乡风文明	19	开展生活垃圾分类收集的居民户数比例	%	≥70	约束性指标
	20	政府采购节能环保产品和环境标志产品所占比例	%	100	参考性指标
	21	制定实施有关节约资源和保护环境村规民约的行政村比例	%	100	参考性指标

（3）2016年1月22日，原环境保护部发布《关于印发〈国家生态文明建设示范区管理规程（试行）〉〈国家生态文明建设示范县、市指标（试行）〉的通知》（环生态〔2016〕4号），贯彻落实党中央、国务院关于加快推进生态文明建设的决策部署，鼓励和指导各地以国家生态文明建设示范区为载体，以市、县为重点，全面践行“绿水青山就是金山银山”的理念，积极推进绿色发展，不断提升区域生态文明建设水平。

《国家生态文明建设示范区管理规程（试行）》适用于国家生态文明建设示范市、县、乡镇的创建工作。进一步规范了国家生态文明建设示范区创建工作，规范了国家生态文明建设示范区规划、申报、技术评估、考核验收、公示、公告及监督管理等工作。其中，第十条明确符合下列条件的创建地区人民政府可以向省级环境保护部门申请技术评估：①市创建规划经批准后实施3年以上的，县创建规划经批准后实施2年以上的，乡镇创建规划（方案）经批准后实施1年以上的；②经自查达到国家生态文明建设示范区各项标准的。

《国家生态文明建设示范县、市指标（试行）》是衡量一个地区是否达到国家生态文明建设示范县、市标准的依据。指标根据国家生态文明建设新形势、新要求，遵循创新、协调、绿色、开放、共享的发展理念，坚持科学性、系统性、可操作性、可达性和前瞻性原则，以国家生态县、市建设指标为基础，充分考虑发展阶段和地区差异，围绕优化国土空间开发格局、全面促进资源节约、加大自然生态系统和环境保护力度、加强生态文明制度建设等重点任务，以促进形成绿色发展方式和绿色生活方式、改善生态环境质量为导向，从生态空间、生态经济、生态环境、生态生活、生态制度、生态文化六个方面，分别设置38项（示范县）和35项（示范市）建设指标。

（4）2019年9月11日，生态环境部发布《关于印发〈国家生态文明建设示范市县建设指标〉〈国家生态文明建设示范市县管理规程〉和〈“绿水青山就是金山银山”实践创新基地建设管理规程（试行）〉的通知》（环生态〔2019〕76号），修订了《国家生态文明建设示范市县建设指标》《国家生态文明建设示范市县管理规程》，制定了《“绿水青山就是金山银山”实践创新基地建设管理规程（试行）》。

《国家生态文明建设示范市县管理规程》适用于市县两级国家生态文明建设示范创建，进一步规范了国家生态文明建设示范市县创建申报、核查、命名及监督管理等工作。其中，第九条明确符合下列条件的创建地区人民政府，可通过省级生态环境主管部门向生态环境部提出申报申请：①市县建设规划发布实施且处在有效期内。②相关法律法规得到严格落实。党政领导干部生态环境损害责任追究、领导干部自然资源资产离任审计、自然资源资产负债表、生态环境损害赔偿、“三线一单”等制度保障工作按照国家和省级总体部署有效开展。③经自查已达到国家生态文明建设示范市县各项建设指标要求。第十条明确近3年存在下列情况的地区不得申报：①中央生态环境保护督察和生态环境部组织的各类专项督查中存在重大问题，且未按计划完成整改任务的。②未完成国家下达的生态环境质量、节能减排、排污许可证核发等生态环境保护重点工作任务的。③发生重特大突发环境事件或生态破坏事件的，以及因重大生态环境问题被生态环境部约谈、挂牌督办或实施区域限批的。④群众信访举报的生态环境案件未及时办理、办结率低的。⑤国家重点生态功能区县域生态环境质量监测评价与考核结果为“一般变差”“明显变差”的。⑥出现生态环境监测数据造假的。

《国家生态文明建设示范市县建设指标》涉及建设指标、指标解释2块内容，从生态制度、生态安全、生态空间、生态经济、生态生活、生态文化六个方面，分别设置40项建设指标，其中适用市县指标31项，适用市指标6项，适用县指标3项。

专栏3　国家生态文明建设示范市县建设指标

国家生态文明建设示范市县建设指标如表1-3所示。

表1-3　国家生态文明建设示范市县建设指标

领域	任务	序号	指标名称	单位	指标值	指标属性	适用范围
生态制度	（一）目标责任体系与制度建设	1	生态文明建设规划	—	制定实施	约束性	市县
		2	党委政府对生态文明建设重大目标任务部署情况	—	有效开展	约束性	市县
		3	生态文明建设工作占党政实绩考核的比例	%	≥20	约束性	市县
		4	河长制	—	全面实施	约束性	市县
		5	生态环境信息公开率	%	100	约束性	市县
		6	依法开展规划环境影响评价	% —	市：100 县：开展	市：约束性 县：参考性	市县

续表

领域	任务	序号	指标名称	单位	指标值	指标属性	适用范围
生态安全	（二）生态环境质量改善	7	环境空气质量 优良天数比例 PM2.5 浓度下降幅度	%	完成上级规定的考核任务；保持稳定或持续改善	约束性	市县
		8	水环境质量 水质达到或优于Ⅲ类比例提高幅度 劣Ⅴ类水体比例下降幅度 黑臭水体消除比例	%	完成上级规定的考核任务；保持稳定或持续改善	约束性	市县
		9	近岸海域水质优良（一、二类）比例	%	完成上级规定的考核任务；保持稳定或持续改善	约束性	市
	（三）生态系统保护	10	生态环境状况指数* 干旱半干旱地区 其他地区	%	≥35 ≥60	约束性	市县
		11	林草覆盖率 山区 丘陵地区 平原地区 干旱半干旱地区 青藏高原地区	%	≥60 ≥40 ≥18 ≥35 ≥70	参考性	市县
		12	生物多样性保护 国家重点保护野生动植物保护率 外来物种入侵 特有性或指示性水生物种保持率	% — %	≥95 不明显 不降低	参考性	市县
		13	海岸生态修复 自然岸线修复长度 滨海湿地修复面积	千米 公顷	完成上级管控目标	参考性	市县
	（四）生态环境风险防范	14	危险废物利用处置率	%	100	约束性	市县
		15	建设用地土壤污染风险管控和修复名录制度	—	建立	参考性	市县
		16	突发生态环境事件应急管理机制	—	建立	约束性	市县

续表

领域	任务	序号	指标名称	单位	指标值	指标属性	适用范围
生态空间	（五）空间格局优化	17	自然生态空间 生态保护红线 自然保护地	—	面积不减少，性质不改变，功能不降低	约束性	市县
		18	自然岸线保有率	%	完成上级管控目标	约束性	市县
		19	河湖岸线保护率	%	完成上级管控目标	参考性	市县
生态经济	（六）资源节约与利用	20	单位地区生产总值能耗	吨标准煤/万元	完成上级规定的目标任务；保持稳定或持续改善	约束性	市县
		21	单位地区生产总值用水量	立方米/万元	完成上级规定的目标任务；保持稳定或持续改善	约束性	市县
		22	单位国内生产总值建设用地使用面积下降率	%	≥4.5	参考性	市县
		23	碳排放强度*	吨/万元	完成上级管控目标	约束性	市
		24	应当实施强制性清洁生产企业通过审核的比例	%	完成年度审核计划	参考性	市
	（七）产业循环发展	25	农业废弃物综合利用率 秸秆综合利用率 禽粪污综合利用率 农膜回收利用率	%	≥90 ≥75 ≥80	参考性	县
		26	一般工业固体废物综合利用率*	%	≥80	参考性	市县
生态生活	（八）人居环境改善	27	集中式饮用水水源地水质优良比例	%	100	约束性	市县
		28	村镇饮用水卫生合格率	%	100	约束性	县
		29	城镇污水处理率*	%	市≥95 县≥85	约束性	市县
		30	城镇生活垃圾无害化处理率	%	市≥95 县≥80	约束性	市县
		31	城镇人均公园绿地面积	平方米/人	≥15	参考性	市
		32	农村无害化卫生厕所普及率	%	完成上级规定的目标任务	约束性	县

续表

领域	任务	序号	指标名称	单位	指标值	指标属性	适用范围
生态生活	（九）生活方式绿色化	33	城镇新建绿色建筑比例	%	≥50	参考性	市县
		34	公共交通出行分担率	%	超、特大城市≥70 大城市≥60 中小城市≥50	参考性	市
		35	生活废弃物综合利用 城镇生活垃圾分类减量化行动 农村生活垃圾集中收集储运	—	实施	参考性	市县
		36	绿色产品市场占有率 节能家电市场占有率 在售用水器具中节水型器具占比 一次性消费品人均使用量	 % % 千克	 ≥50 100 逐步下降	参考性	市
		37	政府绿色采购比例	%	≥80	约束性	市县
生态文化	（十）观念意识普及	38	党政领导干部参加生态文明培训的人数比例	%	100	参考性	市县
		39	公众对生态文明建设的满意度	%	≥80	参考性	市县
		40	公众对生态文明建设的参与度	%	≥80	参考性	市县

* 2021年6月6日，生态环境部《关于开展第一批国家生态文明建设示范区和“绿水青山就是金山银山”实践创新基地复核评估工作的通知》附件3“国家生态文明建设示范区复核工作规范（试行）”对上表中生态环境状况指数、碳排放强度、一般工业固体废物综合利用率、城镇污水处理率四项指标进行了修订。

（二）全国生态文明建设示范区建设成果

为贯彻习近平生态文明思想，落实党中央、国务院关于加快推进生态文明建设的决策部署，生态环境部共组织开展了五批国家生态文明建设示范区的遴选，共授予362个市县国家生态文明建设示范市县称号，苏州市和苏州市下辖的昆山市、太仓市、吴江区、常熟市获得国家生态文明建设示范市县称号。

（1）2017年9月18日，原环境保护部发布《关于命名第一批国家生态文明建设示范市县的公告》（公告2017年第48号），授予江苏省苏州市等46个市县第一批国家生态文明建设示范市县称号。

第一批国家生态文明建设示范市县名单（46个）

北京市 延庆区
山西省 右玉县
辽宁省 盘锦市大洼区
吉林省 通化县
黑龙江省 虎林市
江苏省 苏州市、无锡市、南京市江宁区、泰州市姜堰区、金湖县
浙江省 湖州市、杭州市临安区、象山县、新昌县、浦江县
安徽省 宣城市、金寨县、绩溪县
福建省 永泰县、厦门市海沧区、泰宁县、德化县、长汀县
江西省 靖安县、资溪县、婺源县
山东省 曲阜市、荣成市
河南省 栾川县
湖北省 京山县
湖南省 江华瑶族自治县
广东省 珠海市、惠州市、深圳市盐田区
广西壮族自治区 上林县
重庆市 璧山区
四川省 蒲江县
贵州省 贵阳市观山湖区、遵义市汇川区
云南省 西双版纳傣族自治州、石林彝族自治县
西藏自治区 林芝市巴宜区
陕西省 凤县
甘肃省 平凉市

（2）2018年12月13日，生态环境部发布《关于命名第二批国家生态文明建设示范市县的公告》（公告2018年第62号），授予山西省芮城县等45个市县第二批国家生态文明建设示范市县称号。

第二批国家生态文明建设示范市县名单（45个）

山西省 芮城县
内蒙古自治区 阿尔山市
吉林省 集安市
江苏省 南京市高淳区、建湖县、溧阳市、泗阳县
浙江省 安吉县、嘉善县、开化县、仙居县、遂昌县、嵊泗县
安徽省 芜湖县、岳西县
福建省 厦门市思明区、永春县、将乐县、武夷山市、柘荣县

江西省　井冈山市、崇义县、浮梁县

河南省　新县

湖北省　保康县、鹤峰县

湖南省　张家界市武陵源区

广东省　深圳市罗湖区、深圳市坪山区、深圳市大鹏新区、佛山市顺德区、龙门县

广西壮族自治区　蒙山县、凌云县

四川省　成都市温江区、金堂县、南江县、洪雅县

贵州省　仁怀市

云南省　保山市、华宁县

西藏自治区　林芝市、亚东县

陕西省　西乡县

甘肃省　两当县

（3）2019 年 11 月 14 日，生态环境部发布《关于命名第三批国家生态文明建设示范市县的公告》（公告 2019 年第 48 号），授予北京市密云区等 84 个市县第三批国家生态文明建设示范市县称号。

第三批国家生态文明建设示范市县名单（84 个）

北京市　密云区

天津市　西青区

河北省　兴隆县

山西省　沁源县、沁水县

内蒙古自治区　鄂尔多斯市康巴什区、根河市、乌兰浩特市

辽宁省　盘锦市双台子区、盘山县

吉林省　通化市、梅河口市

黑龙江省　黑河市爱辉区

江苏省　南京市溧水区、盐城市盐都区、无锡市锡山区、连云港市赣榆区、扬州市邗江区、泰州市海陵区、沛县

浙江省　杭州市西湖区、宁波市北仑区、舟山市普陀区、泰顺县、德清县、义乌市、磐安县、天台县

安徽省　宣城市宣州区、当涂县、潜山市

福建省　泉州市鲤城区、明溪县、光泽县、松溪县、上杭县、寿宁县

江西省　景德镇市、南昌市湾里区、奉新县、宜丰县、莲花县

山东省　威海市、商河县、诸城市

河南省　新密市、兰考县、泌阳县

湖北省　十堰市、恩施土家族苗族自治州、五峰土家族自治县、赤壁市、恩施市、咸丰县

湖南省 长沙市望城区、永州市零陵区、桃源县、石门县
广东省 深圳市福田区、佛山市高明区、江门市新会区
广西壮族自治区 三江侗族自治县、桂平市、昭平县
重庆市 北碚区、渝北区
四川省 成都市金牛区、大邑县、北川羌族自治县、宝兴县
贵州省 贵阳市花溪区、正安县
云南省 盐津县、洱源县、屏边苗族自治县
西藏自治区 昌都市、当雄县
陕西省 陇县、宜君县、黄龙县
甘肃省 张掖市
青海省 贵德县
新疆维吾尔自治区 巩留县、布尔津县

（4）2020年10月10日生态环境部发布《关于命名第四批国家生态文明建设示范市县的公告》（公告2020年第40号），授予苏州市昆山市、太仓市等87个市县第四批国家生态文明建设示范市县称号。

第四批国家生态文明建设示范市县名单（87个）

北京市 门头沟区
天津市 蓟州区
河北省 唐山市迁西县
山西省 临汾市蒲县
内蒙古自治区 兴安盟、呼和浩特市新城区、鄂尔多斯市鄂托克前旗
吉林省 白山市、长白山保护开发区池北区
黑龙江省 大兴安岭地区漠河市、农垦建三江管理局
江苏省 泰州市、无锡市惠山区、无锡市滨湖区、无锡市宜兴市、苏州市昆山市、苏州市太仓市
浙江省 杭州市富阳区、宁波市镇海区、温州市永嘉县、嘉兴市海盐县、湖州市吴兴区、绍兴市诸暨市
安徽省 安庆市太湖县、池州市石台县、宣城市宁国市
福建省 三明市宁化县、三明市建宁县、泉州市安溪县、南平市顺昌县、南平市邵武市、龙岩市武平县
江西省 九江市武宁县、赣州市寻乌县、吉安市安福县、宜春市铜鼓县、抚州市宜黄县
山东省 济南市济阳区、日照市东港区、临沂市蒙阴县、滨州市惠民县
河南省 平顶山市汝州市、许昌市鄢陵县、南阳市西峡县
湖北省 十堰市竹溪县、咸宁市崇阳县、恩施土家族苗族自治州巴东县

湖南省　长沙市宁乡市、邵阳市新宁县、岳阳市湘阴县、永州市东安县、怀化市通道侗族自治县

广东省　广州市黄埔区、深圳市（含南山区、宝安区、龙岗区、龙华区、光明区）、肇庆市、韶关市始兴县、清远市连山壮族瑶族自治县、清远市连南瑶族自治县

广西壮族自治区　防城港市东兴市、河池市凤山县、崇左市凭祥市

重庆市　黔江区、武隆区

四川省　成都市邛崃市、绵阳市盐亭县、乐山市峨眉山市、南充市仪陇县、阿坝藏族羌族自治州九寨沟县

贵州省　遵义市红花岗区、遵义市凤冈县、遵义市习水县

云南省　楚雄彝族自治州、怒江傈僳族自治州、保山市昌宁县

西藏自治区　拉萨市、山南市、阿里地区

陕西省　宝鸡市太白县、汉中市留坝县、安康市岚皋县

甘肃省　平凉市崇信县、甘南藏族自治州迭部县

青海省　海东市平安区、黄南藏族自治州河南蒙古族自治县

宁夏回族自治区　吴忠市

新疆维吾尔自治区　伊犁哈萨克自治州特克斯县、阿勒泰地区哈巴河县

（5）2021年10月12日，生态环境部发布《关于命名第五批国家生态文明建设示范区的公告》，授予苏州市吴江区、常熟市等100个地区第五批国家生态文明建设示范区称号。

第五批国家生态文明建设示范区名单（100个）

北京市　海淀区、怀柔区

天津市　宝坻区

上海市　青浦区

河北省　张家口市崇礼区、保定市阜平县、承德市滦平县

山西省　晋城市阳城县、长治市平顺县、临汾市安泽县

内蒙古自治区　包头市达尔罕茂明安联合旗

辽宁省　盘锦市、本溪市桓仁满族自治县

吉林省　通化市辉南县

黑龙江省　大兴安岭地区呼玛县、大兴安岭地区塔河县

江苏省　盐城市、南京市浦口区、苏州市吴江区、南通市通州区、苏州市常熟市

浙江省　嘉兴市、衢州市、杭州市余杭区（含临平区）、温州市鹿城区、绍兴市上虞区、宁波市宁海县、湖州市长兴县、舟山市岱山县、丽水市缙云县

安徽省　马鞍山市含山县、安庆市桐城市、黄山市黟县、六安市舒城县

福建省　三明市、龙岩市、福州市鼓楼区、厦门市湖里区、厦门市集美区、漳州市南靖县、南平市浦城县、宁德市周宁县

江西省 九江市共青城市、赣州市石城县、吉安市吉安县、抚州市广昌县

山东省 济南市历下区、青岛市西海岸新区、济宁市任城区、青岛市胶州市、潍坊市高密市、威海市乳山市、德州市齐河县、潍坊峡山生态经济开发区

河南省 洛阳市洛宁县、南阳市淅川县、商丘市永城市

湖北省 十堰市郧阳区、鄂州市梁子湖区、宜昌市远安县、宜昌市秭归县、黄冈市罗田县、恩施土家族苗族自治州宣恩县、神农架林区

湖南省 怀化市鹤城区、长沙市长沙县、湘潭市韶山市、岳阳市平江县、郴州市汝城县、永州市祁阳市

广东省 佛山市、汕尾市、东莞市

广西壮族自治区 南宁市良庆区、桂林市荔浦市、玉林市容县、百色市乐业县

四川省 成都市锦江区、成都市武侯区、成都市青白江区、乐山市金口河区、眉山市青神县、雅安市天全县、巴中市通江县、阿坝藏族羌族自治州松潘县

贵州省 遵义市绥阳县

云南省 楚雄彝族自治州双柏县、大理白族自治州南涧彝族自治县

西藏自治区 拉萨市堆龙德庆区、拉萨市曲水县、林芝市工布江达县

陕西省 宝鸡市渭滨区、宝鸡市麟游县、汉中市宁强县、安康市石泉县

甘肃省 甘南藏族自治州合作市

青海省 黄南藏族自治州

宁夏回族自治区 固原市

新疆维吾尔自治区 伊犁哈萨克自治州尼勒克县、阿勒泰地区阿勒泰

二、江苏生态文明建设示范区

(一) 江苏省生态文明建设示范区创建标准文件

1. 江苏省生态文明建设示范市、县(市、区)

2017年8月25日，为深入推进全省生态文明建设，进一步规范省级生态文明建设示范市、县(市、区)创建工作，江苏省环境保护厅发布《关于印发江苏省生态文明建设示范市、县(市、区)管理规程和指标的通知》(苏环办〔2017〕259号)，制定了《江苏省生态文明建设示范市、县(市、区)管理规程(试行)》《江苏省生态文明建设示范市、县(市、区)指标(试行)》。

《江苏省生态文明建设示范市、县(市、区)管理规程(试行)》适用于江苏省级生态文明建设示范市、县创建工作，第十二条明确符合下列条件的县(市、区)人民政府，可以向省环保厅申请省级创建技术评估：①生态文明建设示范县规划经批准后实施1年以上；②经自查达到省级生态文明建设示范县各项标准。

《江苏省生态文明建设示范县(市、区)指标(试行)》主要涉及建设指标、指标解释2块内容。

专栏4　江苏省生态文明建设示范县（市、区）指标

江苏省生态文明建设示范县（市、区）指标如表1-4所示。

表1-4　江苏省生态文明建设示范县（市、区）指标

领域	任务	序号	指标名称	单位	指标值	指标属性
生态制度	（一）制度与保障机制完善	1	生态文明建设规划	—	制定实施	约束性指标
		2	生态文明建设工作占党政实绩考核的比例	%	≥20	约束性指标
		3	自然资源资产负债表	—	编制	参考性指标
		4	自然资源资产离任审计	—	开展	参考性指标
		5	生态环境损害责任追究	—	开展	参考性指标
		6	河长制	—	全面推行	约束性指标
		7	固定源排污许可证核发	—	开展	约束性指标
		8	环境信息公开率	%	100	参考性指标
生态环境	（二）环境质量改善	9	环境空气质量 优良天数比例提高幅度 重污染天数比例下降幅度	%	达到省考核要求	约束性指标
		10	地表水环境质量 达到或优于Ⅲ类水质比例提高幅度 劣Ⅴ类水体比例下降幅度	%	达到省考核要求	约束性指标
	（三）生态系统保护	11	生态环境状况指数（EI）	—	≥60 且不降低	约束性指标
		12	林木覆盖率	%	≥18	参考性指标
		13	生物物种资源保护 重点保护物种受到严格保护 外来物种入侵	— —	执行 不明显	参考性指标
	（四）环境风险防范	14	危险废物安全处置率	%	100	约束性指标
		15	污染场地环境监管体系	—	建立	参考性指标
		16	重特大突发环境事件	—	未发生	约束性指标
生态空间	（五）空间格局优化	17	生态保护红线	—	开展划定	约束性指标
		18	耕地红线	—	遵守	约束性指标
		19	受保护地区占国土面积比例	%	≥16	约束性指标
		20	空间规划	—	编制	参考性指标

续表

领域	任务	序号	指标名称	单位	指标值	指标属性
生态经济	（六）资源节约与利用	21	单位地区生产总值能耗	吨标煤/万元	≤0.70 且能源消耗总量不超过控制目标值	约束性指标
		22	单位地区生产总值用水量	立方米/万元	用水总量不超过控制目标值 ≤50	约束性指标
		23	单位工业用地工业增加值	万元/亩	≥80	参考性指标
	（七）产业循环发展	24	农业废弃物综合利用率 秸秆综合利用率 畜禽养殖场粪便综合利用率	%	≥95 ≥95	参考性指标
		25	一般工业固体废物处置利用率	%	≥90	参考性指标
	（八）人居环境改善	26	村镇饮用水卫生合格率	%	100	约束性指标
		27	城镇污水处理率	%	≥90	约束性指标
		28	城镇生活垃圾无害化处理率	%	100	约束性指标
		29	农村卫生厕所普及率	%	≥95	参考性指标
		30	村庄环境综合整治率	%	100	约束性指标
生态生活	（九）生活方式绿色化	31	城镇新建绿色建筑比例	%	≥50	参考性指标
		32	公众绿色出行率	%	≥50	参考性指标
		33	节能、节水器具普及率	%	≥80	参考性指标
		34	政府绿色采购比例	%	≥80	参考性指标
生态文化	（十）观念意识普及	35	党政领导干部参加生态文明培训的人数比例	%	100	参考性指标
		36	公众对生态文明知识知晓度	%	≥80	参考性指标
		37	公众对生态文明建设满意度	%	≥80	参考性指标

2. 江苏省生态文明建设示范乡镇（街道）、村

2017年8月25日，为积极推进全省生态文明建设示范镇、村创建工作，江苏省环境保护厅发布《关于印发江苏省生态文明建设示范乡镇（街道）、村管理规程和指标的通知》（苏环办〔2017〕260号），制定了《江苏省生态文明建设示范乡镇（街道）、村管理规程（试行）》《江苏省生态文明建设示范乡镇（街道）、村指标（试行）》。

《江苏省生态文明建设示范乡镇（街道）、村管理规程（试行）》第三条明确示范乡

镇申报范围为建制镇、乡、涉农街道、农场等乡（镇）级行政区划单位；示范村申报范围为行政村、涉农社区。第五条明确在申报范围内，满足下列条件的乡镇、村可以申报示范乡镇、村：①乡镇、村创建规划（方案）经批准后实施6个月以上；②经自查达到《江苏省生态文明建设示范乡镇、村指标（试行）》的各项标准。

《江苏省生态文明建设示范乡镇（街道）、村指标（试行）》主要涉及示范乡镇（街道）、示范村基本条件，建设指标，指标解释3块内容。

专栏5 江苏省生态文明建设示范乡镇指标

（一）基本条件

基础扎实。建立健全领导机制，制定江苏省生态文明建设示范乡镇规划或方案，并组织实施。乡镇环境综合整治长效管理机制健全，明确相关机构和人员专职承担环保职能，协助开展生态环境监管工作，落实工作经费和环保设施运行维护费用。

生产发展。区域空间开发和产业布局符合主体功能区规划、环境功能区划和生态功能区划要求。辖区内的资源开发符合生态文明要求。产业结构合理，主导产业明晰。严守生态红线和耕地红线，基本农田得到有效保护，林地无滥砍、滥伐现象。有机农业、循环农业和生态农业发展成效显著。工业企业向园区集聚，建设项目严格执行环境管理有关规定，污染物稳定达标排放，并达到总量控制要求。工业固体废物和医疗废物得到妥当处置。

生态良好。完成上级政府下达的节能减排任务。辖区内水体（包括近岸海域）、大气、噪声、土壤环境质量达到功能区标准并持续改善。未划定环境质量功能区的，满足国家相关标准的要求，无黑臭水体等严重污染现象。近三年内无较大以上环境污染事件，无露天焚烧农作物秸秆现象，环境投诉案件得到有效处理。镇容镇貌整洁有序。属国家重点生态功能区的，所在县域在国家重点生态功能区县域生态环境质量考核中生态环境质量不变差。

生活富裕。农民人均纯收入逐年增加。喝干净水、走平坦路，用水、用电、用气、通信等生活服务设施齐全，住宅美观舒适、节能环保。基本社会公共服务全覆盖。

乡风文明。节约资源和保护环境的理念深入人心。邻里和睦，勤俭节约，反对迷信，社会治安良好，无重大刑事案件和群体性事件。历史文化名镇（村）、古街区、古建筑、古树名木得到有效保护。乡镇政务公开、管理民主。

（二）建设指标

江苏省生态文明建设示范乡镇（街道）建设指标如表1-5所示。

表1-5 江苏省生态文明建设示范乡镇（街道）建设指标

类别	序号	指 标	单位	指标值	指标属性
生产发展	1	主要农产品有机、绿色、无公害农产品种植面积的比重	%	≥60	约束性指标
	2	农业灌溉水有效利用系数	—	≥0.6	约束性指标
	3	农用化肥施用强度	折纯，千克/公顷	<220	约束性指标

续表

类别	序号	指 标	单位	指标值	指标属性
生产发展	4	农药施用强度	折纯，千克/公顷	<2.5	约束性指标
	5	农作物秸秆综合利用率	%	≥98	约束性指标
	6	农膜回收率	%	≥90	约束性指标
	7	畜禽养殖场（小区）粪便综合利用率	%	≥98	约束性指标
	8	应当实施清洁生产审核的企业通过审核比例	%	100	约束性指标
	9	工业企业污染物排放达标率	%	100	约束性指标
生态良好	10	集中式饮用水水源地水质达标率	%	100	约束性指标
	11	生活污水处理率	%	≥80	约束性指标
	12	生活垃圾无害化处理率	%	≥95	约束性指标
	13	林木覆盖率	%	≥22	约束性指标
	14	建成区人均公共绿地面积	平方米/人	≥15	约束性指标
	15	居民对环境状况满意率	%	≥90	约束性指标
生活富裕	16	农民人均纯收入增幅	%	不低于所在县（市、区）平均值	约束性指标
	17	使用清洁能源的户数比例	%	≥60	约束性指标
	18	农村卫生厕所普及率	%	100	约束性指标
乡风文明	19	开展生活垃圾分类收集的居民户数比例	%	≥70	约束性指标
	20	政府采购节能环保产品和环境标志产品所占比例	%	100	参考性指标
	21	制定实施有关节约资源和保护环境村规民约的行政村比例	%	100	参考性指标

专栏6 江苏省生态文明建设示范村指标

（一）基本条件

基础扎实。制定国家生态文明建设示范村规划或方案，并组织实施。村庄环境综合整治长效管理机制健全，建立制度，配备人员，落实经费。村庄配备环保与卫生保洁人员，协助开展生态环境监管工作，比例不低于常住人口的0.2%。

生产发展。主导产业明晰，无农产品质量安全事故。辖区内的资源开发符合生态文明要求。农业基础设施完善，基本农田得到有效保护，林地无滥砍、滥伐现象。有机农业、循环农业和生态农业发展成效显著。工业企业向园区集聚，建设项目严格执行环境管理有关规定，污染物稳定达标排放，工业固体废物和医疗废物得到妥当处置。农家乐等乡村旅游健康发展。

生态良好。村域内水源清洁、田园清洁、家园清洁，水体、大气、噪声、土壤环境质量符合功能区标准并持续改善。未划定环境质量功能区的，满足国家相关标准的要求，无黑臭水体等严重污染现象。村容村貌整洁有序，生产生活合理分区，河塘沟渠得到综合治理，庭院绿化美化。近三年无较大以上环境污染事件，无露天焚烧农作物秸秆现象，环境投诉案件得到有效处理。属国家重点生态功能区的，所在县域在国家重点生态功能区县域生态环境质量考核中生态环境质量不变差。

生活富裕。农民人均纯收入逐年增加。住安全房、喝干净水、走平坦路，用水、用电、用气、通信等生活服务设施齐全。新型农村社会养老保险和新型农村合作医疗全覆盖。

村风文明。节约资源和保护环境的村规民约深入人心。邻里和睦，勤俭节约，反对迷信，社会治安良好，无重大刑事案件和群体性事件。历史文化名村、古街区、古建筑、古树名木得到有效保护，优秀的传统农耕文化得到传承。村级组织健全、领导有力、村务公开、管理民主。

（二）建设指标

江苏省生态文明建设示范村建设指标如表1-6所示。

表1-6 江苏省生态文明建设示范村建设指标

类别	序号	指 标	单位	指标值	指标属性
生产发展	1	主要农产品有机、绿色、无公害农产品种植面积的比重	%	≥60	约束性指标
	2	农用化肥施用强度	折纯，千克/公顷	<220	约束性指标
	3	农药施用强度	折纯，千克/公顷	<2.5	约束性指标
	4	农作物秸秆综合利用率	%	≥98	约束性指标
	5	农膜回收率	%	≥90	约束性指标
	6	畜禽养殖场（小区）粪便综合利用率	%	≥98	约束性指标
生态良好	7	集中式饮用水水源地水质达标率	%	100	约束性指标
	8	生活污水处理率	%	≥90	约束性指标
	9	生活垃圾无害化处理率	%	100	约束性指标
	10	林木覆盖率	%	≥22	约束性指标
	11	河塘沟渠整治率	%	≥90	约束性指标
	12	村民对环境状况满意率	%	≥90	约束性指标
生活富裕	13	农民人均纯收入	元/年	高于所在县（市、区）平均值	约束性指标
	14	使用清洁能源的农户比例	%	≥80	约束性指标
	15	农村卫生厕所普及率	%	100	约束性指标

续表

类别	序号	指 标	单位	指标值	指标属性
乡风文明	16	开展生活垃圾分类收集的农户比例	%	≥80	约束性指标
	17	遵守节约资源和保护环境村规民约的农户比例	%	≥95	参考性指标
	18	村务公开制度执行率	%	100	参考性指标

（二）江苏省生态文明建设示范区建设成果

为深入贯彻习近平生态文明思想，全面落实省委、省政府关于加快推进生态文明建设的决策部署，江苏省各地积极开展生态文明建设示范区创建活动，江苏省生态环境厅共命名四批53个省级生态文明建设示范县（市、区），苏州市太仓市、吴江区、吴中区、相城区、常熟市5个县（市、区）获得江苏省省级生态文明建设示范县（市、区）称号。

1. 江苏省级生态文明建设示范县（市、区）

2018年10月25日，江苏省生态环境厅发布《关于命名第一批省级生态文明建设示范县（市、区）的通知》（苏环办〔2018〕437号），命名苏州市太仓市、吴江区、吴中区等27个县（市、区）为第一批江苏省省级生态文明建设示范县（市、区）。

第一批江苏省省级生态文明建设示范县（市、区）名单（27个）

南京市溧水区、高淳区、浦口区，无锡市宜兴市、锡山区、惠山区、滨湖区，徐州市沛县，常州市溧阳市、武进区，苏州市太仓市、吴江区、吴中区，连云港市东海县，淮安市盱眙县、洪泽区，盐城市东台市、盐都区、建湖县，扬州市宝应县、邗江区、仪征市、高邮市，镇江市丹徒区，泰州市海陵区、高港区，宿迁市泗阳县。

2020年3月12日，江苏省生态环境厅发布《关于命名第二批省级生态文明建设示范县（市、区）的通知》（苏环办〔2020〕87号），命名苏州市相城区等8个县（市、区）为第二批江苏省省级生态文明建设示范县（市、区）。

第二批江苏省省级生态文明建设示范县（市、区）名单（8个）

南通市通州区，苏州市相城区，南京市六合区，无锡市梁溪区、兴化市，徐州市铜山区，连云港市连云区、邳州市。

2021年3月15日，江苏省生态环境厅发布《关于命名第三批省级生态文明建设示范县（市、区）的通知》（苏环办〔2021〕84号），命名苏州市常熟市等9个县（市、区）为第三批江苏省省级生态文明建设示范县（市、区）。

第三批江苏省省级生态文明建设示范县（市、区）名单（9个）

常州市金坛区、新北区，苏州市常熟市，南通市海门区、射阳县，扬州市广陵区、扬中市、靖江市、泰兴市。

2022年1月25日，江苏省生态环境厅发布《关于命名第四批省级生态文明建设示范县（市、区）、乡镇（街道）、村（社区）及复核命名第一批省级生态文明建设示范县（市、区）的通知》（苏环办〔2022〕18号），命名9个县（市、区）为第四批江苏省省级生态文明建设示范县（市、区），第一批省级生态文明建设示范县（市、区）中，太仓市、吴江区、吴中区等地经过三年建设，生态示范效应明显，生态文明建设示范区称号有效期被延续三年。

第四批江苏省省级生态文明建设示范县（市、区）名单（9个）

无锡市新吴区、江阴市，常州市天宁区、海安市，连云港市海州区，淮安市淮安区，盐城市亭湖区、滨海县、泗洪县。

2. 江苏省生态文明建设示范乡镇（街道）、村（社区）

江苏省各地积极开展生态文明建设示范乡镇（街道）、村（社区）创建活动，江苏省生态环境厅共命名四批861个省级生态文明建设示范乡镇（街道）、730个省级生态文明建设示范村（社区），苏州市56个乡镇（街道）、64个村（社区）获得江苏省省级生态文明建设示范乡镇（街道）、村（社区）称号。

2018年2月28日，江苏省环境保护厅发布《关于命名首批江苏省生态文明建设示范乡镇（街道）、村（社区）的通知》（苏环办〔2018〕66号），199个乡镇（街道）、103个村（社区）被命名为首批江苏省生态文明建设示范乡镇（街道）、村（社区）。

2018年12月27日，江苏省生态环境厅发布《关于命名第二批江苏省生态文明建设示范乡镇（街道）、村（社区）的通知》（苏环办〔2018〕519号），367个乡镇（街道）、234个社区（村）达到江苏省省级生态文明建设示范乡镇（街道）、村（社区）考核标准，被命名为第二批江苏省生态文明建设示范乡镇（街道）、村（社区）。

2020年12月9日，江苏省生态环境厅发布《关于命名“第三批江苏省生态文明建设示范乡镇（街道）村（社区）”的通知》，156个乡镇（街道）、196个村（社区）达到江苏省省级生态文明建设示范乡镇（街道）、村（社区）考核标准，被命名为第三批江苏省生态文明建设示范乡镇（街道）、村（社区）。

2022年1月25日，江苏省生态环境厅发布《关于命名第四批省级生态文明建设示范县（市、区）、乡镇（街道）、村（社区）及复核命名第一批省级生态文明建设示范县（市、区）的通知》（苏环办〔2022〕18号），139个乡镇（街道）、197个村（社区）达到江苏省省级生态文明示范乡镇（街道）、村（社区）考核要求，被命名为第四批江苏省生态文明建设示范乡镇（街道）、村（社区）。

专栏7 苏州市省级生态文明建设示范镇村情况

苏州市省级生态文明建设示范镇村情况如表1-7所示。

表1-7 苏州市省级生态文明建设示范镇村情况

县市、区	首批	第二批	第三批	第四批
张家港 7镇9村	南丰镇、塘桥镇； 杨舍镇善港村、锦丰镇南港村	金港镇； 杨舍镇百家桥村、南丰镇建农村、塘桥镇金村村、锦丰镇光明村	凤凰镇、大新镇； 常阴沙现代农业示范园区常兴社区、金港镇永兴村	杨舍镇、常阴沙现代农业示范园区； 杨舍镇福前村
常熟 9镇12村	沙家浜镇、虞山街道； 常福街道中泾村、董浜镇观智村	海虞镇； 海虞镇汪桥村、古里镇坞坵村、尚湖镇东桥村	梅李镇、尚湖镇； 碧溪新区留下村、古里镇李市村、辛庄镇合泰村、支塘镇蒋巷村	碧溪街道、辛庄镇、古里镇、支塘镇； 莫城街道燕巷村、梅李镇瞿巷村、沙家浜镇芦荡村
太仓 6镇10村	城厢镇、璜泾镇、沙溪镇； 城厢镇东林村	浏河镇、浮桥镇； 浏河镇何桥村、浮桥镇三市村、双凤镇勤力村	双凤镇； 城厢镇电站村、双凤镇庆丰村、沙溪镇香塘村	城厢镇万丰村、浮桥镇方桥村、璜泾镇杨漕村
昆山 7镇11村	淀山湖镇、张浦镇、锦溪镇； 张浦镇姜杭村、巴城镇东阳澄湖村	巴城镇； 张浦镇金华村、周市镇市北村、周市镇永共村、淀山湖镇永新村	花桥镇、周市镇； 巴城镇武神潭村、千灯镇歇马桥村	周庄镇； 陆家镇陈巷村、锦溪镇长云村、张浦镇尚明甸村
吴江 8镇4村	震泽镇； 七都镇开弦弓村	松陵镇、盛泽镇、黎里镇、平望镇、桃源镇； 松陵镇农创村	七都镇	同里镇； 同里镇北联村、同里镇肖甸湖村
吴中区 11镇10村	临湖镇、胥口镇、金庭镇、越溪街道； 越溪街道旺山村	木渎镇、横泾街道、东山镇、甪直镇、香山街道、光福镇； 横泾街道上林村、胥口镇新峰村	东山镇渡口村、东山镇潦里村、横泾街道新路村	太湖街道； 金庭镇石公村、光福镇香雪村、临湖镇牛桥村、木渎镇接驾社区
相城区 7镇5村	望亭镇； 望亭镇迎湖村	北桥街道； 阳澄湖生态旅游度假区清水村、阳澄湖镇车渡村、望亭镇项路村	高铁新城、黄埭镇、阳澄湖生态休闲旅游度假区、阳澄湖镇； 望亭镇宅基村	澄阳街道；
工业园区 1镇0村	唯亭街道			
高新区 0镇3村		通安镇树山村		浒墅关镇青灯村、浒墅关镇九图村

注：表中镇包括街道。

三、苏州市生态文明建设示范文件

2013 年 9 月 12 日，为指导和推动苏州全市各街道加快推进生态文明建设，苏州市生态文明建设工作领导小组发布《关于印发〈苏州市生态文明建设示范街道指标（试行）〉的通知》（苏生态文明办〔2013〕16 号），制定了《苏州市生态文明建设示范街道指标（试行）》，作为各街道生态文明建设规划编制、工作推进和考核验收的依据，涉及基本条件、建设指标、指标解释 3 块内容。

专栏 8　苏州市生态文明建设示范街道指标（试行）

（一）基本条件

组织得力。领导重视，组织落实，成立建设工作领导机构，建立相应的工作制度。编制生态文明建设规划，并经区政府（管委会）批准后组织实施 2 年（含）以上。

经济优化。积极发展符合生态文明要求的新型工业、生态农业和现代服务业，并在辖区经济中占主导地位；积极发展循环经济、低碳经济并达到一定规模；严格执行各级各类产业规划，辖区内产业结构、布局合理，发展有序。

环境优美。认真执行环境保护法律法规政策，深入开展污染防治和环境整治，近 3 年内未发生较大（含）以上环境污染事故和生态破坏事件，生态环境良好。建成区布局合理，城镇建设与周围环境协调。管理有序，道路整洁，环境优美。

民生改善。计划生育、义务教育达标。中小学环境教育普及率达 100%。居民普遍享有基本公共服务保障。所辖社区、学校 80%以上建成苏州市级（含）以上“绿色社区”“绿色学校”，行政村 80%以上建成苏州市级（含）以上“生态村”。

公众满意。采用多种宣传教育手段，倡导绿色消费，选择绿色交通，崇尚资源节约，公众参与环境保护的积极性高涨，生态文明建设的氛围浓厚。群众反映的各类生态环境问题得到有效解决，公众对生态文明建设工作和生态环境质量状况的满意率不低于 90%。

（二）建设指标

苏州市生态文明建设示范街道指标（试行）如表 1-8 所示。

表 1-8　苏州市生态文明建设示范街道指标（试行）

体系	序号	建设指标	单位	标准	占分	打分细则
生态经济（20）	1	人均财政收入增长率	%	超过区均	4	超过得 4 分，不超过不得分
	2	居民人均收入增长率与人均 GDP 增长率比值	—	≥1	4	≥1 得 4 分，>0.9 得 2 分，<0.9 不得分
	3	服务业增加值占 GDP 比重	%	≥48	4	≥48 得 4 分，≥44 得 2 分，<44 不得分
	4	主要农产品中有机、绿色及无公害产品种植（养殖）面积的比率（涉农街道）	%	≥90	2	≥90 得 2 分，≥64 得 1 分，<60 不得分

续表

体系	序号	建设指标	单位	标准	占分	打分细则
生态经济（20）	5	应实施强制性清洁生产的企业通过验收的比例	%	100	4	100 得 4 分，<100 不得分
	6	农作物秸秆综合利用率（涉农街道）	%	100	2	100 得 2 分，≥90 得 1 分，<90 不得分
生态环境（23）	7	建成区生活污水处理率	%	≥95	3	≥95 得 3 分，≥85 得 2 分，<85 不得分
	8	河道环境整治率	%	≥90	3	≥90 得 3 分，≥80 得 2 分，<80 不得分
	9	饮食业油烟废气治理达标率	%	≥90	3	≥90 得 3 分，≥80 得 2 分，<80 不得分
	10	工业污染源排放稳定达标率	%	100	3	100 得 3 分，≥95 得 2 分，<85 不得分
	11	生活垃圾分类试点社区占比	%	≥60	4	≥60 得 4 分，≥30 得 2 分，<30 不得分
	12	危险废物无害化处理率	%	100	3	100 得 3 分，<100 不得分
	13	建成区人均公园绿地面积	平方米/人	≥15	4	≥15 得 4 分，≥14 得 2 分，<14 不得分
生态惠民（26）	14	保障性住房供给率	%	100	4	100 得 4 分，≥98 得 3 分，<98 不得分
	15	充分就业社区占比	%	≥95	5	≥95 得 5 分，≥90 得 3 分，<90 不得分
	16	千人拥有卫技人员	个/千人	≥4.25	4	≥4.25 得 4 分，≥4.0 得 2 分，<4 不得分
	17	千名老人拥有社会福利床位数	床/千人	≥40	5	≥40 得 5 分，≥30 得 2 分，<30 不得分
	18	500 米内有教育设施的社区占比	%	100	4	100 得 4 分，≥80 得 3 分，<80 不得分
	19	平安社区建成率	%	100	4	100 得 4 分，≥90 得 2 分，<90 不得分
生态文化（19）	20	生态文明宣传教育普及率	%	≥90	4	≥90 得 4 分，≥85 得 3 分，<85 不得分
	21	生态环境教育课时	课/学年	≥6	3	≥6 得 3 分，≥4 得 1 分，<4 不得分

续表

体系	序号	建设指标	单位	标准	占分	打分细则
生态文化（19）	22	公共场所节能、节水器具普及率	%	100	4	100 得 4 分，≥90 得 2 分，<90 不得分
	23	居民绿色出行比例	%	≥50	4	≥50 得 4 分，≥40 得 2 分，<40 不得分
	24	规模以上企业开展环保公益活动的比例	%	≥90	4	≥90 得 4 分，≥75 得 1 分，<75 不得分
生态制度（12）	25	生态环境保护投资占财政拨款比重	%	≥4.0	3	≥4.0 得 3 分，≥3 得 2 分，<3 不得分
	26	环保工作占党政实绩考核的比例	%	≥20	3	≥20 得 3 分，≥15 得 2 分，<15 不得分
	27	环境信访办结率	%	100	3	100 得 3 分，<100 不得分
	28	环境信息公开率	%	≥90	3	≥90 得 3 分，≥80 得 2 分，<80 不得分
附加	29	特色指标	—	—	≤10	每项 2 分，最多不超过 10 分

注：1. 涉农街道：指辖区内存在基本农田的街道。

2. 辖区：指街道所辖的全部区域。

3. 建成区：指街道辖区内实际已成片开发建设、市政公用基础设施和公共设施基本具备的区域。

4. 五项基本条件全部达到，且同时满足考核总分在 90 分（含）以上、建设指标达标率在 85%以上的街道，可以申报“苏州市生态文明建设示范街道”。

《苏州市生态文明建设示范街道指标（试行）》是在国家、省暂未发布相关指标标准的情况下制定的，指导苏州各街道生态文明建设规划编制、工作推进和考核验收，具有阶段性指导意义，随着国家、省生态文明建设示范街道指标新标准的颁布，苏州市生态文明建设示范街道相关创建工作将优先使用最新的、上位的指标标准。

【参考文献】

[1] 国务院发展研究中心社会部．生态文明建设应成为重要任务［EB/OL］．［2012-09-14］. http://www.mee.gov.cn/home/ztbd/rdzl/stwm/zjwl/201211/t20121108_241631.shtml.

[2] 生态文明与其他文明的关系［EB/OL］．［2010-03-15］. http://www.mee.gov.cn/home/ztbd/rdzl/stwm/zjwl/201211/t20121106_241409.shtml.

[3] 中华环境保护基金会理事长，第八、九届全国人大环境与资源保护委员会主任委员，原国家环保局局长．生态文明理念和发展方略［EB/OL］．［2010-02-08］. http://www.mee.gov.cn/home/ztbd/rdzl/stwm/zjwl/201211/t20121106_241407.shtml.

[4] 丁振华，曹文志，李珍基，等．观山湖区生态文明示范城市先行区建设实施规划报告［M］．厦门：厦门大学出版社，2015.

［5］习近平．推动我国生态文明建设迈上新台阶［EB/OL］．［2019-01-31］. http：//www. qstheory. cn/dukan/qs/2019-01/31/c_ 1124054331. htm.

［6］潘荔．新时期中国共产党人生态文明思想与实践研究［D］. 南京：南京师范大学，2015.

［7］黄承梁．中国共产党领导新中国 70 年生态文明建设历程［J］. 党的文献，2019（5）：49-56.

［8］曹滢．习近平生态文明思想引领“美丽中国”建设［EB/OL］．［2018-05-22］. http：//www. xinhuanet. com/politics/xxjxs/2018-05/22/c_ 1122866707. htm.

［9］周宏春．准确把握习近平生态文明思想的深刻内涵［EB/OL］．［2019-08-27］. http：//www. qstheory. cn/zhuanqu/bkjx/2019-08/27/c_ 1124926855. htm.

［10］许敏娟．论我国生态文明制度体系建设的历史进程与完善路径［J］. 安徽农业大学学报（社会科学版），2021，30（2）：35-41.

［11］佚名．生态文明制度体系主要包括哪些内容？［J］. 新长征党建版，2014（1）：46.

第二章

苏州区域生态文明实践

第一节 国家生态文明示范县太仓市生态文明建设实践与创新

太仓市认真学习贯彻习近平生态文明思想，努力探索具有时代特点、太仓特色的生态文明发展道路，全力打造功能完善、环境优美、内涵丰富、生活舒适的现代田园城市。太仓市先后荣获中国人居环境奖、国家生态市、国家园林城市、省绿色建筑示范市、省级生态文明建设示范市、省优秀管理城市等荣誉称号；三次荣获世界卫生组织健康城市最佳实践奖，连续多年居中国最具幸福感城市县级市榜首。太仓市 2018 年 10 月取得江苏省级生态文明建设示范市命名，2020 年 10 月取得国家生态文明建设示范市命名。

一、基本情况

（一）自然概况

1. 地理位置

太仓市位于江苏省东南部，长江口南岸，太湖流域东部，地处北纬 31°20′—31°45′、东经 120°58′—121°20′。太仓市东濒长江，与崇明岛隔江相望，南临上海市宝山区、嘉定区，西接昆山市，北接常熟市。总面积 809.93 平方千米，其中长江水域 143.97 平方千米，长江主江堤以外滩地 17 平方千米。太仓市地理位置优越，距上海市中心 53 千米，距苏州市 57 千米。境内水陆交通便捷，204 国道、339 省道、338 省道境内通过，沿江高速、苏昆太高速境内互通。境内河道密布，水上交通便利；境内 38.38 千米长江岸线上建有太仓港，是国家一类口岸，也是上海国际航运中心组合港中的干线港、长江枢纽港。太仓是著名的鱼米之乡、民乐之乡、文化之乡、德企之乡，素有“锦绣江南金太仓”的美誉。太仓市具有与欧美中小城市相近的城市风貌，“城在田中、园在城中”的现代田园城市格局正在变成现实。

2. 地势与地貌

太仓地处下扬子准地台东部，扬子古陆下扬子台褶皱带茅山—江阴褶断束的东南侧。境内地质构造较为简单，主要由湖（州）苏（州）断裂斜插北部鹿河一带越江而过，呈西南—东北向构造。岩浆活动贫乏，仅在陆渡桥钻孔 101 米~460 米处有玄武岩。地表被第四系浮土掩盖，其下由新到老有新生界、中生界、古生界等地层。场地处于相对稳定地块，区域地质构造稳定性较好。

太仓既处在长江三角洲冲积平原，又是太湖阳澄低洼圩区的东部堞缘。全境地形以圩区、平原为主，地势平坦，地势自东北向西南略呈倾斜，沿江高而腹部低。在历史上，习惯以盐铁塘为界，东部为沿江平原，地面高程 3.5 米~4.7 米，个别高地有 5.4 米；西部为圩区，地面高程 2.0 米~3.5 米，其中吴塘与盐铁塘之间地面高程在 3.5 米左右，吴塘以西为低洼圩区，地面高程在 3.0 米左右，最低处仅为 1.2 米。

3. 气候与气象

太仓属北亚热带南部湿润气候区，四季分明。冬季受北方冷高压控制，以少雨寒冷天气为主；夏季受副热带高压控制，天气炎热；春秋季是季风交替时期，天气冷暖多变，干湿相间。

4. 水系与水文

太仓市境内河流稠密，塘沟纵横交织，属于典型的江南水乡。全市水域面积 257 平方千米，含长江水域面积 143.97 平方千米。太仓全市现有各级河道 3 360 余条，总长度 3 099.74 余千米，分为流域性河道、区域性河道、太仓市级河道、镇级河道、村级河道五个等级。长江自西北向东南流经太仓市，境内长江南支河段是一个中等强度的潮汐河口，潮汐性质属非正规半日浅海潮，潮流除中泓外均为往复流。

5. 物种资源

太仓地处亚热带，利于动植物繁育，动植物种类较多。主要野生植物有树木 63 种、花卉 230 种、药材百余种以及杂草 90 余种；主要野生动物有脊椎类 120 余种、节肢类 66 种、软体类 11 种以及环节类 5 种。20 世纪 80 年代初，在长江水域尚有白鳍豚、中华鲟等珍稀动物。目前长江流域大部分为人工栽培的植物和饲养的动物。

对照国家《重点保护野生动物名录》和《国家重点保护野生植物名录》，太仓市域的野生鸟类中共有国家一级重点保护鸟类 1 种，为东方白鹳；国家二级重点保护鸟类 16 种，占鸟种总数的 8.60%，分别是卷羽鹈鹕、鸳鸯、鹗、黑耳鸢、白腹鹞、白尾鹞、赤腹鹰、日本松雀鹰、红隼、燕隼、短耳鸮、东方角鸮、斑头鸺鹠、游隼、小鸦鹃和普通夜鹰。国家一级保护植物 4 种，分别是苏铁、银杏、水杉、红豆杉；二级保护植物 6 种，分别是金钱松、榧树、榉树、浙江楠、杜仲樟、野大豆等。国家重点保护野生动植物保护率为 100%。

（二）社会经济概况

1. 行政区划与人口

太仓，东濒长江、南邻上海，是江苏省内唯一一个既沿江又临沪的县级市，下辖国家级太仓港经济技术开发区、省级高新区、长江口旅游度假区、科教新城、娄东街道、陆渡街道和 6 个镇，隶属江苏省苏州市，市人民政府驻地在娄东街道。2020 年，太仓市户籍总人口 51.05 万人，常住人口 83.11 万人，其中城镇人口 58.68 万人，城镇化率为 70.61%。太仓市常住人口规模持续增加，较 2015 年增加了约 12.19 万人；城镇化率也逐年递增，较 2015 年提高了 4.3 个百分点，但城镇化率远低于苏州市平均水平（81.72%），城市化水平相对较低。

2. 经济发展状况

太仓是典型的江南鱼米之乡，素有“锦绣江南金太仓”的美誉。中华人民共和国成立后，特别是改革开放以来，太仓市社会经济发展取得了令人瞩目的成就，是江苏省经济最为发达的县（市）之一。太仓市经济综合实力连续几年位居全国百强县（市）十强之列，是江苏省首批 6 个率先全面实现高水平小康的县（市）之一。

近几年，太仓市经济保持平稳较快发展。太仓市工业门类齐全，精密机械、汽车零部件、石油化工等主导产业优化升级，新材料、新能源、高端装备制造、生物医药等新兴产业蓬勃发展。服务业增加值占地区生产总值的比重不断提高，港口物流、现代金融、文化创意、休闲旅游等特色产业发展迅速。太仓现代农业、休闲农业融合发展，获评国家级现代农业示范区，位列 2019 年度全国百强县市综合实力第七位、科技创新第二位、绿色发展第二位。“十三五”期间，太仓经济总量持续增长。2020 年，全市实现地区生产总值 1 386.09 亿元，年均增长 6.5%，人均生产总值超过 19 万元。第一产业增加值 26.96 亿元，占地区生产总值的比重为 1.9%；第二产业增加值 666.53 亿元，占地区生产总值的比重为 48.1%；第三产业增加值 692.60 亿元，占地区生产总值的比重为 50.0%。太仓市经济结构调整成效逐步呈现，产业结构不断优化。

二、优势条件

（一）区位优势明显，为生态文明建设提供发展基础

太仓属于长江三角洲（以下简称“长三角”）平原中的沿江平原，位于江南水网地区，境内河道纵横，形成太仓内河河网；地处经济较发达的长三角地区，且具有非常便利的水路运输条件。其东临长江与崇明岛隔江相望，南邻上海市宝山区、嘉定区，西连昆山市，北接常熟市；距上海市中心 53 千米，距苏州市 57 千米；紧邻发达城市上海和苏州，受上述两市辐射作用明显。太仓是江苏乃至全国真正意义上唯一既沿长江又沿沪的城市。江海交汇、处于沪苏交汇点就是太仓最大、最重要的特征，以此形成的优势条件具有唯一性、绝对性，太仓据此形成长远的发展定位，放大此种优势并形成竞争力。

此外，太仓是长三角地区为数不多、“公铁水”齐头并进、“江海河”互联互通、综合交通运输体系较为完备的城市。204 国道、338 省道、沿江高速贯穿太仓南北，境内还有新港公路、通港公路、苏昆太高速公路、339 省道、锡太公路、太蓬公路等多条重要公路。陆路交通便利，对发展物流等行业具有重要的地理区位优势。

（二）经济社会快速发展，为生态文明建设提供坚实的物质经济基础

改革开放以来，太仓市经济社会发展取得令人瞩目的巨大成就。特别是进入 21 世纪以来，太仓市以习近平新时代中国特色社会主义思想为指导，奋力谱写高质量“两地两城”新篇章，不断增强企业自主创新能力，经济总量规模不断扩大，国民经济稳步发展，投资规模持续扩大。太仓连续几年经济综合实力位居全国百强县（市）十强之列，是江苏省首批 6 个率先全面实现高水平小康的县（市）之一。

（三）社会发育程度提高，为生态文明建设提供强大的社会保障基础

太仓市经过近 30 年来的发展，人口和经济要素高度集中，城镇化水平不断提高，基础设施不断完善，人民生活水平不断提高，先后获得“中国长寿之乡”“中国最具幸福感城市”“国家卫生城市”等称号，百姓幸福指数不断提高，是一个“宜工、宜商、宜农、宜居”的现代化城市。同时，太仓市对待农民工一视同仁，在收入分配、社会保障以及公共服务等方面基本上与本地职工实现了均等化，积极推进社会保障体系建设工作，建立起城乡统筹社会保障体系，构建安定、和谐的社会环境。

（四）环境保护工作取得成效，为生态文明建设提供良好的环境质量基础

太仓市委、市政府一直注重对生态文明建设的组织领导、统筹协调，专题召开全市生态环境保护工作会议，专题审议研究中央环境保护督察“回头看”反馈问题整改等生态文明建设议题，市委、市政府主要负责同志同时担任市生态文明建设工作领导小组组长、市打好污染防治攻坚战指挥部总指挥。太仓市把环境保护纳入国民经济和社会发展的长远规划和年度计划，打赢蓝天保卫战、打好碧水保卫战、推进净土保卫战，每年均按期超额完成总量任务，环保工作取得了显著成效。2020 年，太仓市 PM2.5（细颗粒物）平均浓度为 26 微克/立方米，空气优良率达 85.2%，为苏州最低，在全省名列前茅。长江干流浏河断面水质稳中向好，达Ⅱ类水标准，入江支流水质均达到Ⅲ类水标准，集中式饮用水源地水质优良比例达 100%。

（五）生态环境逐步提升，为生态文明建设提供健康生态系统基础

太仓市一直以来坚持生态惠民、生态利民、生态为民，在生态文明共建共享中不断提升群众获得感和幸福感，先后获得国家生态市称号和中国人居环境奖，人居环境不断改

善，城市品质全面提升。建成环城生态廊道工程，稳步推进海绵城市建设，完成国家生态园林城市现场考查验收工作，加强园林绿化建设，推进造林绿化工程，加强湿地保护与修复。“一心两湖三环四园”的城市生态体系初步构建，2020年，全市建成区绿地率和绿化覆盖率分别升至38.92%和41.09%，人均公园绿地面积达到15.33平方米。

（六）深厚文化底蕴及教育优势，为生态文明建设提供充足的生态意识基础

太仓自古为文化之乡，人文荟萃，自具特色，积淀厚实，底蕴丰富，形成了具有独特风格的娄东文化；近现代孕育了寿星画家朱屺瞻、舞蹈艺术家吴晓邦、“物理女王”吴健雄、诺贝尔物理学奖获得者朱棣文等文化科技名人；现今，太仓的文化更具有开放性，特色文化丰富多彩，有全国桥牌之乡、武术之乡、龙狮之乡、民乐之乡等称号，文学、舞蹈、戏曲、音乐、摄影、书法等文化艺术硕果累累；形成了“和谐、精致”的城市精神，为生态文明建设提供了深厚的文化底蕴和强大的动力。

三、主要做法

（一）致力于深化改革创新，生态制度体系加快形成

一是加强组织领导。市委、市政府始终注重对生态文明建设的组织领导、统筹协调，专题召开全市生态环境保护工作会议。市委常委会、市政府常务会专题审议研究中央环境保护督察、“回头看”、反馈问题整改等生态文明建设议题。市委、市政府主要负责同志同时担任市生态文明建设工作领导小组组长、市打好污染防治攻坚战指挥部总指挥。深入落实环保“党政同责”“一岗双责”，明确党委、政府主要负责人是生态环境工作的第一责任人，对生态环境保护和环境质量提升工作负全面领导责任。严格执行党政领导干部自然资源资产离任审计等制度，不断完善党政领导、属地负责、部门协同的工作体系。

二是完善制度规划。把环境保护纳入国民经济和社会发展的长远规划和年度计划，认真开展“三线一单”划定工作。推进国土空间规划编制，实现多规合一。制定《太仓市城市绿线管理实施细则》《太仓市城镇黑臭水体整治行动方案》等系列制度文件，编制《太仓市生态文明建设规划（2015—2030年）》、城市绿地系统规划等生态专项规划。按进度完成中央环保督察及“回头看”、省环保督察反馈问题等各项整改工作。联合嘉定、昆山等地开展污染防治协作，构建区域联防联治体系。未出现因重大生态环境问题被生态环境部约谈、挂牌督办和实施区域限批的情况。

三是压紧压实责任。每年研究制定生态文明建设、大气污染防治、水污染防治等方面目标任务，持续加大环境保护资金投入，近五年来每年全社会环保投入约占地区生产总值的4%。制定出台环境保护与生态建设目标责任制考核文件，主动认领对表责任书、军令状，2019年生态文明建设工作占党政实绩考核的比例为38.5%。用好督查“指挥棒”，对各项目标任务实施动态管理，定期对年度计划贯彻落实情况进行通报，对职责履行或任务推进不到位的单位和个人严肃问责。

（二）致力于加强综合防治，生态环境质量持续提升

一是打赢蓝天保卫战。完成年度挥发性有机物污染源清单调查。引进走航监测设施，在城区、各个工业园区和镇区开展VOCs（挥发性有机物）走航监测，秒级锁定局部大气污染源，对工业企业实行精准管理。VOCs排放量与2015年相比，削减率超过20%。划定市区范围内高排放机动车限行区域，开展高排放机动车淘汰补助工作。将排定41家有机废气重点企业列入臭氧污染防控百日攻坚行动，全面实施停限产管控，实现臭氧污染“削

峰减时”。推进农作物秸秆综合利用，进一步完善收储社会化服务体系。2020 年空气优良率在全省名列前茅。

二是打好碧水保卫战。紧紧围绕“水十条”、太湖水污染防治等工作，每年制订详细的水污染防治计划。全面实施河长制，在全市设立 124 个高质量发展地表水监测断面，加大水质监测力度。对南郊、浏河等 4 个污水处理厂实施扩建和提标改造，城镇污水处理率达 99. 6%。对重点行业工业废水实行“分类收集、分质处理”，化工园区全面实施“一企一管”。完成农村黑臭水体整治，基本消除城乡黑臭水体。实施农业面源污染治理，开展化肥农药减量增效行动，实施专业化统防统治。

三是推进净土保卫战。以危险废物规范化管理为主要抓手，不断加强固废动态监管，对化工企业、一般工业固体废物产生单位、一般工业固体废物利用处置单位、危险废物利用处置单位、危险废物产生单位进行详细核查。建成投用太仓中蓝环保 1. 98 万吨/年危险废物处置、华能 6. 6 万吨/年污泥耦合发电等项目。围绕化工、电镀、农药、铅蓄电池等重点行业，对 416 家企业用地土壤环境质量开展调查监管。积极推进危险废物减库存，深入实施农药、农膜废弃物包装回收，连续四年农药集中配送率在 95%以上，废弃包装物无害化处置率达 100%，2019 年农膜回收利用率达 82. 19%。

（三）致力于强化红线管控，生态空间体系不断优化

一是严守自然生态空间。全面树立“山水林田湖草生命共同体”理念，把用途管制扩大到所有自然生态空间，落实最严格的耕地保护制度，严守生态红线，保证生态安全距离。积极划定城市开发边界，修编完成《太仓市城市总体规划（2010—2030 年）》。出台《太仓市生态红线区域保护监督管理考核暂行办法》，严守全域生态红线面积。加强生态空间管制，借助规划环评手段，加强环境准入，在符合空间、总量管控要求的基础上，提出区域产业发展的环境准入条件，推动产业转型升级和绿色发展，保持生态红线面积不降低。严格耕地占补平衡制度。落实最严格的耕地保护制度，确保完成上级下达的耕地和基本农田保护任务。

二是严格保护长江岸线。深化长江大保护“2982”专项行动，实施长江岸线开发总量控制，强化岸线资源利用监管与整合，确保规划使用岸线零增长，目前长江岸线太仓段开发利用率为 37. 2%。大力推进“生态缓冲区”建设，加强江滩及通江河流等湿地保护，构建沿江湿地保护网络，有序恢复生态岸线。开展入江支流沿线小散乱码头关停取缔和岸线生态修复，落实码头与船舶污染防治措施，减少污染物入江总量。严禁新建危化品项目使用岸线，大力开展清查整改，严厉清退违法违规建设项目。

三是全力开展生态修复。建成市民公园、城北河风光带、独溇小海等，完善“一心两湖三环四园”田园城市生态体系，彰显“城在田中、园在城中”的现代田园城市特色。优化、细化生态补偿政策，建立完善生态补偿机制。完成长江、金仓湖等省级重要湿地名录认定，修复湿地 200 亩[①]。开展生物多样性保护，国家重点保护野生动植物保护率超过 95%，生态环境状况指数达 60. 6。

（四）致力于转变发展方式，生态经济体系逐步形成

一是不断调整产业结构。实施产业升级三年行动计划，着力发展高新技术产业，高端装备制造、新材料、生物医药三大产业产值占规模以上工业产值比重达 72%。统筹推进生

---

① 为方便阅读，本书保留了“亩”的表述，1 亩约为 666. 67 平方米。

产性、生活性、生态型服务业协同发展，物贸总部经济规模突破千亿元，太仓物流园获评省级示范物流园区、省生产性服务业集聚区，太仓港集装箱吞吐量位列全国第10位。积极培育壮大航空产业，出台《航空产业发展规划》《太仓市航空产业人才需求白皮书》，全力打造国际化航空高端制造基地、长三角航空创新成果转化基地。大力引进科技含量高、经济效益好、资源消耗低、环境污染少的优质产业项目。目前太仓市集聚德国企业超过320家，成为国内德国企业集聚度最高、发展效益较好的地区之一。

二是促进资源集约利用。加强清洁能源的供应和可再生资源的应用，不断降低发展能耗。积极发展清洁能源，深入推进减煤工作，实施燃气锅炉低氮改造，全面淘汰35蒸吨及以下燃煤锅炉，全市30万千瓦以上煤电机组全部实现超低排放改造。实施热电联产整合，关停宏达热电厂。率先开展“散乱污”企业（作坊）专项整治，累计整治3 255家。2020年，太仓市单位地区生产总值能耗下降3.9%。秸秆综合利用、东林村“资源—产品—再生资源”等循环农业模式成为全国样板。

三是深入推进科技创新。集聚整合各类创新资源，积极引育创新创业人才，集中力量提高创新平台能级和水平。加快建设西北工业大学、西交利物浦大学太仓校区。建成投用西北工业大学太仓长三角研究院、中科院硅酸盐所苏州研究院二期等载体。国家“万人计划”实现突破，新增省双创人才7人、双创团队1个。2019年，太仓市“两新”产业产值占比分别达55.8%、46.5%；全市有效高企数达434家。太仓高新区获评省双创示范基地。

（五）致力于统筹城乡融合，生态生活体系稳步建立

一是着力改善人居环境。持续推进城市生态环境保护和园林绿化建设，打造“城市绿肺”及海绵公园。深入推进“美丽镇村”“特色田园乡村”建设，持续推进“百村示范千村整治提升”三年行动计划，截至2020年底，累计建成苏州市康居特色村（整村推进）6个，苏州市级及以上三星级康居乡村237个。获评全国村庄清洁行动先进县，太仓市田园城市形态、城乡环境面貌明显改观，农村居民获得幸福感明显提升。

二是加快垃圾综合治理。加快推进生活垃圾分类工作，实现减量化、无害化、资源化处置。太仓市政府印发的《太仓市城乡生活垃圾分类和治理三年（2018—2020年）行动实施方案》规定，餐厨垃圾不再进入生活垃圾处理渠道。2020年全面开展居民小区垃圾分类“三定一督”模式，至2020年底已完成全覆盖。全市生活垃圾无害化处置率和镇村收运率均达到100%。农村生活垃圾治理模式被住建部作为发达县市典型进行全国推广。

三是推行绿色生活方式。不断加强宣传引导，大力推行绿色采购等低碳循环的生产生活方式，加快推广新能源汽车，行政村公交通达率达100%，公交站点300米覆盖率达83%，500米覆盖率达100%，公共交通出行分担率为65.7%。不断加强城市公共自行车系统建设，公共自行车站点实现全市域覆盖，市民绿色出行比率超75%。

（六）致力于加强生态宣传，环保意识热情逐渐高涨

充分鼓励社会各界和广大人民群众以更大的热情和勇气投身高质量建设“两地两城”发展实践，促进全市生态环境进一步改善。在《太仓新闻》开设了专栏报道“污染防治在攻坚，太仓‘263’在行动”，每年平均播出相关新闻上百个。每年开展六五世界环境日系列宣传咨询活动，推出系列报道《百日攻坚守护一江清水》《绿色娄城宜居家园》，联办《绿色家园》栏目，举办“美丽太仓　共同守护”环保知识竞赛电视直播活动等一系列宣传项目，在《苏州日报》《太仓日报》刊登生态环境建设工作成果展示专版，集中

宣传太仓市生态文明建设成果。在 19 个社区电子屏投放公益广告，推送环保公益短信。进一步增强市民的环境保护意识和环保法制观念，推动全社会积极参与生态环境保护，加快形成绿色生产方式和生活方式。加大生态文明理论知识培训力度，党政领导干部参加生态文明培训人数比例达 100%，公开环境信息的公开率达 100%。对群众信访举报的生态环境案件及时处理，公众对生态文明建设满意度及参与度逐年提升。

亮点工程

1. 金仓湖湿地公园

金仓湖湿地公园（一）

金仓湖湿地公园（二）

金仓湖湿地公园位于江苏省太仓市城厢镇，太沙路与新港路交界处。地理位置优越，交通便捷。公园规划面积 5.37 平方千米，水域面积超过 1 000 亩，属国家Ⅱ级水体，现已成为太仓市的核心景区，被誉为“太仓最美丽的地方”。

金仓湖湿地公园南起苏昆太高速公路，北至杨林塘，东枕石浦塘，西邻半径河。原为苏昆太高速公路挖土遗留下的水坑，后通过生态修复形成了 1 000 亩水面。

金仓湖湿地公园依托特有的生态文化资源，每年举办风筝节、龙舟赛、自行车嘉年华等丰富多彩的特色旅游活动，知名度和美誉度不断提高，先后获得国家级水利风景区、省级湿地公园、长三角世博主题体验之旅示范点等荣誉称号。

2. 太仓港化工园区“一企一管”工程

太仓港化工园区“一企一管”工程部分管网（一）

太仓港化工园区“一企一管”工程部分管网（二）

太仓港经济技术开发区在化工园区实施污水收集监控池及水质自动监控系统工程项目（“一企一管”工程）。该项目于2013年获太仓市环保局批复，整个项目自2014年1月份开始建设，历时17个月，至2015年5月开始投入试运行。

化工园区污水水质自动监控系统项目共建成一座中控平台、四个污水水质自动监测站，敷设污水收集管路69条，主要对污水中CODcr、NH3-N、pH、流量四种因子进行监测，配套设置CODcr在线监测仪18套、NH3-N在线监测仪18套、pH在线监测仪69套、电磁流量计69套、阀门134套、超标留样器18套、视频监控系统4套等设备。采用压力输送、片区集中监控的方式，集中监控管理收集区域内各生产企业的预处理废水，进一步规范驻区企业水污染物排放，确保园区废水稳定达标排放。

项目实施后，封堵企业端原有污水排放口和公共污水管网，确保企业只有一个排放口并与“一企一管”的输送明管连接。

截至目前，整个园区已有69家工业企业接入该系统并在该系统的监管下排放污水。

3. 太仓市港城组团污水处理厂配套生态湿地处理净水工程（生态缓冲区）

太仓市港城组团污水处理厂配套生态湿地处理净水工程（一）

太仓市港城组团污水处理厂配套生态湿地处理净水工程（二）

太仓市港城组团污水处理厂配套生态湿地处理净水工程项目位于太仓市杨林塘南侧、污水处理厂西侧，紧邻港城污水处理厂。项目总占地 11 公顷，采用“复合垂直流湿地+表面人工流湿地+沉水植物塘”的组合处理工艺对港区污水处理厂尾水提标、提优，深度处理港城组团污水处理厂尾水，日处理规模为 3 万立方米。设计出水水质将把港城组团污水处理厂水质提标至地表Ⅳ类水标准。

工程于 2018 年完成前期工作，2019 年 3 月开工建设，2019 年 12 月调试运行。本项目估算总投资约 1.5 亿元。

4. 太仓中蓝环保科技服务有限公司 1.98 万吨/年危险废物焚烧处置项目

太仓中蓝环保科技服务有限公司是中化蓝天集团下属企业，由中化蓝天集团有限公司和太仓市城市建设投资集团有限公司共同出资成立，在中化太仓化工产业园内建设一套处置能力为 19 800 吨/年（66 吨/日）的危废焚烧处置项目，于 2018 年底完成危废焚烧装置的机械竣工，同年 11 月依法申领获得危险废物经营许可证，集中处置农药废物、废矿物油、废有机溶剂、精蒸馏残渣、染料/涂料废物、有机树脂类废物、废卤化有机溶剂废物等 16 类危险废物。

太仓中蓝环保危险废物焚烧处置项目

太仓中蓝环保危险废物焚烧处置项目监控室

项目总投资额远高于国内同规模的焚烧装置，在项目建设标准和技术创新等方面均达到行业一流水平。项目包括一条回转窑焚烧炉生产线，包含预处理、焚烧系统、余热利用系统、烟气处理系统及附属设施。其中，危险废物存储采用先进的无线终端识别扫码，高架库采用自动堆垛机系统，危废出入库完全由链运机、堆垛机自动配合完成，自动化程度高。焚烧炉进料采用先进的破碎+混合+泵送一体式自动进料系统，具有全封闭、无泄漏、高度自动化等特点，相比于传统的“料坑+抓斗”进料方式，有效解决了危废行业进料过程中的废气外溢等二次污染问题，从根本上杜绝了人身伤害和环境污染事件的发生。分析检测中心的分析仪器以进口的高精度检测设备为主，真正做到“火眼金睛”，有效确保物料的安全储存及合理配伍。污水处理站采用生产污水零排放工艺，在节约生产用水的同时，真正做到保护环境。

中蓝环保危废焚烧项目的建设在太仓市地区内的历史库存危废处置、环保查处危废处置以及环境应急力量组建等方面发挥着积极作用，进一步加快推进了太仓市危险废物源头减量化、管理规范化、处置无害化，切实维护了生态环境安全，确保了太仓市生态环境保护及经济建设目标的顺利实现，并对周边各市县的环境保护工作开展具有借鉴意义。

5. 太仓市港城污水处理厂

太仓市港城污水处理厂

太仓市港城污水处理厂一期工程于 2010 年开工建设，2011 年 4 月投产运行，总投资 6 651 万元，采用“厌氧水解+改良型 A2/O 工艺+絮凝沉淀”的污水处理工艺。

2014 年，经市政府批准，对港城污水厂实施改扩建，此即二期工程。工程总投资 1.8 亿元，采用“强化预处理+AAO 工艺+深度处理”工艺。工程于 2014 年 12 月开工打桩，2016 年 5 月投入运行。

2019 年 8 月，对污水处理厂一期工程进行提标改造，将原来的改良型 A2/O 工艺改造为“A2/O 工艺+MBR”，将絮凝沉淀池改造为臭氧催化氧化池，将二期滤布滤池出水经一体化泵站进入臭氧催化氧化池进行深度处理。

目前，港城污水处理厂建成总规模为 3 万吨/日，占地 137 亩，主要接纳并处理石化工业区的工业废水和刘家港镇区生活污水，日处理量约为 17 000 吨，运行情况良好，各项出水指标均符合国家标准。港城污水处理厂的建成有效改善了区域内的水环境，对实现保护长江水环境功能区目标、改善开发区投资环境有着积极意义。

6. 太仓现代农业园区

太仓现代农业园全景

太仓现代农业园一角

太仓现代农业园区位于交通便捷的市域中东部，规划总面积 3.5 万亩，核心区面积 8 000 亩，是面向 21 世纪为发展现代农业、加快城乡一体化进程而设立的一个集绿色、生态、科技、人文于一体的农业园区，也是太仓市确定的永久性农业发展区。

园区充分利用太仓市沿江沿沪的区位优势、相对人少地多的资源优势、良好的现代农业发展基础优势和生态环境优势，不断挖掘历史、人文资源，通过十年来的建设，园区的建设框架和形态已初具规模。近年来，太仓现代农业园区先后被命名为国家农业产业化示范基地、国家 4A 级旅游景区、首批国家重点花文化基地、中国特色农庄、江苏省现代农业产业园区、全国休闲农业与乡村旅游五星级示范园区等，太仓市被原农业部列为国家现代农业示范区。

第二节　国家生态文明示范县昆山市生态文明建设实践与创新

征实则效存，徇名则功浅。近年来，昆山市在推进经济高质量发展的同时，高度重视环境保护和生态文明建设，在保持全国县域经济领跑地位的同时，水、气环境质量位居苏州前列。昆山市于 2010 年荣获“联合国人居奖”，还先后成为最佳中国魅力城市、国家卫生城市、国家环保模范城市、国家生态园林城市，是“最美中国·生态旅游目的地城市”。2020 年 10 月昆山市获得国家生态文明建设示范市称号。

一、基本情况

（一）自然概况

1. 地理位置

昆山位于东经 120°48′21″—121°09′04″、北纬 31°06′34″—31°32′36″，处江苏省东南部、上海与苏州之间，北至东北与常熟、太仓两市相连，南至东南与上海嘉定、青浦两区接壤，西与吴江、苏州交界。昆山东西最大直线距离约 33 千米，南北约 48 千米，总面积 931.51 平方千米，占苏州市总面积的 11.0%，占江苏省总面积的 0.9%。

2. 地质地貌

昆山处于长江三角洲太湖平原前缘，第四纪地层发育，地貌单元属太湖水网平原。境内河网密布，地势平坦，自西南向东北略呈倾斜状，自然坡度较小。地面高程多在2.8米~3.7米（基准面：吴淞零点），部分高地达5米~6米，平均为3.4米。北部为低洼圩区（周市镇和巴城镇），中部为半高田地区（昆山高新区、昆山经济技术开发区、陆家镇、花桥经济开发区、张铺镇和千灯镇），南部为湖荡地区（淀山湖镇、锦溪镇和周庄镇）。昆山市土壤主要包括水稻土类、沼泽土类、潮土类和黄棕壤类四大类型，其中水稻土约占总耕地面积的95%。

3. 气候特征

昆山属北亚热带南部季风气候区，气候温和湿润，四季分明，光照充足，雨量充沛，无霜期长，雨热同期。多年平均降水量1 069毫米，蒸发量822毫米，降水年际变化大，年内分配不均，夏季降水量平均为508.7毫米，占全年总降水量一半左右。多年平均气温16.8℃，最高年平均气温17.8℃，出现在2007年；最低年平均气温14.6℃，出现在1980年。最近十年的平均气温比20世纪90年代升高了1.0℃，比20世纪80年代升高了32.0℃。年平均日照时数1 994.5小时，年平均日照百分率45%。无霜期长，多年平均无霜期230天。历年平均风速3.1米/秒，春季风速较大，秋季风速较小，多年平均主导风向为东南风。

4. 河流水系

昆山是著名的江南水乡，地处太湖流域阳澄淀泖腹部地区，全市分属阳澄和淀泖两个水系，以吴淞江为界，南部为淀泖水系，北部为阳澄水系。一条流域性河道吴淞江，三条区域性河道七浦塘、杨林塘、娄江—浏河穿境而过，是昆北、昆中地区涝水东排长江的主要通道；昆南南临淀山湖，昆南地区涝水主要经淀山湖，由拦路港向下游排泄。

昆山境内河道纵横交错，湖荡众多。全市境内有大小河道2 815条，总长度约2 820千米，市域骨干河网水系格局已基本成形。昆山境内湖泊众多，全市共有百亩以上大小湖泊30个，主要集中在淀泖区。其中列入省保护名录，常年水面面积0.5平方千米及以上的湖泊有19个，分别为阳澄湖、淀山湖、澄湖、傀儡湖、白莲湖、长白荡、明镜荡、白砚湖、商鞅潭、汪洋荡、杨氏田湖、陈墓荡、鳗鲤湖、急水荡、巴城湖、万千湖、天花荡、雉城湖、阮白荡。

5. 自然资源

（1）水资源。昆山市地处太湖、阳澄湖下游，水资源条件优越。昆山市多年平均降雨总量为10.08亿立方米，近5年年平均水资源量为5.6亿立方米，其中地表水资源量5.12亿立方米。昆山市过境水量丰富。入境水资源量主要有阳澄湖、娄江、吴淞江、澄湖、急水港来水。另外，遇干旱时还有阳澄区通江河道七浦塘、杨林塘、浏河引长江水经太仓市进入昆山境内。

（2）湿地资源。根据昆山市湿地资源调查成果，昆山市域范围内面积8公顷以上的各类湿地共411处，面积19 829.69公顷，占全市土地总面积的21.29%。湿地可划分为洪泛平原湿地、水产养殖场、永久性淡水湖和永久性河流湿地4种类型。其中：洪泛平原湿地面积13.81公顷，占0.07%；水产养殖场面积9 982.54公顷，占50.34%；永久性淡水湖面积6 569.76公顷，占33.13%；永久性河流面积3 263.57公顷，占16.46%。水产养殖场和永久性淡水湖面积相对较大。洪泛平原湿地位于锦溪镇周家浜村东南部，呈三角形深入汪洋荡。水产养殖场湿地集中分布在市域北部和南部，以及西部的部分地区，中部和东部地区水产养殖湿地较少。永久性淡水湖共16处，主要有淀山湖、阳澄湖、长白荡、汪洋荡、傀儡湖、白莲湖、白蚬湖、太史淀、商鞅湖、陈墓荡和杨氏田湖等，主要分布在西北部的环阳澄湖区域和南部的环淀山湖区域。其中：环阳澄湖区域4处，面积2 129.53公顷，占32.41%；环淀山湖区域12处，面积4 440.23公顷，占67.59%。永久性河流湿地遍布全市各区域，其中吴淞江、太仓塘、娄江、大直港、千灯浦、双林新开河和小泾河等为市域主要永久性河流湿地，形成了河流湿地的骨干网络。

（3）生物资源。昆山市位于北亚热带南端，自然地理环境优越，植被资源丰富，野生动物种类繁多。全市拥有主要树种600多种，湿地植物218种，其中，芦苇、菰、微齿眼子菜、马来眼子菜、苦草、黑藻、聚草、荇菜和菱等为优势种。有两栖动物9种，包括国家Ⅱ级保护动物虎纹蛙，省级保护动物黑斑侧褶蛙、金线侧褶蛙等；有爬行动物25种，包括国家Ⅰ级保护动物斑鳖等；累计观测到鸟类173种，有国家Ⅰ级保护动物中华秋沙鸭，国家Ⅱ级保护动物斑嘴鹈鹕、黄嘴白鹭、小天鹅、鸳鸯、鸢、白枕鹤等；兽类36种，有国家Ⅱ级保护动物鲮鲤、水獭、大灵猫、小灵猫、河麂等，省级保护动物刺猬、狐、猪獾等；鱼类107种，浮游动物79种，底栖动物59种。

（二）社会经济概况

1. 行政区划

昆山市辖张浦、周市、陆家、巴城、千灯、淀山湖、周庄、锦溪8镇，以及2个国家级开发区（经济技术开发区、国家级高新技术产业开发区）和2个省级开发区（花桥经济开发区、旅游度假区），总面积931.51平方千米。

2. 人口状况

截至2020年末，昆山市常住人口209.27万人，比上年末增加0.76万人，增长率为3.6‰。全市户籍人口106.71万人，比上年末增加8.58万人，增长率为8.7%。全年出生人口1.34万人，出生率为13.1‰，死亡人口0.53万人，死亡率为5.2‰，自然增长率为7.9‰，人口规模稳定扩增。

3. 经济发展状况

2020年，昆山市全年实现地区生产总值4 276.76亿元，按可比价计算，比上年增长4.0%。其中：第一产业增加值30.95亿元，下降0.3%；第二产业增加值2 149.19亿元，增长4.5%；第三产业增加值2 096.62亿元，增长3.4%。全年完成一般公共预算收入428.0亿元，增长5.1%。全年高新技术产业产值4 288.06亿元，增长8.2%，占规模以上工业总产值比重达47.6%；战略性新兴产业产值占规模以上工业总产值比重达55.2%，比上年提高3.3个百分点。

2020年，昆山市全体居民人均可支配收入62 238元，位列全省县级市第一。按常住地分，城镇居民人均可支配收入71 519元，农村居民人均可支配收入38 320元。居民人均消费支出33 768元。其中，城镇居民人均消费支出38 130元，农村居民人均消费支出22 526元。

二、优势条件

（一）区位优势非常突出，交通条件十分便利

昆山位于长三角核心地带，东接上海，西依苏州，周边邻常熟、太仓和吴江。作为苏

南及整个江苏省接轨上海的门户，昆山享有上海技术扩散和人才外溢的优势。京沪高速铁路、沪宁城际铁路、沪宁高速公路、苏沪高速公路、苏昆太高速公路等快速通道穿境而过，区域交通优势明显。全国首例跨省轨道交通——上海轨道交通 11 号线花桥延伸段正式开通，昆山成为首个拥有城市轻轨的县级市，沪昆同城效应进一步放大。实施中环快速路工程，大力发展全域公交，完善与高铁、城铁“无缝对接”的市域交通体系。四通八达的水陆交通网把昆山与上海、苏州、杭州等大城市连成一体，形成中国沿海和长三角对外开放的中心区域。

（二）经济实力领先全国，转型升级加快推进

2020 年是昆山撤县设市 31 周年，在这一重要的历史节点，昆山被列为全省社会主义现代化建设试点地区，全市经济运行稳中有进，结构调整不断深化。2020 年，昆山市地区生产总值持续超过 4 000 亿元，蝉联全国中小城市综合实力、绿色发展、投资潜力、科技创新、新型城镇化质量百强县市“五个第一”，连续 16 年居全国百强县市首位，领跑我国县域经济。随着“转型升级创新发展六年行动计划”的深入推进，昆山市产业转型速度不断加快，电子信息、平板显示、高端装备等产业集群发展，商贸物流、总部经济、服务外包等现代服务业不断壮大。中科可控智能化生产线建成启用，新建 5G 基站 1 923 座，新增省级智能制造领军服务机构 2 家、工业互联网标杆工厂 4 家，实施列规增收专项行动，新增培育入库企业 1 158 家，启动 20 个工业区及 16 个小微特色产业园改造升级，昆山留创园获批国家小型微型企业创业创新示范基地，花桥经济开发区获评国家新型工业化产业示范基地，启动建设全省首批两宗“工改 Ma”项目。2020 年，全市新兴产业、高新技术产业产值占规模以上工业比重分别达 51%、47%，第三产业增加值占地区生产总值的比重提高至 49%。开放发展再深入，不断深化虹昆相、嘉昆太等合作机制，获批扩大昆山试验区范围至全市，获批设立国家级金融改革试验区，设立总规模 50 亿元的台商发展基金，以“一带一路”为重点，完成境外中方协议投资额 1. 3 亿美元。成功举行中国—中东欧国家合作新春晚会、首届昆山侨商大会。昆山开发区在全国经开区营商环境指数排名上升至第二，资本、人才在昆山实现“双聚合”效应。农业农村现代化深入推进，积极发展民宿经济、共享农庄、田园综合体等新业态，打造特色田园乡村、康居特色村建设方阵。

（三）环境保护不断加强，生态建设成果显著

积极推进生态创建，累计建成 2 个国家级生态工业示范区、1 个省级生态园区、全国第一个省级现代服务业生态园区和 14 个省级生态文明建设示范镇村，实现国家生态镇全覆盖，获批首批国家生态园林城市、江苏省海绵城市建设试点及江苏省生物多样性本地调查试点城市。严格保护生态空间，划定傀儡湖饮用水水源保护区等 5 块国家级生态红线区域及阳澄湖（昆山）湿地等 12 块省级生态空间管控区。大力实施“蓝天”“清水”“绿地”“宜居”“静城”五大工程，加快建设“水绿相依”“城林交融”的生态宜居环境，推进城市公园向公园城市转变，精品打造“口袋”公园，全市林木覆盖率达 18. 86%。开展城市和农村环境综合整治，加快实施吴淞江、淀山湖流域水环境综合整治和阳澄湖生态优化攻坚行动，推进七浦塘拓浚整治等重点水利工程建设。完成淀山湖镇榭麓村污染场地综合整治，完成禧玛诺（昆山）自行车零件有限公司、沪士电子股份有限公司（黑龙江路厂区）等场地修复。强化固危废污染防治，完成 1 961 家企业危废规范化管理达标建

设。2020年，全市地表水省考及以上断面达到或优于Ⅲ类比例达100%，劣Ⅴ类水质河道基本消除，空气质量优良天数的比例达到83.6%，PM2.5（细颗粒物）降至30微克/立方米。

（四）历史人文底蕴深厚，旅游资源较为丰富

昆山历史悠久，文化遗产丰富。现有周庄镇、千灯镇、锦溪镇、巴城镇等4座中国历史文化名镇。昆山市现有不可移动文物293处，其中全国重点文物保护单位6处，省级重点文物保护单位11处。非物质文化遗产丰富，其中昆曲被列入“世界人类口述和非物质文化遗产代表作”名录。旅游资源种类丰富，自然与人文兼容并蓄，都市中心旅游资源聚集区、市中心以东工业旅游资源聚集区、花桥商务旅游资源聚集区、张浦-千灯生态农业旅游聚集区、市西北阳澄湖旅游资源聚集区、市东南淀山湖旅游资源聚集区、市西南水乡古镇与湿地旅游资源聚集区等七大片区集聚分布。巴城镇武神潭村获批全国“一村一品”示范村，淀山湖镇特色小城镇建设获省人居环境范例奖，周庄水乡生活小镇入选省旅游风情小镇，张浦镇北华翔、周庄镇三株浜成为首批省特色田园乡村，锦溪镇计家墩村入围省休闲农业精品村。

（五）党委政府高度重视，机制体制不断创新

昆山市委、市政府高度重视生态文明建设，积极探索生态文明建设的机制体制，先后出台《关于加快推进生态文明建设的实施意见》《昆山市生态文明建设行动计划》《“打好污染防治攻坚战”三年提升工程工作方案（2018—2020年）》等文件，用制度保护生态环境。按照“谁保护、谁受益”的原则，结合实际，制定《昆山市生态补偿实施办法》《昆山市阳澄湖水环境区域补偿工作方案（试行）》，对基本农田、生态公益林和重要湿地等实施生态补偿，开展水环境资源污染损害补偿试点工作。出台《污水集中处理企业排放水质超标结算办法》，实施污水处理“按质论价”。加大对环境违法行为的处罚力度，积极探索生态环境损害赔偿。

三、主要做法

（一）保持定力抓落实，不断完善生态治理体系

一是坚持生态优先导向。以社会主义现代化建设试点为契机，建立健全现代化绿色安全发展体系，将生态文明建设融入现代化建设全过程、各领域。市委常委会、市政府常务会会议多次专题研究方案、落实清单任务，并与各板块、部门签订市长环保目标及生态文明建设责任书。健全生态文明建设绩效考核标准，设立打好污染防治攻坚战突出贡献奖。开展区镇党政主要领导干部自然资源资产任期审计工作，构建“管发展必须管环保、管生产必须管环保”的工作责任体系。在环境基础设施建设、水环境治理、农村人居环境整治等方面持续加大投入，每年优先列入全市重点实事工程，在财力、物力、人力方面给予优先保障，“十三五”期间，累计实施生态文明建设工程2 396个，全社会环保投入累计达803亿元。

二是巩固“以创带建”成效。加快推进生态文明细胞工程，建成2个国家级生态工业示范区、全国第一个省级现代服务业生态园区和14个省级生态文明建设示范镇村、100余个生态村、300余所绿色学校、200余个绿色社区。开展高水平节能建筑和绿色建筑试点工作，城镇新建绿色建筑比例达99%以上。倡导绿色低碳出行，科学规划公共自行车、公交站点布局，提升换骑、换乘效率；建设公交优先车道，开发掌上智能公交

系统。

三是倡导绿色生活方式。积极开展公共文明行动日、万人徒步大会、自行车绿色骑行等活动，举办生态文明讲坛，大力发展环保公益组织和志愿者队伍，深入推进生态文明知识普及和宣传推介，倡导文明、节俭、环保的生活方式和消费习惯，增强全社会“生态自觉”意识。优化绿色发展咨询服务，强化新闻媒体以及政务微博、网络论坛、“民声 110”等互动平台功能，让市民成为生态文明建设的参与者和监督者。2019 年，市民对生态文明建设总体满意率达 91.7%。

（二）强基固本练内功，稳步推进生态经济发展

一是践行绿色发展理念，加快新旧动能转换。以建设国家一流产业科创中心为主线，着力发展光电、半导体、小核酸及生物医药、智能制造等高端产业，加快传统工业区向科创园区转型，通过打造集中、紧凑、高效的科创空间减量发展样板，引导产业结构调高、调优、调绿，从源头上减少污染排放。开展工业企业资源集约利用综合评价，推进土地利用“总量控制、增量优化、存量盘活、流量用好、质量提升”五量调节，在全省率先出台科创产业用地管理办法和配套细则。

二是实施乡村振兴战略，提升生态农业品质。严守耕地红线，划定 10 万亩粮食生产功能区。加快推动农业农村现代化，创新实施农田集中连片整治，落实化肥减施和秸秆利用政策。推进农业园区氮磷生态拦截，渔业园区实现养殖尾水水质净化、达标排放和循环利用。成功创建全国绿色食品原料（稻麦）标准化生产基地、国家级渔业健康养殖示范县。

三是打造最佳营商环境，积蓄服务发展动能。推出“昆如意”营商服务品牌，聚焦政府采购、施工许可、政务服务、纳税服务等方面出台数十项政策措施，进一步优化营商“软”环境，培育发展“硬”实力。推动 370 家重点环境风险企业完成环境安全达标建设。昆山软件园获评江苏省国际服务外包示范区，花桥经济开发区入选国家现代服务业综合试点，并获省级生产性服务业集聚示范区综合评价第一，服务业增加值占地区生产总值比重达 46%。

（三）攻坚克难补短板，不断刷新生态环境颜值

一是坚决打好蓝天保卫战。贯彻落实中央、省和苏州大气污染防治行动计划实施方案，成立大气污染防治领导小组。突出工业废气、机动车尾气、建筑扬尘防治，推进锅炉整治改造、电力行业提标、煤改气和工业废气治理工程，完成大气污染防治工程 2 020 项。在全省县级市中率先推行黄标车区域限行，划定禁止使用高排放非道路移动机械区域，烟花爆竹禁放区域扩大至中环范围。城市环境空气优良天数比率由 2015 年的 75.5%提升至 83.6%，PM2.5（细颗粒物）平均浓度由 48 微克/立方米降低到 30 微克/立方米，空气质量位列全省前列。

二是坚决打好碧水保卫战。持续巩固“江湖并举、双源供水”格局，优化调整饮用水源保护区，集中式饮用水源水质达标率保持 100%，傀儡湖被评为长江经济带最美湖泊和全省首批生态样板河湖。实施阳澄湖生态优化行动，“十三五”期间，推动阳澄湖生态攻坚项目 38 个，完成投资 12.5 亿元。全面落实河湖长制，加快推进太湖流域治理、国省考断面达标整治和劣Ⅴ类水体综合治理工程，实施重点项目 511 个，推进污水处理厂改扩建工程，完成 1 321 项区镇控源截污工程，谋划建设工业废水集中处理设施，194 条河道实

施水岸系统治理。

三是坚决打好净土保卫战。制订土壤污染防治专项工作方案，完成农用地土壤污染状况详查，深化化工遗留地块详查及重点行业企业地块基础信息调查及修复工作。全面开展危废规范化达标建设、固危废环境隐患排查等专项行动，1 961 家企业完成危废规范化达标建设。大力推进利群技改提升、新昆生活污泥处置等项目建设。规划建设日处理能力达 2 250 吨的再生资源综合利用项目，加快推进再生资源产业发展。

（四）精细管理谋长远，着力提升生态空间品质

一是丰富生态资源供给。有序推进国土空间规划编制。系统编制南部水乡片区统筹规划、绿色开敞空间、河道蓝线等生态专项规划。突出沿湖、沿河、沿路和产业集中区周围生态绿廊建设。新增绿化面积 3 243 万平方米、闲置地覆绿 1 415 万平方米，新增绿道 129 千米，自然湿地保护率达 61. 8%。高标准推进海绵城市建设，昆山海绵城市专项规划入选全国范本。

二是提升城市综合环境。全面实施城市综合整治“931”行动，加大城郊接合部、城中村、背街小巷、低洼易涝片区、建设工地、农贸市场等区域的专项整治，强化撤并地区综合环境提升。推进“厕所革命”三年行动计划，农村卫生厕所普及率达 100%，长江北路厕所入选全国“公共厕所示范案例”。创新实施“三定一督”垃圾分类投放模式，有效建立“一领四动”工作推进机制，在苏州市生活垃圾分类专项督查中荣获第一。农贸市场标准化建设改造工程入选“苏州市十大民心工程”。

三是统筹城乡协同发展。项目化推进“美丽昆山”建设三年提升工程，优化调整《昆山市镇村布局规划》，实现“一村一规划”全覆盖。深入实施乡村振兴战略，整合设立乡村振兴专项资金，加快推进农村环境提升和特色田园乡村建设，先后获评中国美丽乡村建设示范县和全国农村人居环境整治成效明显激励县。智谷小镇、周庄旅游风情小镇获省级特色小镇考核优秀等级；淀山湖镇特色小城镇建设获省人居环境范例奖；巴城镇武神潭村获评全国“一村一品”示范村。

（五）建章立制强约束，严格落实生态制度规范

一是压实生态文明建设责任。制定落实生态环境保护工作责任规定、生态文明建设领域“问责行动”工作方案等，实施“履责”“问责”两张清单，加大责任落实、督促检查、执纪问责力度，对环境治理不力的责任人进行追责问责。全面完成中央环保督察及“回头看”、省环保督察、长江经济带生态环保审计、太湖水环境通报以及“263”专项行动曝光举报热线等反馈问题整改工作，并将整改落实情况纳入常态化监督检查。

二是创新生态环保管理机制。将“智慧环保”纳入环境管理，累计建成 109 个水质自动监测站、22 个大气自动监测站、1 套水污染溯源仪，以及 2 000 套污染源在线监控系统。全省首创河长办、治水办、农污办、黑臭水体办“四办合一”。建设“昆山市生态一体化监管平台”“生态环保工业污染源监控平台”，持续推进生态环保网格 App 系统运用。推行环评审批改革、涂料“油改水”、环境有奖举报、环保第三方服务、差别化价格等机制，形成一套可复制、可推广的经验做法。实行环保专项奖励和生态补偿制度，制定实施阳澄湖水环境区域补偿、工业企业节水减排补助和区镇河道水质达标（提升）项目奖补政策。签署“昆嘉青”和“嘉昆太”污染防治联防联控协议，江苏省环境科学研究院首个分院

在昆山落地。积极探索绿色金融制度，制订出台绿色金融服务助力节能环保安全发展实施方案、绿色金融风险补偿资金实施细则。

三是严格生态环境监管执法。坚持用最严格的制度、最严密的法治保护生态环境，加强准入负面清单管理，加大环境执法监管力度，从快查处、从重处罚、从严追责，始终保持对环境违法行为的高压态势。“十三五”期间，累积出动环境监察人员 72 502 人次，检查企业 24 610 厂次，立案处罚违法企业 2 048 家，处罚金额达 24 042.928 1 万元。强化环境执法与刑事司法衔接，建立生态环境、公安、检察院、法院“二级响应、三级联动”执法机制，联合侦办案件数居全省第一位，通过环境公益诉讼追偿生态修复资金 6 000 万元。

亮点工程

1. 悦丰岛有机农场

悦丰岛有机农场（一）

悦丰岛有机农场（二）

悦丰岛有机农场占地约 230 亩，始建于 2009 年。悦丰岛以维护土壤健康为核心，构建生物多样性，提供健康安全的食物，倡导“不时不食，食知其源”的生态生活理念。

在昆山快速发展、土地资源日趋紧张的环境下，悦丰岛有机农场本着尊重土地的承诺，坚持“坚定的有机种植者”“社区互助农业的践行者”“城市近郊休闲游和自然教育的旅游目的地”三大设计理念，返璞归真，营造“原生态”的自然野趣效果，创造活跃的互动以及积极的交流空间，鼓励人们重新回到土地，与泥土亲密接触，重新认识人与土地、人与食物以及人与人之间的关系，倡导健康、负责任的生活方式，引发人们对更多关于原生态生活方式的思考。

传承自然生态文化。悦丰岛组建科普教育人才团队，系统挖掘在地农耕文化，关注传统文化的传承，并向生态理念教育的领域延伸，关注孩子的自然教育，规划组建自然教室，积极研发二十四节气课程、水稻课程、“水八仙”① 等系列课程，打造专业的农耕教育科普基地，与昆山黄泥山小学合作，开展校园农耕和水稻课程，并开展在地教材的研发。

积极担当社会责任。2013 年 11 月，在同济大学召开的第五届社区互助农业暨有机农业经验交流会上，悦丰岛有机农场与中国人民大学可持续发展高地研究院产学研基地举行揭牌仪式。2014 年，发起成立“清澄计划”，与北京梁漱溟乡村文化发展中心合作，以位于阳澄湖东部的绰墩山村为中心开展水源地环境治理与农村社区发展工作。“清澄计划”源于昆山青年农耕创业园，由一群青年人发起，他们在阳澄湖畔践行耕读生活，从事生态农业和社区互助农业的探索，召集青年志愿者和来自中国科学院、中国人民大学、西南大学、重庆大学、同济大学等专家学者开展“清澄夏季学校”调研活动，启动绰墩山村有机水稻种植试验，创建“清澄米”稻米品牌。通过有机农业的方式保护生态湿地和水源地环境，提升公众环保意识，支持青年返乡创业，提供学习空间和实践平台，修复本土传统文化。有机水稻的种植面积从 2015 年的 88 亩增加到 2019 年 240 亩。

提供优质生态产品。悦丰岛有机农场于 2010 年 12 月通过南京国环有机产品认证中心有机转换产品认证，同时获得中国良好农业规范认证。农场可提供 70 多种有机蔬菜和有机大米，以及纯天然蜂蜜、手工炒制春茶、土鸡蛋、阳澄湖大闸蟹等特色产品。2019 年，悦丰岛“清澄米”在昆山市优良食味稻米品鉴评比中获得银奖，在苏州首届“好农”种好米评选活动中获得银奖，并通过苏州科普教育基地验收。

2. 昆山海绵城市建设实践

海绵城市建设——杜克大学

① 水八仙包括芡实（鸡头米）、茭白、莲藕、水芹、慈姑、荸荠、芋艿和菱角。

江南理想与康居中心

中环景观带

昆山在城市建设中始终坚持生态优先的绿色发展理念，面对城市内涝、河道水质污染等水生态问题，积极运用低影响开发理念，改变传统城市以“快排”为主的雨水处理方式，取之以生态优先、源头分散、自然下渗、慢排缓释的绿色发展模式，提升城市生态系统的功能和减少城市内涝的发生。

2009 年，昆山引入实践国际先进的低影响开发、水敏型城市建设理念，开启海绵城市建设的探索之路。2012 年，与澳洲国家水敏型城市合作研究中心及国内高校、科研院所等专业团队交流合作，围绕减少雨水径流污染、雨水资源化利用、降低城市内涝频率等问题研究，开展了一系列海绵城市本土化实践与探索。

2016 年 5 月，昆山入选首批江苏省海绵城市建设省级试点城市，划定 22.9 平方千米的海绵城市建设示范区，并以示范区为引领，率先在全市范围内推广落实海绵理念。截至 2019 年，全市共完成各类海绵项目 190 余个，其中昆山杜克大学、江南理想与康居公园、中环快速路海绵化改造等 3 个案例入选住建部编写的《海绵城市建设典型案例》。

昆山海绵城市建设结合自身特点，重点关注海绵城市六字方针中渗、滞、净三个技术路径，实现修复城市水生态、改善城市水环境、提高城市水安全、复兴城市水文化等多重目标。主要做法如下：

系统谋划，描绘城市生态建设美好图景。建立完善的制度体系，实现海绵项目的全过程管理模式。以科学规划为引领，《昆山市海绵城市专项规划》被住建部推荐为全国三个规划示范样本之一。

全域推进，打造人水和谐共生生态昆山。以东、西两个示范区建设为引领，将海绵城市建设推广至全市域，形成“一体两翼、全域推进”的建设格局。充分融入海绵理念，开展闲置地复绿、黑臭河道治理、老城街区提升改造等项目，释放综合生态效益。

创新探索，构建本土技术标准支撑体系。由吸收引进转向实践创造，扎根工程建设实际开展技术研究，并且逐步建立了一套符合本地特点的技术标准规范，以实战化的指引帮助从业人员提升海绵城市建设能力。同时，成立海绵设施实验室，产学研用结合，推进海绵城市建设技术升级。

3. 昆山市城市生态森林公园

昆山市城市生态森林公园（一）

昆山市城市生态森林公园（二）

昆山市城市生态森林公园位于昆山市西部，距市中心 4 千米，总面积约 3 000 亩，自 2001 年底启动建设，2002 年底建成对外开放，被授予全国科普教育基地，获得昆山首家健康主题公园等荣誉。

突出自然生态原则。昆山市城市生态森林公园旨在保持该区域独特的自然生态系统并使之趋于自然景观状态，维持系统内部不同动植物种的生态平衡和种群协调发展，并在尽量不破坏湿地自然栖息地的基础上建设不同类型的辅助设施，将生态保护、生态旅游和生态环境教育的功能有机结合起来，实现自然资源的合理开发和生态环境的改善，最终体现人与自然和谐共处的境界。

弘扬生态文化理念。昆山城市生态森林公园应用湿地生态恢复、生态重建和湿地水处理等生态工程技术，构建类型多样、格局合理、功能优化的城市湿地自然保留地，保护乡土物种、丰富生物种类，展示、传承江南水乡的湿地生态文化，与城市水源地保护、城市生态休闲紧密结合，建设城市湿地自然保留地、城区水源地复合一体的城市湿地公园模式，形成“城区水源、湿地乐园，天人合一、万物共生”的城市湿地景观。据统计，园内植被有 110 余科，180 多属，600 多种，130 余万株；监测到兽类 5 目 9 科 34 种；两栖类、爬行类动物 6 科 31 种；鸟类 13 目 27 科 80 种；鱼类 6 目 13 科 35 种；底栖动物 3 纲 10 科 36 种；各类昆虫 500 余种。

建设生态文明阵地。昆山市城市生态森林公园根植于昆山城市文脉，以农耕文化为主题，设有科普体验区、农耕文化馆、百草园、雨水花园、荷花塘、野鸭滩、水杉水道、蝴蝶花谷、泥摊捕虾等多处特色旅游区。此外，公园精心打造“湿地科普行”“科普活动日”“森林花海赏花季与活动季”等特色品牌活动。逐步将公园建设成为一个集城市区域性环境改善、动植物多样性保护、休闲旅游、科普宣传为一体的大型公益性主题公园。

4. 天福国家湿地公园

天福国家湿地公园（一）

天福国家湿地公园位于花桥经济开发区最北部，总面积 779. 54 公顷，湿地面积 477. 84 公顷，湿地率为 61. 30%。园内生态物种多样，据统计，现有植物品种共计 550 余种，野生动物共计 270 余种，包括苏铁、水杉、红豆杉、杜仲、绞股蓝等 20 余种国家一、二级保护植物，红隼、普通鵟、白鹭、大杜鹃、华南兔、黄鼬、中华大蟾蜍、刺猬等 30 余种国家级、省级保护动物。

天福国家湿地公园（二）

天福湿地公园始终坚持“全面保护、科学修复、合理利用、持续发展”的基本原则，建设生态系统完善、景观协调、环境优美、管理有效、利用合理的湿地公园，成功探索出一套适合城市群密集，生态环境破碎化区域生态保护、恢复，以及农耕湿地生态系统保护、恢复的方法，为以国家湿地公园为基底的生态文明建设提供了天福经验。

第一，立足试点创建，打造美丽天福。严格依据功能分区及生态保护红线管控区域划分，开展生态保护恢复工作，建立以国家湿地公园为主体的自然保护地体系，并基于特色农耕湿地生态系统打造美丽天福。完善生态环境管理制度，积极落实“一园一法”，经昆山市政府同意，出台了《江苏昆山天福国家湿地公园管理办法》，加大综合执法巡查密度，坚决制止和惩处破坏生态环境的行为。

第二，实施乡村振兴，做优生态农业。依据“产业兴旺、生态宜居、乡风文明、治理有效、生活富裕”的总要求，以生态可持续的农耕湿地为基础，以“湿地农耕文明的全面振兴”为主题，以“美丽天福的约会”为宣传语，因地制宜实施有天福湿地特色的乡村振兴战略。基于特色农耕湿地，发展环境友好的生态农业。推进“双减”项目，通过采取病虫害生物防治、施用绿肥、秸秆全量还田等措施，从源头上减少农业面源污染。探索稻渔共生工程，以渔肥田，以稻养鱼，降低环境污染，提高种养效益，平衡生态农业发展与湿地生态保护之间的关系，促进农民增收的同时发挥生态效益。结合自然湿地恢复、水系疏通等工程，按照“渠—沟—滩”的顺序逐级净化农业排水，降低农业面源污染。

第三，推进重大工程，保护生态系统。大力推进“鸟类栖息地生态修复”工程，疏通和整理水系，恢复植被和生态岛屿，营造鸟类栖息环境。开展“四季水田”项目，进行冬季农田休耕蓄水，营造浅滩、开阔水面等水鸟栖息生态环境。据统计，天福国家湿地公园经过5年的建设，湿地面积增加了170.34公顷，湿地率达到60.39%；生物多样性显著提高，其中鸟类种类较建设初期增加了149种，总量达200种，占苏州市鸟类种类资源的50.58%，展现了天福湿地较为突出的生物资源保护、支持功能。

第四，加强污染防控，提升水体质量。推进水质改善及水体透明度提升研究项目，采用新型可降解生态界面修复系统为主要生态工程材料，配套生态修复与水生植被恢复建设方案，在部分河道建成河岸、边坡一体化的生态系统界面修复系统，使得该区域水生植被快速恢复，从而防止河岸被过度冲刷，减少水体颗粒物数量，提高水体透明度，提升生态系统水质净化能力。实施“活水畅流”工程，在现有骨干水系“一横六纵”总体布局的基础上，通过整理园区内水系、控制水位、设置闸坝引水泵等措施，在园区内部形成“引水净化—内循环—外排”的水循环模式，恢复河湖水系的自然连通，提高水体流动性，从而改善公园水环境，发挥湿地涵养水源、净化水质、保护生物多样性的生态功能。

第五，重视科研监测，健全宣教体系。通过编制生态监测方案、构建生态监测系统平台、建立科研监测实验室和档案室、开展湿地资源调查等，逐步形成较为健全的科研监测体系。根据监测方案，湿地公园落实并设立了 84 个生态监测点，采用在线监测和人工采样检测相结合的方式，及时监测园区生态环境，为湿地公园保护管理提供数据支持和技术依据。建设天福国家湿地公园环境教育培训基地，与周边学校、社区及企业共建研学、开展湿地主题宣教活动，提升公众湿地保护意识，号召更多民众投身到生态文明建设中来。

5. 昆山市阳澄湖大闸蟹产业园

昆山市阳澄湖大闸蟹产业园

一级排水沟

二级排水沟

三级进化区自然河道

巴城镇是昆山市农业特色镇，境内生产的阳澄湖大闸蟹闻名海内外。2016年，巴城镇严格落实《苏州市政府批转市农委关于进一步压缩整治阳澄湖网围养殖方案的通知》文件要求，境内网围养殖面积压缩50%，保留2 250亩，同时，加快推进渔业园区建设，昆山市政府加大财政扶持力度，由市财政对阳澄湖大闸蟹产业园80%的建设资金进行补助，补助金额达2.8亿元。目前，全镇共有水产养殖面积3.225万亩，除阳澄湖围网养殖面积0.225万亩外，其余3万亩均规划为昆山市阳澄湖大闸蟹产业园。园区始终坚持以“生态渔业、产业融合”为建设目标，以“特色水产养殖”为抓手，以“园区化、集约化”为理念，全面提升阳澄湖水域生态环境保护能力和大闸蟹养殖生产空间。

一是高起点规划。阳澄湖大闸蟹产业园坚持以“政府搭台、统一管理、科技推动、渔民受益”的运作模式，采用“统筹规划、分步实施”方式推进。截至2019年底，已完成武神潭村、武城村、方港村、新开河村等4个行政村池塘改造任务，改造面积1.5万亩，总投入资金约4.7亿元；2020年，实施改造夏东村、华社村、西南村、联民村、茅沙塘村等5个行政村，改造面积1.5万亩。

二是高标准建设。园区按照生态循环，养殖尾水集中处理的原则，以池塘养殖循环水示范工程建设为中心，实现养殖尾水三级净化处理、循环利用，按太湖流域池塘养殖尾水达标排放。

生态养殖区根据地形进行分区，单池面积 10 亩~15 亩，采用微孔底增氧技术和新的养殖模式实现高产高效，每个池塘设置身份号，并配套生产用房，采取庭院小区管理模式，园区水产品可实现全程溯源。

养殖尾水净化区面积不少于养殖面积的 15%，设置三级净化。以示范区 7 800 亩为例，一级净化区建设石笼排水沟 353 亩，承接养殖池排出的养殖污水，将来自养殖池塘的大颗粒有机物进行初步沉淀，同时，在排水沟中设置适量生物膜载体，利用生物膜进行养殖尾水的初步净化，并种植一些水生植物来吸附有机营养成分，达到初步净化的目的；二级净化区主要承接排水沟的养殖尾水，建设面积 347 亩，平均水深 1. 5 米，采用“生物膜载体+草、螺、蟹共孵育”模式，对尾水高强度净化；三级净化区利用现有河道 658 亩，河边浅水区栽种挺水植物，既能美化环境又能净化水体有机物，深水区采用“草、虾共作制”模式，进行养殖尾水的深度净化，出水水质达地表水Ⅲ~Ⅳ类标准。总体三级净化区域面积为 1 358 亩左右，实际净水面积占总面积的 17. 4%。

水质在线监测系统针对循环水养殖的特点，在项目区域内设置水质在线监测系统，24 小时动态实时监测养殖水体的温度、pH 值、DO、COD 和氨氮浓度等理化指标，每小时更新指标的数据，便于及时分析数据，做出水质状况的判断。根据水质情况，通过微孔底增氧设施和提升泵站补充水源，调节水质水量，将园区水体循环使用。

三是高水平运作。通过生态渔业养殖，促进阳澄湖生态环境的优化和改善，实现了生态效益、经济效益和社会效益的有机融合。园区先后获得“农业部健康养殖示范场”“国家虾蟹产业技术体系苏州综合试验站示范点”“江苏省智慧农业示范基地”“苏州市级现代农业园区”“昆山市十佳生态环境友好型企业”等荣誉称号，真正实现产业兴、农民富、生态美目标，进一步推动一、二、三产业融合发展。

6. 傀儡湖饮用水源地

傀儡湖饮用水源地

傀儡湖是昆山市饮用水源地，位于昆山市西部巴城镇区域内，西与阳澄湖连通，东接庙泾河。湖泊周长 11.74 千米，南北长 4.3 千米，东西宽 2.6 千米，面积 6.604 平方千米，平均水深 3.3 米，蓄水量约 2 200 万立方米。2019 年，被评为长江经济带最美湖泊、全省首批“生态样板河湖”。

第一，优化供水格局。傀儡湖曾是昆山市唯一饮用水源地，为一级生态保护区和水源保护地及水功能区。苏州市人民政府批复的《苏州市地表水（环境）功能区划》，将傀儡湖划分为饮用水水源保护区（一级保护区）。河、湖主要提供供水功能，傀儡湖在湖泊调蓄、维持生物多样性、水环境保护等方面都起了积极的作用。

2009 年昆山市启动实施了第二饮用水源——长江引水工程建设。长江引水工程建设规模为 90 万立方米/天，总投资 16 亿元，工程于 2011 年 11 月 30 日全面建成通水，有效避免了单一水源的脆弱性，构建起“江湖并举、双源供水”的格局。目前长江水源约占昆山原水总量的 60%。全市实行全区域饮用水深度处理，实现城乡同质化供水。饮用水水质各项指标全面优于国家《生活饮用水卫生标准》106 项指标要求，形成“水源可靠、水量充足、水压稳定、水质优质”的供水体系。

第二，实施生态修复。2002 年起，全面实施傀儡湖水源生态保护工程，采取了搬迁庙泾河沿岸农宅工厂、退渔还湖、拆除堤埂围堰、清除湖底淤泥、修筑环湖大堤、封闭隔断水源地、建造引水箱涵、营造人工湿地、种植防护林带、实行生态养殖等综合措施，经过一系列建设，傀儡湖和周边生态环境得到明显改善，水源水质得到显著提升。2014 年，傀儡湖完成了集中式饮用水水源地达标建设工作，成为第一批通过江苏省饮用水水源地达标建设验收的水源地。傀儡湖实施生态修复的措施如下：

（1）搬迁庙泾河沿岸农宅。在历年持续动迁的基础上，2004 年 10 月完成庙泾河西段最后 5 个自然村、2 座村办厂的搬迁任务，消除了水源通道两侧生活污染源，流经庙泾河的水源得到了进一步净化。

（2）退塘（窑、网）还湖。共关闭砖瓦厂 3 座，退塘还湖 2 650 亩，退窑还湖 1 200 亩，退网还湖 6 150 亩，进一步消除了因过度养殖、制砖等对水体造成的污染，恢复湖区 1 万亩面积，增加了蓄水量。

（3）拆除堤埂、围堰。拆除穿湖路堤 4 千米，退塘还湖塘埂 7 千米；拆除砖厂取土围堰 2.9 千米，消除了堤岸、塘埂、围堰的障碍作用，促进了水体流动，增强了湖区水体自净能力。

（4）湖（河）底泥清淤。共完成清淤 7 580 亩，清除湖（河）底淤泥 130 万立方米，为高速公路、马鞍山路等当年市政府重点工程运送土方 185 万立方米。清淤工程的实施，有效化解、降低了傀儡湖和庙泾河底泥中氮、磷等含量，抑制了藻类和水草的生长，提高了水源水质。

（5）修筑环湖、沿河大堤。共修筑宽 18 米～50 米的大堤 18 千米，封堵截断沿岸 39 条支流，有效隔断了环湖、沿河周边支流不良水体进入饮用水源地，极大地改善了原水水质和傀儡湖周边生态环境。

（6）封闭隔断水源地。建立水源地封闭隔离带，包括在庙泾河和傀儡湖大堤外侧开挖顺堤河、修建钢板网围墙，在苏州绕城高速跨越水源地区域实施防泄漏工程，在箱涵和野尤泾进水口修建防护围栏，在野尤泾设置拦船栅、划定危险品禁运区域，杜绝人员、车辆、船只进入水源地；同时疏浚、沟通周边水系，优化水源保护区的生态环境；加强水源地人防、技防，组建专业巡查队伍，并与周边派出所建立联动巡查机制，实现水源保护区水陆24小时巡查；建设并完善水源地监控系统，建成29个电子监控点，实行定点定位监控。

（7）建造引水箱涵。该箱涵为4米×3米双孔地下式钢筋砼结构，全长1 450米，日引水量为50万立方米。该工程的竣工开辟了傀儡湖与阳澄湖之间的第二引水通道，保证了傀儡湖水量的补充，增强了湖区北部水体流动，提高了水源水质，为第三水厂的建设创造了必不可少的条件。

（8）营造人工湿地。至今已累计建成人工湿地16.08千米，种植芦苇等水生植物约14.84万平方米。人工湿地的营造，为吸收、分解水体中的过量营养成分，防止水体富营养化，改善湖区周边生态环境起到了十分显著的作用。

（9）实行生态养殖。按照“生态养殖、净化水质”的目标，主要投放以湖水中的藻类和浮游生物为食料的鲢鱼、鳙鱼，禁止人工投饵施药，严格控制养殖密度，实行自然放养，运用生物循环技术降解湖水中氮、磷营养物质，抑制水体富营养化，净化水源水质。

（10）种植防护林带。沿野尤泾、傀儡湖、庙泾河营造防护林带共18千米、1 700亩，种植林木19.2万株。防护林带工程的实施，避免了大堤水土流失，加固了堤防，营造了“水清岸绿”的优美环境。

第三，升级管理模式。傀儡湖在成功实施“搬、退、拆、清、修、封、建、营、种、植”十大生态修复综合措施的基础上，持续加强水源保护和生态建设，成为第一批通过江苏省饮用水水源地达标建设验收的水源地，构建起从水源地到水龙头全过程监管体系，确保全市人民喝上干净水、放心水、安全水。

（1）从“多头管”到“统一管”。2006年《昆山市傀儡湖水源保护区管理办法》经市政府第24次常务会议审议通过，明确了水源保护区范围、水源保护区范围内禁止的活动等，成立傀儡湖水源保护领导小组、傀儡湖水源生态保护有限公司，明确了具体管理工作的实施部门，从而改变多年来水源保护区松散、多头管理的现象，形成了统一管理和扎口管理的新局面。2018年4月，《昆山市傀儡湖水源保护区管理办法》修订印发，进一步理顺了各职能部门的责任。

（2）从“开放式”到“全封闭”。截断傀儡湖周边支流河道，加强一级保护区水陆范围内围栏、钢板网等隔离设施建设，在重要区域划定危险品车辆禁行区，实现水源地周边所有河道、人员和船只的全封闭管理。

（3）从“单一性”到“全方位”。一是引水通道安装了在线水质监测仪表，24小时在线监测原水水质，确保进入水厂的原水安全。二是做好藻类预警监测，设置10个监测点，每天监测并现场巡检，确保水源地安全度夏。三是加强阳澄东湖两个进水口现场监测，及时掌握阳澄中湖湖面水质情况。在此基础上，会同环保、水利、气象等部门建立昆山市环境监测监控平台，实现水质、水文等信息共享，提升对水源水质的动态监控、分析和预警能力。

（4）从“传统人防”到“智能技防”。一是组建傀儡湖水源保护区专业巡查队伍，与周边公安派出所建立联动巡查机制，并在水源地设立警务室，开展水陆24小时巡查。二是建设并完善水源地监控系统，建成29个电子监控点，对湖滨路野尤泾桥、苏州绕城高速公路庙泾河段、古城路望湖桥、祖冲之路庙泾河大桥的监控点实行定点定位监控。三是完成傀儡湖水源地监控设备更换工程（2016年），监控画面质量有了显著提高，夜视效果更强。

（5）从“粗放保护”到“科学治湖”。邀请中国科学院水生生物研究所、南京地理湖泊研究所等院校，积极开展傀儡湖本底调查，调查内容包括水环境现状及营养程度、生态系统关键过程、生物多样性等，开展鱼类群落结构优化与生态调控策略、硬质砂质基质沉水植被恢复技术，以及傀儡湖氮源及变化趋势等研究。2016年，开展傀儡湖生态系统监测及健康评价研究，研究内容包括浮游动植物动态及消长因素、水生植物生物量动态变化及营养物去除规律、傀儡湖水生态系统健康分区差异及管理目标等，为傀儡湖生态系统进一步完善提供科学依据。

（6）从“被动处置”到“主动预防”。2006年制订《昆山市饮用水水源污染事故应急预案》并于2011、2014年两次修编，形成防范有力、快速高效和协调一致的水源污染事故应急处置体系。每年开展由市应急办、市水务集团、水务局、生态环境局共同参加的昆山市饮用水水源污染事故应急预案联合演习，检验了应急预案的可操作性、昆山市环境质量监测平台信息共享的有效性和及时性，进一步提高了各职能单位的联动应急反应能力。

第三节　国家生态文明示范县常熟市生态文明建设实践与创新

常言道“江南福地，常来常熟”，常熟市简称“虞”，因“土壤膏沃，岁无水旱之灾”得名“常熟”。常熟市城市基础设施完善，人居环境优美，是国家历史文化名城、国家文明城市、国家环保模范城市、国家卫生城市、中国优秀旅游城市、国际花园城市、全球首批国际湿地城市，2006年取得全国首批生态市命名，2021年3月取得江苏省省级生态文明建设示范市命名，2021年10月取得国家生态文明建设示范市命名。

一、基本情况

（一）自然概况

1. 自然地理

常熟地处富饶美丽的长江三角洲前缘，位于东经120°33′—121°03′，北纬31°31′—31°50′。北滨长江，隔江与南通相望；东距上海约100千米，西南面分别与无锡、苏州为邻。全市总面积1 276平方千米（含长江界属水面），其中平原圩区面积约占总面积的80%。

2. 气候特征

常熟地区属北亚热带南部湿润季风气候区，全年四季分明，气候温和，雨水充沛。每年冬季受极地变性大陆气团主宰，盛行西北气流，天气寒冷干燥；夏季多受热带海洋气团控制，盛行东南风，以炎热多雨天气为主；春秋两季为冬夏季风交替时期，常出现冷暖、干湿多变的天气，春季冷暖空气互相争雄，锋面交错，气旋活动频繁，冷暖干湿多变；秋季则秋高气爽，具有明显的亚热带季风气候特点。年平均气温16. 2℃，最热月（7月）平均气温28. 2℃，最冷月（1月）平均气温3. 6℃。极端最高气温40. 6℃（2017年7月22日），极端最低气温-12. 7℃（1931年1月10日）。年平均降水量1 813. 4毫米，年平均降水日数（≥0.1 毫米）124.3 天。每年 6 月份降水量最多，平均为 192.4 毫米；12 月份降水量最少，平均为 35.1 毫米。年平均日照时数为 1 813.4 小时，日照百分率为 41%。

3. 自然资源

常熟市是一个湿地资源比较丰富的城市，其湿地资源主要处于长江沿江湿地区和太湖湿地区，目前全市湿地面积达 29 921.61 公顷，湿地保护率达 65.3%。湿地类型比较全，湿地总体规模量大面广，资源丰富。2018 年 10 月 25 日，在迪拜召开的国际湿地公约第 13 届缔约方大会上，常熟市同 7 个国家的 18 个城市一起被评为全球首批“国际湿地城市”。

常熟市山丘有虞山、福山诸丘，山地面积比例较小，约为全域面积的 3%。虞山位于城区西侧，山体由西北向东南延伸，山脊线长 6 400 米；主峰称锦峰，高 261 米；山体最宽处 2 200 米。虞山为吴文化发源地，地理位置、体量、生态境况以及历史文化最为显著。常熟市林地总面积 6 272.62 公顷，占国土面积（1 094 平方千米）的 5.73%，由于地形原因和自然条件限制，林木覆盖率低于苏州平均水平（约 29%）。其中：有林地 5 221.48 公顷，占林地面积的 83.24%；灌木林地 675.34 公顷，占林地面积的 10.77%；苗圃地 143.25 公顷，占林地面积的 2.28%；无立木林地 231.31 公顷，占林地面积的 3.69%；宜林地 1.25 公顷，占林地面积的 0.02%。

常熟市旅游资源丰富，是吴文化的重要发祥地，自然禀赋得天独厚，山水城融为一体的独特格局是常熟旅游的魅力所在，这些资源在前阶段观光旅游的发展阶段赢得了很大的观光游客市场。近年来，常熟旅游业按照常熟市委、市政府提出的“旅游活市”战略，以及建设“精致城市”和“中国休闲名城、旅游度假基地”的目标定位，确立了“走进经典沙家浜，感受山水常熟城”的旅游发展主题，全力打造“江南福地，常来常熟”的城市旅游品牌，不断拓展壮大旅游市场，产业体系基本健全，产业规模不断扩大，旅游业呈现出又好又快的发展态势。

（二）社会经济概况

1. 行政区划

常熟市下辖 14 个乡级行政区（8 镇、6 街道），具体包括碧溪街道、东南街道、虞山街道、琴川街道、莫城街道、常福街道，以及梅李镇、海虞镇、古里镇、沙家浜镇、支塘镇、董浜镇、辛庄镇、尚湖镇。

2. 区位交通

常熟拥有现代立体交通运输网，交通四通八达，位于沪苏通铁路、南沿江城际铁路、通苏嘉甬铁路三条跨省铁路主干线的交汇之处，是中国沿海地区最重要的铁路枢纽城市之一。常熟市区距离（直线）苏南硕放国际机场 32 千米、上海虹桥国际机场 76 千米、上海浦东国际机场 120 千米。境内公路里程 385 千米。过境的干线公路有 204 国道、524 国道和 342 省道（常熟—无锡），离沪宁高速苏州出口仅 30 千米，无锡出口 40 千米，建成 57 千米苏嘉杭和沿江两条高速公路常熟段，2002 年动工兴建苏通长江大桥。市区到各镇的公路全部达二级以上标准，镇到中心村的公路基本达三级标准。

常熟境内河道密布，水上交通便利，有航道 60 条，通航里程 533 千米。常熟港属国家一类开放口岸，为全国十大内河港之一，拥有 40.71 千米长江岸线。常熟港主要的内河水路通道有望虞河、常浒河、白茆塘等。

3. 经济发展概况

2016 年到 2020 年，常熟市保持了较好的经济增长势头，全市经济运行总体平稳，质量效益持续提升，高质量发展成效显著。从经济总量情况看，常熟市地区生产总值从 1 870. 24 亿元增长到 2 365. 43 亿元，经济总量长期处于全国县域经济前五名。

2020 年，常熟市第一产业增加值 40. 34 亿元，比上年增长 1. 9%；第二产业增加值 1 146. 07 亿元，比上年增长 4. 1%；第三产业增加值 1 179. 03 亿元，比上年增长 3. 1%。三次产业比例调整为 1. 71 ∶ 48. 45 ∶ 49. 84。常熟市工业基础雄厚，第二产业仍占据国民经济的主导地位，第三产业比重近年来有所上升。

2020 年常熟市全年实现规模以上工业总产值 3 695. 35 亿元。全市规模以上工业 33 个大类行业中，有 19 个行业产值保持增长，占行业总数的 57. 6%，其中 11 个行业增速超过 10%，占行业总数的 33. 3%。规模以上工业前十大行业合计实现产值 2 957. 40 亿元，占规模以上工业产值的 80. 0%。常熟市主要工业支柱产业为电气机械制造、汽车制造、化学原料和化学制品制造等，三大产业产值占比达到 40. 7%。从 2016 年纺织服装占比 20. 7%、装备制造占比 15. 4%、汽车占比 14. 7%，到 2021 上半年纺织服装占比 10. 2%、装备制造占比 23. 5%、汽车占比 20. 5%；大力发展信息技术、生命健康、物流物贸、数字经济、氢燃料电池等新兴产业，2021 年上半年苏州八大新兴产业占规模以上工业产值比重达到 57. 5%。

二、优势条件

（一）自然禀赋优异

常熟市自然资源丰富、“山水林田湖”生态类型多样，生态本底优越，“七溪流水皆通海，十里青山半入城”，为生态文明建设提供了优越的条件。沿江生态区域生态资源丰富，境内长江干流利用率降低至 38. 3%，远低于全省平均水平，望虞河流域生态恢复情况良好，水质稳定达到Ⅲ类水，流域黑臭水体治理取得显著成效，湿地保护水平全省领先，常熟市湿地面积近 3 万公顷，已建成沙家浜国家湿地公园、尚湖国家城市湿地公园等 2 个国家级湿地公园，是全省乃至全国湿地保护的典型地区。虞山等丘陵地区植被情况良好，典型地带性植被为亚热带常绿落叶阔叶混交林，大部分为森林群落，个别地方存在少量的灌丛和灌草丛，山地生态结构较为丰富。综上所述，常熟市独一无二的自然山水体系，可以提供良好的自然资源资产和丰富的生态产品供给。

（二）绿色发展加速

常熟市常年占据全国百强县前五位，仅用 1 257 平方千米的土地，实现了 2 365. 43 亿元的地区生产总值；2016—2020 年，地区生产总值稳定增长。全市实体经济基础雄厚，高端装备制造、服装纺织、汽车制造等主导产业发展规模在全省处于领先地位；创新发展成效明显，全社会研发经费支出占地区生产总值比重达 3. 6%，企业研发经费投入占主营业务收入比重达 2. 2%。万人发明专利拥有量 23 件。临港常熟科技园发展速度不断加快，华为云（常熟）工业互联网创新中心全面推进，5G 通信网络建设水平领跑苏州。“十四五”期间，常熟市将继续加快氢燃料电池汽车、数字经济等新产业发展，并通过智能制造提升传统产业，实现经济高质量发展。强大的经济基础和领先的绿色发展水平，可以为常熟市进一步加强生态文明建设提供强有力的物质保障。

（三）环境质量趋好

近年来，常熟市生态环境质量逐年改善。主要考核断面水质达标率为96.4%、优Ⅲ率为86.9%，其中国省考断面达标率和常熟市生态文明建设规划（2020—2025）优Ⅲ率均为90%，13条入江支流水质优于Ⅲ类比例，达100%，长江、尚湖两大饮用水源地水质达标率常年保持在100%。空气质量优良率为85%，PM2.5平均浓度为32微克/立方米，在全省各县市区中排名前列。完成中央、省环保督察和中央环保督察“回头看”交办信访件办理整改年度任务，在苏州率先开展“天地一体”大气环境精准分析和治理管控，治理堆场和建筑工地扬尘项目617个、挥发性有机物项目139个，完成35蒸吨以下燃煤锅炉整治。深入开展长江环境大整治环保大提升“百日攻坚”、沿江“三化五治”等专项行动，完成长江沿线杂船清理、望虞河沿线环境整治，长江常熟段面貌焕然一新。实施“一企一策”“一园一策”，提升化工产业安全环保水平，规划引领、试点先行，推进印染行业高质量发展。存量建筑装修垃圾处理设施、餐厨垃圾协同焚烧设施投入运营，第二生活垃圾焚烧发电厂扩建项目主体工程完工，建筑材料再生资源利用中心项目加快推进。

（四）工作基础扎实

常熟市开展生态文明建设工作起步较早，工作基础扎实。常熟市于2006年成功创建首批国家级生态市，2009年列入首批国家生态文明建设试点城市，此后，又先后获得全国生态建设示范市、国家生态园林城市以及全球首个国际湿地城市等称号，实现经济发展与生态文明相辅相成、环境改善与生态惠民相得益彰、生态体制创新与制度健全相互促进，走出了一条经济较发达地区县域生态文明建设的新路子。特别是最近几年，常熟市着力加强生态文明体制机制建设，出台生态文明建设绩效考核实施办法，加大生态建设考核权重，全市相关部门和所有板块全部纳入考核范围，考核结果作为评先评优、干部选拔任用的重要依据，对建设任务严重滞后或造成重大影响的，严肃问责相关责任人。积极探索建立政府引导、市场运作、社会参与的生态文明建设多元化投入机制，设立环境保护、常熟市生态文明建设规划（2020—2025）污染治理专项资金和完善生态补偿政策，对全市生态建设起到了积极作用。全市所有村（社区）聘请环保义务监督员，充分发挥监督员、信息员、宣传员作用，组建约1.2万人的环保志愿者队伍，使绿色出行和生态保护成为广大市民的自觉行动。全市的生态创建制度和民意基础已经基本完善。

三、主要做法

近年来，常熟市深入落实习近平生态文明思想，坚持“生态优先、绿色发展”理念，秉持“绿水青山就是金山银山”的绿色发展观，着力打造经济发达、生态优美、社会和谐、人民幸福的现代江南名城，生态文明建设取得了积极成效，主要亮点如下。

（一）践行“两山”理念，构建“立体有治、施治有序”的制度体系

高规格成立市委书记、市长任双组长的生态文明建设领导小组、生态环境保护委员会、打好污染防治攻坚战指挥部等议事协调机构，市主要领导靠前指挥，亲自部署推动生态环保重点工作。制定出台“美丽常熟”建设实施意见、“十四五”生态环境保护规划、生态文明建设规划（2020—2025）等重要文件，在苏州地区率先出台生态环保工作责任规定、生态文明建设绩效考核和“一票否决”办法、乡镇（街道）政府主要领导、生态环保工作报告等制度，构建了“党政同责、人大监督、政协建言、环保牵头、部门共管、市镇联动、公众参与”的组织体系。

（二）筑牢生态屏障，形成“功能清晰、集约高效”的生态布局

牢固树立“山水林田湖草沙生命共同体”理念，编制实施《常熟市生态布局规划研究》和《构建集约高效空间美图三年行动计划》，科学划定4大类14个生态空间保护区域，总面积达到217.36平方千米，全力打造由三大生态圈和三条绿色廊道组成的“三横三纵”大生态格局。全市拥有1处国家森林公园、2处国家级湿地公园，自然湿地保护率达65.3%。将全市域纳入长江大保护范围，全面开展长江禁捕、沿江“三化五治”等专项行动，累计完成长江环境整治项目超过700项，铁黄沙生态岛建设多次得到《人民日报》、中央广电总台等国家级媒体的宣传报道。

（三）推动转型升级，打造“生态优先、绿色发展”的常熟样板

积极融入长三角一体化发展战略，以“354”产业格局为主攻方向，大力发展信息技术、生命健康、物流物贸、数字经济、氢燃料电池等新兴产业，全市新兴产业产值突破2 000亿元。近年累计关停整治“散乱污”企业（作坊）7 591家、淘汰低端低效企业（作坊）940家、劝停拒批“三高一资”项目超过100个。先后开展多轮化工产业专项整治，累计关闭退出化工企业115家，化工生产企业入园率达81%。编制印染行业高质量发展专项规划，成为全省第一个通过印染行业专项规划环评审查的县级市。大力开展老旧更新工程，已实施138个既有建筑更新改造项目，开工改造33个老旧工业区。积极推进“绿色园区”建设，常熟经济技术开发区建成国家级生态工业示范园区，常熟高新区、新材料产业园建成省级生态工业示范园区。

（四）强化科学治污，擦亮“碧水如镜、蓝天常在”的城市底色

全力打好蓝天、碧水、净土三大保卫战，全市累计投入生态环保治理资金超过300亿元，累计淘汰燃煤锅炉超过2 100台、完成工业废气治理超过1 500家、淘汰高排放机动车2.26万辆，在全省率先建成两家集中式汽车钣喷中心，全面开展城区大气质量精细化管理示范区建设；累计实施各类流域整治和水污染治理项目超过4 700项，在全省第一批通过集中式饮用水源地规范化达标验收，大力开展污水处理提质增效、排水达标区建设、黑臭水体消除等专项行动，全市工业污水和城镇生活污水收治率分别达到100%、97.9%，城乡主要河道基本消除黑臭现象；全市危险废物规范化管理抽查合格率超过95%，生活垃圾实现全量焚烧处理；与生态环境部规划院、省环保集团分别签订战略合作协议，在全省率先建成公交车颗粒物走航监测系统，全面推进覆盖全流程、全要素的“天网”环境信息化管理系统，实现科学精准监管；创新建立安全环保消防“1+4+4”联动机制，在全省率先设立市级安全环保联合培训基地，累计排查整改各类环境安全隐患超过3 500个、化解各类突出环境问题超过2 000个，全市环境信访数较2015年分别减少15%、50%和64%。

（五）统筹城乡发展，绘就“山清水秀、和谐优美”的人居美图

以贯彻乡村振兴战略为指引、彰显江南水乡特色为路径、提升农村人居环境为目标，全面加大农村生态环境治理力度，累计投入27.1亿元实施“千村美居”工程，统筹推进特色田园乡村精品村、康居村、宜居村建设，215个行政村16万农户全部实行生活垃圾分类，获评全国农村生活垃圾分类和资源化利用示范县。目前已有1 477个村（组）通过“千村美居”验收，惠及农户5.5万户，呈现出一幅“村庄肌理美、建筑形态美、文化内涵美、生态环境美、乡风文明美”的美好画卷。

亮点工程

1. 铁黄沙及螺蛳湾湿地生态修复工程

江海交汇七彩洲——生态宝岛铁黄沙（一）

江海交汇七彩洲——生态宝岛铁黄沙（二）

铁黄沙是常熟市境内长江滩地上的一个洲岛，是一个岛状沙体，面积 20 400 亩（其中 3 400 亩隶属张家港市），位于常熟市海虞镇望虞河口外侧，长江澄通河段通州沙西水道南侧。近年来，常熟市委、市政府牢固树立“长江大保护、不搞大开发”战略，大力推进包括铁黄沙在内的沿江区域生态环境保护工作。2018 年常熟市人大常委会通过实施铁黄沙生态规划定位的决议，正式明确了铁黄沙生态保护的规划定位。

2020 年，常熟市委、市政府进一步明确提出了围绕“一岛一湾一江滩”，着力打造江海交汇七彩洲。其中“一岛”为“七彩江洲”，即铁黄沙半岛，在铁黄沙自然形成的多个岛内湖面基础上，已种植绿化林带 3 000 余亩，接下来规划在望虞河预留河道东侧每年分两季种植油菜花和向日葵，使铁黄沙成为沿江的一道最美风景线；“一湾”为“螺蛳湾生态湿地”，即福山水道及沿岸的芦苇边滩，通过芦苇、藨草、菰、艾蒿等植物群落，实现抵御洪水、控制污染、调节气候、保护区域生态平衡等多种生态功能，同时考虑景观观赏性；“一江滩”为“田园江滩”，即福山水道南岸的特色田园乡村，结合沿江河口、瞿巷、师桥、浒东等自然村庄“千村美居”创建，全面提升村庄生态环境质量，不断提升百姓对美好生活的获得感。

2. 常熟新材料产业园生态湿地处理中心

生态人工湿地资源化利用探索先驱者——常熟新材料产业园生态湿地处理中心（一）

生态人工湿地资源化利用探索先驱者——常熟新材料产业园生态湿地处理中心（二）

常熟新材料产业园生态湿地处理中心项目是常熟中德环保技术合作项目，突破性地采用了德国尖端跨学科生态湿地工艺。项目规模 4 000 立方米/天，占地 59 000 平方米，总投资约 5 000 万元，能将产业园污水处理厂尾水净化至地表水Ⅳ类水标准，为产业园内工业水厂提供补充水源，实现水资源循环利用。

该项目由德国生态工程协会主席贡特尔·盖勒（Gunther Geller）组织和领导德国最顶尖的生态工程师进行设计及监理。该项目首次应用“单元湿地”概念，优化组合不同的“单元”湿地模块，在国内市场上具有突破性、首创性和唯一性。其主要工艺路线为“调节池—垂直流滤床—生态塘—表面流滤床—饱和流滤床”，通过物理、化学、生物协同作用净化低浓度废水，使其 COD、氨氮和 TP 的去除率分别达到 50%、85% 和 70%，该工艺脱氮除磷效率高。除主体生态湿地工程外，还将配套建设太阳能电站、监测中心等。

项目实施后，产业园污水处理厂尾水实现循环回用，还将形成大面积的湿生、水生植物群落，构建出良好的湿地环境，发挥湿地中心“园区之肾”的重要功能，不断为产业园区“排毒、解毒”。项目的建设填补了国内污水处理厂尾水到地表水之间的生态水处理技术空白，同时还是全省首个利用生态湿地处理中心实现化工园区污水资源化与循环利用的工程，为实现化工园区工业污水的再生处理和循环利用开辟新路。

3. 常熟长江岸线生态修复实践馆

长江大保护见证者——常熟长江岸线生态修复实践馆门口

长江大保护见证者——常熟长江岸线生态修复实践馆内部

常熟长江岸线生态修复实践馆坐落于常熟经济技术开发区汽渡路南侧渡口旁，总投资约 1 000 万元，总占地面积约 2 800 平方米，生态展示馆建筑面积 636 平方米，层高 7.5 米，外立面采用白色彩钢板外墙。展示馆重点围绕沿江区域开展的长江环境大整治和环保大提升“百日攻坚”行动及长江（常熟段）沿线“净化、绿化、美化”专项行动，充分展示了常熟市长江大保护实践成果。

进门右侧为沉浸式全息沙盘，通过声、光、电的手段立体展示常熟市生态环境发展现状，以“一岛一湾、三区五廊”的规划蓝图，展望未来生态发展美好愿景。

展示馆中厅设置 5 行 6 列共 30 单元的 55 英寸液晶拼接屏，播放常熟市及经济技术开发区的宣传专题片。

展示馆左侧为图片及视频展示墙区域，并以系列图片形式展示常熟市生态保护实践活动，以及长江沿线整治过程、整治前后对比效果，宣传以青少年研习为功能，让保护环境、保护长江的意识代代相传、生生不息。

展示馆北部紧邻长江部位设置了室内观景平台，观景平台建筑面积 64 平方米，三面均为全落地式固定式玻璃窗，站在观景平台可远眺经济技术开发区长江口全貌，长江口经济技术开发区段景色一览无余。

4. 中国常熟世界联合学院（UWC）

连接全球的生态教育集聚点——中国常熟世界联合学院（UWC）（一）

连接全球的生态教育集聚点——中国常熟世界联合学院（UWC）（二）

中国常熟世界联合学院（UWC）于 2014 年 3 月在常熟高新技术产业开发区奠基，2015 年 11 月举行首届学生开学典礼，是中国内地第一所、全世界第 15 所 UWC。学校拥有三栋主教学楼、双层图书馆、综合体育中心、室外运动设施、可容纳近 600 人的大剧院、学生和教师宿舍楼以及 2018 年建成使用的虞山书院。学院提供 11 年级和 12 年级国际文凭大学预科课程，并专门设计了针对 10 年级的预备课程，致力于培养具有多元文化和多学科知识、富有梦想并勇于探索的优秀学生。目前，学校共有教职员工 154 名，在校学生 518 名，另有四届 708 名毕业生获得包括牛津、剑桥及 8 所常春藤院校在内的世界知名学府青睐，学校在业内也获得了“藤校之王”的美誉。

可持续发展，是 UWC 的主要目标和价值观之一，UWC 始终将生态环境保护作为学校的三大支柱之一，校园内运用了多项节能环保技术与设备，如纳米光触媒空气净化、湖水热源泵系统、太阳能发电板、风能与太阳能路灯和全智能中央空调等，以实现节能减排及环境的可持续性。课程方面，UWC 鼓励学生选修 IB（International Baccalaureate）学科环境系统与社会，学习人类如何能应对一系列紧迫的环境问题，积极参与循环经济课程，学习如何重新设计线性系统以减少浪费和促进可持续发展。此外学生还可以参加诸如回收、有机耕种和湿地保护等“知行”小组，以提升生态环保理念。

5. 沙家浜国家湿地公园

人与自然和谐统一的交融点——沙家浜国家湿地公园（一）

人与自然和谐统一的交融点——沙家浜国家湿地公园（二）

沙家浜国家湿地公园地处江南水乡常熟，河湖相连，水网稠密，湿地资源丰富，湿地的面积占到全区的90%以上，空气中负氧离子含量是都市的 25 倍以上。上万只鸥鹭，百余种珍稀鸟类，超过 550 种湿地植物，共同营造出具有江南水乡特色的湿地动植物群落，人与自然实现和谐统一。目前沙家浜国家湿地公园已获得国家城市湿地公园、国家 5A 级旅游景区、全国科普教育基地、全国中小学生研学实践教育基地、湿地自然教育学校（基地）等重要荣誉，亦是中国国家湿地公园创先联盟副会长成员单位之一。

绿水青山就是金山银山。沙家浜在湿地管护过程中，始终坚持“全面保护、科学修复、合理利用、持续发展”的原则，开展生态清淤、生态护坡、栖息地营造等一系列湿地生态修复工程，对湿地进行保护和恢复。自2009年建设国家湿地公园以来，公园共记录到143种鸟类，比试点建设前增加了81种，其中国家Ⅱ级保护鸟类11种。同时公园还致力于湿地宣教工作的开展与探索，合理利用湿地资源开展各类科普宣教活动，传播湿地保育理念，发挥公园的宣教示范引领作用，创造经济效益、社会效益和环境效益，为常熟市生态文明建设做出了积极贡献。

6. 丰田汽车研发中心

雨水回收景观水盘

氢能源项目

丰田汽车研发中心位于常熟高新技术产业开发区，占地234万平方米。长期以来，研发中心积极推进环保车辆技术发展，努力贯彻“森林中的研发中心”原则，努力打造各种软硬件，力争成为“中国第一的可持续发展的研发中心”。近期还与国家科技部合作，开展对燃料电池汽车的一系列研发工作。

研发中心内设有新能源展示厅、太阳能充电站、加氢站等，对车辆环保技术进行充实有效的宣传教育和展示。此外，研发中心还导入了最新技术的污水处理系统，处理后的中水活用于绿化浇灌、冲厕、洗车等，实现了污水对外零排放。同时积极将“节能减排，充分利用大自然能源”这一理念融入建筑物，构建了太阳能系统、地道风系统，实现屋顶墙面绿化，因此也荣获了“绿色三星建筑标识”，从施工阶段就取得 ISO14001 认证。

研发中心一贯注重生态文明宣传力度，努力承担企业社会环保责任，中心内生活垃圾实施分类投放，将每年 6 月作为中心的“环境月”，积极开展各项环境学习和实践活动，在每年 4 月 22 日世界地球日以及 6 月 5 日环境日，还组织员工志愿者在常熟街头和社区，面向市民进行生态环保宣传教育活动。

7. 海虞七峰铜官山

荒山变成网红打卡基地——海虞七峰铜官山（一）

荒山变成网红打卡基地——海虞七峰铜官山（二）

铜官山位于常熟市海虞镇七峰村，又名常熟山，海拔 43 米，山体面积 315 亩，是福山境内七山之一。改革开放之初，由于长期无序开采山石，山体被挖得千疮百孔，大风吹来，尘土飞扬，若下大雨，雨水和山土混合的泥浆四处漫溢。2016 年以来，海虞镇启动铜官山生态保护修复工程，并把这作为长江沿线环境整治的一个重点项目，重点组织开展了以绿化美化乡村山体为中心的环境整治和生态保护，按照苏式水乡经典样板模式，打造

“丰收铜官山、美丽常熟田”的生态乡景。在铜官山景观提升工程中，融入稻谷茶叶、南沙古城、千村美居等元素，因地制宜划分四个功能区，错位布局了共享茶亭、花影隧道、稻田栈道等40多个特色点位，致力于打造集农业示范、工艺体验、乡村休闲和历史文化于一体的苏州市特色田园乡村建设典范。如今的铜官山借助历史文化积淀与全域旅游路线规划，将荒山变成“研学游”网红打卡基地，有力地推进了农文旅产业深度融合，成为常熟生态乡村旅游的新样板。

第四节　国家生态文明示范区吴江区生态文明建设实践与创新

吴江地处苏浙沪两省一市交会处，位于长三角核心圈的中心，境内水系发达、湖泊众多，森林、湿地资源丰富，自古便是闻名天下的鱼米之乡、丝绸之府，更是凭借境内独特的自然资源禀赋和良好的经济社会基础，享有“上有天堂，下有苏杭，中间是吴江”的美誉。吴江区将生态文明建设摆在更加重要位置，牢固树立“绿水青山就是金山银山”发展理念，生态文明建设的全方位、全地域、全过程大格局初步形成。吴江区先后获得“国家生态市”“国家环保模范城市”“国家卫生城市”等荣誉称号，2018年10月取得江苏首批省级生态文明建设示范市命名，2021年10月取得国家生态文明建设示范市命名。

一、基本情况

（一）自然概况

吴江素有“鱼米之乡”“丝绸之府”的美誉，公元909年建县，区域总面积1 176平方千米，常住人口131.26万人。吴江区位优势独特，既是江苏、浙江、上海两省一市的地理交界处，又是长三角区域一体化发展国家战略的中心区域。吴江境内水系发达、湖泊众多，森林、湿地资源丰富，更是凭借境内独特的自然资源禀赋和良好的经济社会基础，享有“上有天堂，下有苏杭，中间是吴江”的美誉。全区省级生态文明示范乡镇占比达到54.5%，2020年荣登中国城区高质量发展水平百强第十二名，在江苏省排名第二，在苏州市排名第一。

吴江区位于太湖之滨和江苏省最南端，地处北纬30°45′36″—31°13′41″、东经120°21′4″—120°53′59″。东接上海市青浦区，西临太湖，南连浙江省嘉兴市，北靠苏州市吴中区，东南与浙江省嘉善县毗邻，西南与浙江省湖州市交界，东北和昆山市接壤。主要地貌类型为长江三角洲冲积平原地貌，全境无山，地势低平，自东北向西南缓慢倾斜，南北高差2.0米左右，为太湖水网平原的一部分。田面高程一般为3.2米~4.0米，最高处5.5米，极低处1.0米以下。区内河道纵横交错，湖泊星罗棋布，水域面积40.06万亩（不包括所辖太湖水面），占全区总面积的22.7%。根据地貌成因及其特征，可分为湖荡平原和滨湖圩田平原两种类型。松陵城区地势平坦，海拔高程为3.6米~5.6米（吴淞高程），地形坡度为2%，地貌类型属于湖泊相沉积平原。

（二）社会经济概况

1. 行政区划

吴江区域总面积1 176平方千米，现辖黎里、盛泽、七都、桃源、震泽、平望、同里7个镇，以及松陵、江陵、横扇、八坼4个街道，共有71个居委会和249个村委会。拥有

1 个国家级开发区（吴江经济技术开发区）、2 个省级高新区［汾湖高新技术产业开发区、吴江高新技术产业园区（筹）］、1 个省级旅游度假区（东太湖生态旅游度假区）。

2. 社会民生

人均可支配收入增幅高于地区生产总值增幅。2020 年吴江区城乡居民人均可支配收入为 59 997 元，增长 4.3%，高于地区生产总值增速 3.7 个百分点，其中，城镇居民人均可支配收入为 70 910 元，增长 3.3%，农村居民人均可支配收入为 37 216 元，增长 6.7%。

城市功能品质提升。2020 年启动总面积超万亩、总投资超千亿元的人工智能未来社区、江南运河、盛泽未来时尚城等 22 个城市有机更新项目。改造老旧小区 89 个，将鲈乡二村、三村片区列入国家试点。沪苏湖铁路开工建设，康力大道东延建成通车，公交线路里程达 2 600 千米。扎实推进长三角绿色智能制造协同创新示范区等 21 项美丽吴江建设重点任务，众安桥村上榜中国美丽休闲乡村，新增省级特色田园乡村 10 个，总数位列苏州市第一，建成三星级康居乡村 97 个。农村人居环境整治入选全国农村公共服务典型案例。新型农业经营主体培育获批全国农村改革试验区拓展试验任务。以全市一流成绩助力苏州通过全国文明城市复评，众安桥村、黄家溪村获评全国文明村。吴江区入选 2020 年度中国文旅融合发展名县（区）案例名单，获评第二批省级全域旅游示范区。

民生福祉增进。2020 年城镇新增就业 3.11 万人，城镇登记失业率保持在 1.77%的低位。城乡居民养老保险待遇、低保标准实现新提升。困难群众精准救助率达 100%。17 所新建改扩建学校建成并投入使用，新增学位近 1.5 万个。苏州大学未来校区加快建设，示范区教师发展学院落户吴江。苏州九院挂牌苏州大学附属苏州九院，区中医医院异地新建开工并挂牌扬州大学医学院附属医院，省级健康镇建设在全省率先实现全覆盖。长三角跨省异地就医门诊费用“一单制”结算、示范区医保“同城化”加快推进。老有所养基本公共服务标准化列入国家试点项目。苏州湾文化中心建成启用，苏州湾体育中心全面竣工。扎实做好民族宗教、妇女儿童工作。认真开展全国第七次人口普查工作。深入推进扫黑除恶专项斗争，广泛开展信访积案等社会矛盾纠纷大排查、大化解，扎实推进市域社会治理现代化试点工作。有效应对“黑格比”台风正面冲击、太湖超保证水位、太浦闸大流量泄洪等巨大挑战，取得防汛抗灾全面胜利。铁腕开展安全生产百日“雷霆行动”，系统推进 27 个领域专项整治。

3. 经济发展状况

经济运行稳步向好。2020 年，吴江区实现地区生产总值 2 003 亿元，同比增长 0.6%；一般公共预算收入 236.5 亿元，同比增长 6%；完成工业投资 215 亿元，同比增长 23.3%。258 个区级以上重点项目完成投资 586 亿元。恒力、盛虹上榜“世界 500 强企业”。新增上市企业 4 家、过会 4 家，上市公司 A 股再融资规模蝉联苏州市第一。京东、中车、绿地等世界 500 强企业投资项目落户吴江。全球最大硅基氮化镓晶圆生产工厂英诺赛科在汾湖高新区建成试生产，融创桃源国际生态文旅度假区项目开工建设。圆满完成智能工业发展标杆三年行动计划，新增省级示范智能车间 10 个，位列全省第一。新增省星级上云企业 207 家，位列全省第一。规模以上工业企业研发费用达 70 亿元，同比增长 12%。有效高新技术企业数达 920 家。3 家企业获评 2020 年度国家科学技术奖。吴江首个国家地理标志集体商标“震泽蚕丝”正式启用。

产业结构持续优化。吴江聚焦实体、稳打稳扎，坚持以智能化改造、信息化融合着力提升传统产业，大力发展战略性新兴产业，经济发展动能加速转换、发展质效显著提升。三次产业比例由2018年的2.2：51.3：46.5调整优化为1.9：49.9：48.2。2020年，全区第一产业实现增加值37.50亿元，第二产业实现增加值1 000.20亿元，第三产业实现增加值965.13亿元。

主导产业贡献稳定。吴江产业特色鲜明，集聚程度高，已形成丝绸纺织、电子信息、光电通信、装备制造四大主导产业，其中，电子信息、丝绸纺织达千亿能级，光电通信、装备制造达500亿能级。区内化纤产量占全国的1/10，光纤光缆产量占全国的1/3，电梯产量占国内品牌的1/6。

吴江区将“高质量发展、高品质生活、高水平治理”作为区域社会发展的根本落脚点，以国家生态文明建设示范区创建为载体，聚焦高质量发展、聚力竞争力提升、加快一体化进程，打造生态优势转化新标杆、绿色创新发展新高地、一体化制度创新试验田、人与自然和谐宜居新典范，以战略思维、国际视野、一流标准全力打造“创新湖区”，建设“乐居之城”。

创新湖区。充分发挥吴江“百湖之城”的生态优势，推动绿色发展与创新发展协同共进，构建以湖为基、以水为脉、城水相依的空间格局，依托优美风光、人文底蕴、特色产业，集聚高端创新要素，在湖光山色、江南水乡、历史文脉中融入创新基因，形成与生态禀赋、人文特质有机融合的引领世界潮流的创新群落，大力发展生态友好型创新经济，努力打造一体化示范区的创新型湖区经济引领区，形成长三角打造世界级湖区的“吴江模板”。

乐居之城。坚持以人民为中心的发展思想，不断优化城市形态、强化城市功能，构建现代化基础设施体系，完善优质均衡的公共服务体系，加快提升城市能级，高水平推进乡村振兴，促进城乡融合发展，加快提升城乡品质，持续改善生态环境，为群众创造高品质生活，努力打造辐射服务一体化示范区的乐居之城，建设长三角地区高品质生活的“样板间”。

二、优势条件

（一）区位优势不断显现

吴江素有“鱼米之乡”“丝绸之府”的美誉，区位优势独特，位于江苏、浙江、上海两省一市的地理交界处，又是长三角区域一体化发展国家战略的中心区域。吴江交通优势明显，通过苏嘉甬铁路、沪苏湖铁路、铁路苏州南站等重大交通设施加持，吴江融入长三角一体化发展的进程加快，区域发展的立体交通格局正在逐步构建。吴江文化底蕴深厚，孕育形成蚕桑丝绸文化、水乡古镇文化、千年运河文化、莼鲈诗词文化、国学文化和江村富民文化等一大批特色鲜明的文化资源。吴江地区资源优势逐步转变为生态优势、经济优势。

（二）资源禀赋优势突出

区域水网发达，湖泊众多，素有“鱼米之乡”“千河百湖之城”美誉。全区水域面积占比为22.7%，湿地资源丰富；全区有0.033平方千米以上湖泊320个，总面积约240.12平方千米，0.667平方千米以上湖泊50多个，其中列入江苏省湖泊保护名录的达55个（不包括太湖）；共有河道2 600多条，总长约2 500千米，河网密度1.96千米/平方千米；圩区众多，圩区面积824.39平方千米。良好的自然禀赋为生态文明建设提供了扎实的基础。吴江区文化底蕴深厚，水乡绸市、中国江村、江南古镇等文化品牌元素源远流长，拥有同里退思园、大运河吴江段、吴江运河古纤道三处世界历史文化遗产和同里宣卷、芦墟山歌、七都木偶昆曲等众多非遗资源。富集的生态文化资源使吴江发展"好风景中的新经济"充满了想象空间。

（三）产业发展基础扎实

吴江区拥有丝绸纺织、电子信息、装备制造、光电通信等四大主导产业，其中，丝绸纺织迈入千亿级水平，电子信息、装备制造接近千亿级。拥有 1 个国家级开发区、2 个省级高新区，以及 1 个千亿级市场（中国东方丝绸市场），为产业集群发展培育提供了良好平台。智能先发优势明显，已累计培育 105 家智能制造示范企业，79 个车间获评江苏省智能示范车间，初步形成智能制造全国领先先发优势，是苏州智能制造产业的主要承载区。民营经济对经济增长的贡献超过 60%，拥有一批具有竞争力的龙头企业，它们将成为吴江未来产业转型发展的有力支撑。

（四）生态文明建设领先

吴江推进生态文明和美丽吴江建设，近年来创新开展治违、治污、治隐患"三治"工作，统筹推进"263""331""散乱污整治"等行动，全力打好"蓝天""碧水""净土"三大污染攻坚战，田林共生、蓝绿交织的生态格局持续巩固，率先建成国家生态市（区）、江苏省首批省级生态文明示范区。吴江是长三角区域一体化的前沿阵地和排头兵，建设长三角生态绿色一体化发展示范区赋予了吴江"智造高地""创新湖区""乐居之城"的战略定位，同时对其生态文明建设提出更高的要求。

吴江始终坚持把生态文明建设作为构建"五位一体"总布局最基础、最紧迫的战略任务，先后出台《吴江市生态文明建设三年（2012—2014 年）行动计划》《苏州市吴江区生态文明建设规划（2020—2025）》及年度生态文明建设实施方案。深入实施"555 计划"，全力打造"八大标杆"三年行动计划（2018—2020 年），全区生态文明建设水平不断提升。积极推进绿色创建，开展美丽村镇建设，获评首批省级生态文明示范区，7 个乡镇已获得省级生态文明示范乡镇称号；吴江经济技术开发区和江苏省汾湖高新技术产业开发区建成省级生态工业示范园区，形成了多层次、全方位的覆盖城乡、园区的生态文明宣传网络，它成为传播生态文明发展理念的重要载体。村庄环境面貌持续改观，美丽镇村建设持续取得新进展，建成一批特色田园乡村建设试点和美丽乡村示范点。

三、主要做法

2020 年，吴江区实现地区生产总值 2 003 亿元，三产比例逐步优化。全力打好"蓝天""碧水""净土"三大污染攻坚战，田林共生、蓝绿交织的生态格局持续巩固，区域环境质量持续向好，人民群众的"蓝天白云、绿水青山"环境获得感、满意度进一步增强，实现了经济发展和生态环境保护的双赢。

（一）坚持生态立区战略，生态制度不断完善

吴江区严格落实党政领导干部生态环境损害责任追究制度，印发《吴江区生态环境保护工作责任规定（试行）》等文件，强化党政领导干部生态环境保护职责和生态环境损害责任。开展"三线一单"划定工作，编制《苏州市吴江区"生态保护红线、环境质量底线、资源利用上线和环境准入负面清单"研究报告》。严格落实领导干部自然资源资产离任审计制度，并积极开展审计工作，2018—2020 年共完成 3 位领导干部自然资源资产离

任审计项目。每年印发生态文明建设目标任务书，对生态文明建设主要指标、重点工程提出年度要求，明确时序进度和责任单位，每季度跟踪指标和工程的进展情况，将任务完成情况纳入全区年度“四个全面”考核指标。在全市率先成立生态环境保护委员会，先后组建吴江攻坚办、“三治”办、太湖办、大气办等区级推进协调专班，全力推动生态文明建设各项重点工作。

（二）打好污染攻坚战，生态环境持续改善

实施蓝天行动，控臭氧、保优良。建立大气污染联防联控机制，在苏州地区率先联合发布雾霾预警预报。在全市首推空气质量补偿机制，于2020年4月份率先试行空气质量补偿制度。深度推进重点工业提标改造，大力开展工业窑炉、燃煤大锅炉、涉VOCs排放等重点行业企业深度污染治理，推进化工行业整治和“散乱污”企业整治。深入开展大气污染专项治理，有效推进重点工程建设。与国家“智库”签订战略合作，推进环境污染第三方治理实践，率先携手生态环境部环境规划院签订《长三角生态绿色一体化发展吴江示范区环境质量提升战略合作框架协议》，攻克生态难点，聚力生态改善。2020年，吴江区空气质量PM2.5（细颗粒物）累计平均浓度由2015年的55.5微克/立方米下降至30微克/立方米，空气质量优良天数从2015年的256天上升至2020年的302天，区域空气质量持续改善。

开展碧水行动，治污水、保饮水。持续开展印染、喷水织机、电镀等行业整治，全区73家印染企业累计拆除超排污许可范围染缸1 069台，淘汰低端落后喷水织机近10万台，13家电镀企业历史性实现整个行业关停取缔，工业污水排放总量每天减少70%，中水回用率提升51%。三年共完成679个自然村农村生活污水治理，完成小区雨污分流改造392个，新、改建市政污水主管网174千米，完成重点行业污水接纳项目225个。完成池塘标准化整治任务5.74万亩，太湖沿岸三千米范围内养殖池塘整治1.52万亩，全面完成太湖围网养殖拆除工作，共拆除围网约140.16万米。狠抓协同治水，率先探索青浦、吴江、嘉善三地“协同治水”新模式，苏浙沪“联合河长制”入选中组部编选的《在改革发展稳定中攻坚克难案例》，成为全国典型。2020年，全区2个集中式饮用水水源地水质达标率保持在100%，7个国省考断面水质达到或好于Ⅲ类水体比例达到85.7%，无劣Ⅴ类水体，太湖连续12年实现“两个确保”[①] 治理目标，区域水环境不断改善。

推进净土行动，重监管、保安全。吴江区成立区土壤污染防治工作协调小组，全力开展重点行业企业用地调查、农用地土壤污染状况详查、电镀行业整治、涉镉等重金属排查整治等一系列土壤污染防治工作，深化土壤监管。68家重点企业纳入土壤环境重点监管名单，110家企业纳入苏州市一般固废动态管理系统，污泥安全处置实现全程信息化监管。强化固废安全。绿怡固废、巨联环保成功申领医疗废物、危废经营许可证，东吴水泥协同处置固废项目建成投运，全区危废焚烧能力实现“零”突破。优化国土空间。连续三年开展治违、治污、治隐患工作，累计拆除各类违法建设3.1万亩，盘活存量土地1.3万亩，特别是针对“散乱污”企业（作坊），果断采取“一拆两断三清”措施，共整治提升1.5万余家企业，拆除面积212万平方米。

---

① 确保饮用水安全，确保不发生大面积湖泛。

（三）严守生态红线，守护自然生态空间

严格国土空间用途管制。全面树立“山水林田湖草生命共同体”理念，把用途管制扩大到所有自然生态空间。出台《吴江区生态红线区域保护实施方案》，严格落实生态红线区域保护规划，将各生态红线区域定点到人，责任落实到人。对国家级和省级生态红线开展校核和优化调整工作。按照“功能不降低、面积不减少、性质不改变”的“三不原则”，形成《苏州市吴江区省级生态红线区域优化调整论证报告》，上报苏州市生态环境局。加强生态红线区域监管。在生态红线周边区域严厉打击非法生产、偷排偷放和超标排放企业，执法力度在苏州名列前茅。落实最严格的耕地保护制度，高质量完成上级下达的耕地和基本农田保护任务。持续强化河湖岸线管理保护，已按要求完成境内 45 条重要河道及 55 个重要湖泊的管理范围划定工作，同时，对列入新修编的《江苏省骨干河道名录》的 13 条河道和列入省保名录的 51 个湖泊编制河湖保护规划。

落实“三线一单”管控要求。根据国家、江苏省及苏州市对“三线一单”成果运用的要求，做好相关制度政策的衔接，建立全区“三线一单”生态环境分区管控体系。按“优先保护、重点管控和一般管控”要求对全区环境管控单元实施分类管控，划定环境管控单元共 82 个，其中，优先保护单元 33 个，重点管控单元 40 个，一般管控单元 9 个，实施差别化生态环境管控措施。

（四）走好绿色转型之路，形成生态经济体系

积极推进行业转型。针对区域内纺织、印染、化工等传统支柱性产业，分别制定行业整治措施，推进行业转型升级。印染企业全部按照排污总量控制的 IC 卡开展“控排污总量、控染缸总量”的双控措施，严格执行排污许可证制度，实现印染废水排放量和排放浓度实时监控；化工行业严格实施“四个一批”专项行动，太湖岸线 1 千米范围内的 17 家化工企业全部关停；电镀全行业纳入“散乱污”整治范畴，全区 13 家电镀企业整体关停取缔。在全省首创了工业企业资源集约利用信息系统，将全区工业企业亩均产出、单位能耗和污染物排放强度等信息综合评价，助推企业转型升级、实现绿色发展。

创新能力不断增强。2018 年吴江区获评江苏推进制造业创新转型成效明显县（市、区）。在 2019 年《中国区县专利和创新指数》“中国创新百强区”榜单中，吴江位列全国第三，名列长三角地区榜首。万人有效发明专利数达到 60.56 件，有效高新技术企业数达 920 家。汾湖高新区（黎里镇）获评“国家知识产权试点园区”，恒力化纤获评“中国专利奖银奖”。累计拥有国家级科技企业孵化器 4 家，国家级企业技术中心 10 家。国家先进功能纤维创新中心获批江苏首家、全国第 13 家国家级制造业创新中心。智能制造领跑全省，累计建成 134 家省级示范智能车间，完成智能化改造投资超过 640 亿元。

（五）城乡协调发展，增进生态生活品质

着力打造沿太湖、大运河、环湖城乡建设示范；绿色建筑、装配式建筑、海绵城市规划建设等统筹推进，老旧小区综合整治、水气管网改造、技防设施改造等提升工程加快推进；城市管理日趋精细，垃圾分类小区实现全覆盖。通过载体示范建设，全力打造江南水乡标杆。智慧城市稳步推进，政务云、大数据、智慧吴江 App 等信息化基础平台上线运行，入选智慧江苏重点工程，获评“2018 中国标杆智慧城区”。

积极建设“中国·江村”乡村振兴示范区：同里北联村成功创建中国美丽休闲乡村，七都开弦弓村获评全国乡村治理示范村；累计创建 14 个（2 个省级、6 个市级、6 个区

级）特色田园乡村建设试点。吴江区共有 19 个省级美丽乡村示范点、16 个苏州市美丽乡村示范点、5 个康居特色村和 245 个三星级康居乡村。吴江现代农业产业园纳入国家现代农业产业园创建名单，成功承办全国智慧农业改革发展大会。

（六）加强宣传教育，不断提升生态文化

依托现有蚕桑丝绸文化、水乡古镇文化、千年运河文化等资源优势，大力宣传生态文化，一批重点文化保护工程得到顺利推进。全方位开展生态文明宣传，以“六五世界环境日”“节能宣传周”“低碳日”等节日为契机，大力组织开展凸显“绿色”“低碳”“生态”等特色的系列宣传教育活动。先后组织吴江运河文化旅游节、生态文明摄影作品征集大赛、“看魅力城乡　看生态文明”千人环保之旅启程等主题活动，号召市民从自身做起，积极参与生态文明建设，携手行动，共建天蓝、地绿、水清的美丽吴江。以报纸、门户网站、环保微信公众号等主流媒体为依托，通过政策宣传解读、强调环境安全、辐射管理、排污许可证申领、危废规范化管理等推送环境保护知识。倡导绿色生活、低碳消费，组织“文明实践　绿色出行”世界无车日活动，全民生态文明意识不断提高。

（七）探索生态发展新路径，打造示范区“吴江样板”

区域联动，创新生态环境保护机制。吴江区与青浦区、嘉善县积极沟通，打破行政边界壁垒，陆续制定《青浦区、吴江区、嘉善县一体化生态环境综合治理框架协议》《关于一体化生态环境综合治理工作合作框架协议》《长三角生态绿色一体化示范区监测信息共享协议》《长三角生态绿色一体化发展示范区重点跨界水体联保专项方案》等，探索完善长三角生态绿色一体化示范区内饮用水水源保护和主要水体生态管控制度，协调统一示范区内太浦河、淀山湖、东太湖、元荡、汾湖等主要水体的环境要素功能目标、污染防治机制及评估考核制度，联合主办长三角生态绿色一体化发展示范区应对跨区域突发环境事件三地联合全要素综合应急演练活动，为示范区生态环境连片提升打下了坚实的基础。

在严格落实“三统一”中展示“吴江作为”。吴江坚决贯彻《长三角生态绿色一体化发展示范区生态环境管理“三统一”制度建设行动方案》，重点做好三方面工作。实现跨界数据共享，牵头制订《长三角一体化示范区环境质量及污染源监测数据共享方案》。目前，锑特征因子自动监测数据已实现共享。参与跨省联动执法。积极会同青浦、嘉善联合印发《两区一县环境执法跨界现场检查互认工作方案》，选派优秀骨干参与示范区生态环境联合执法。建立跨市监管机制。积极与浙江湖州南浔对接，建立“信息联通、执法联动、纠纷联处、会议联席”的“四联”机制，创新跨区域联合监管模式。

亮点工程

1. 中国美丽休闲乡村——震泽镇众安桥村

众安桥村地处震泽镇东北部，北靠长漾、南邻頔塘大运河，位于长漾湿地公园内，近年来积极推进生态文明建设，先后获得全国文明村、中国美丽休闲乡村、江苏省特色田园乡村、苏州市康居特色村等诸多荣誉。

众安桥村在“两湖抱一村”的基础上，以“三优三保”“263”“三治”行动为契机，完成区域内落后产能工业企业腾退 35 亩，将宝贵的空间资源用于关键载体建设。通过资源保护、污染防治和生态修复，将生态文明建设与文化旅游开发相结合，依托沿长漾、周

中国美丽休闲乡村、全国文明村——震泽镇众安桥村

生荡两条环路的打造，建设蚕桑学堂、自然教育中心、乡邻中心、田园餐吧、人文民宿等文旅节点，通过小火车以点带线，形成了环长漾特色田园乡村带上文旅节点的串珠成链，展现江南水乡生态画卷。

2. 同里国家湿地公园

同里国家湿地公园

同里国家湿地公园是全国 23 个重点建设湿地公园之一，是长三角生态绿色一体化示范区内唯一的“国家级”湿地公园，获评全国自然教育精品基地。公园湿地类型丰富，空气质量极佳，PM2.5（细颗粒物）值常年为个位数，空气中负氧离子含量年均值在 1 500 个/立方米以上；动植物资源丰富，截至 2020 年 7 月，记录在册鸟类达到 223 种，其中国家二级保护鸟类 27 种，一级保护鸟类 3 种；共发现植物 92 科 238 属 302 种。鸟类种数居苏州同类湿地公园首位。

以习近平新时代中国特色社会主义思想为指导，全面贯彻党的十九大精神，同里国家湿地公园扎实开展生态文化宣传示范点建设工作，打造民众身边的“有温度”的生态环境体验小场所，提高人民群众的幸福感、获得感。

结合同里国家湿地公园特色湿地文化和生态资源、宣教资源，充分发挥长处。以科普馆、游客中心、观鸟屋、自然步道等为设施媒介，以导览解说、自然教育课程、生态体验活动为人员解说媒介，以自然导赏手册、自然文创产品、互联网移动端等为媒体载体，系统地开展宣教体系建设，宣传贯彻习近平生态文明思想、生态环境保护法律法规政策、生态环境科普知识、生态文明建设成果等。

3. 水系连通及农村水系综合整治试点县项目

环元荡湖体整治

环元荡岸线整治工程

环元荡岸线整治立足于长三角生态绿色一体化示范区厚植生态优势、坚持绿色高质量发展和在吴江区打造世界级“创新湖区”、建设“乐居之城”的内在需求，整治建设分四期实施，步道总长 12.98 千米，护岸总长 16.23 千米，概算投资 9.38 亿元；整治面积约 100 平方千米。主要建设内容为水系连通、清淤疏浚、岸坡整治、水源涵养、水土保持、河湖管护、景观人文。

项目凸显水乡基因特色，梳理生态要素，落实生态修复措施，维护生态安全格局，构建“一心两廊、三链四区”的生态格局。一心是以淀山湖、元荡为主体的世界湖区，是示范区生态敏感性最高、生态本底最优质的地区，是示范区地区生态安全的基石。生态绿心应以绿为底、以水为脉，发展示范区生态示范的核心载体作用。以构建人类自然和谐共生的生态格局为目标，营造更丰富的水空间、保护更优质的农业空间、建设更多样的林地空间。

4. 太浦河沪湖蓝带计划汾湖段整治工程

构建“一心两廊、三链四区”的生态安全格局——太浦河“沪湖蓝带”

太浦河沪湖蓝带计划汾湖段整治工程以滨水生态修复、城市形象塑造、人居环境提升、激活产业发展为四大目标，紧密结合现代化城市风貌、水乡古镇风韵和自然河岸特色。其中，黎里段以“万树梨花、绿岸迎宾”为设计理念，打造江南文化特色的水上迎宾门户；北厍段以“枫落汾湖、河滩寻芳”为设计理念，完善市政配套设施，融入民俗、吴越、水运等文化元素，计划打造河长制纪念馆，使之成为展示和传承太浦河历史文化和联合治水理念的重要载体；芦墟段以“十里芦滩、汾湖阳台”为设计理念，打造生态景观节点，完善太浦河绿道功能服务。以水为脉，凸显吴根越角的江南水乡文化特质，打造一体化示范区内汇聚古韵今风的新江南文化新空间。

其中，太浦河沪湖蓝带计划汾湖段一期综合提升工程总投资约 2.6 亿元，占地 30.3 公顷，是以习近平生态文明思想、生态环境保护法律法规政策为指导，包含水利、水源涵养、绿化种植等项目的综合性治理提升工程。

第五节　生态岛建设吴中区生态文明建设实践与创新

以“生态”为名，建设国家级“太湖生态岛”是吴中全面推进生态文明建设的一个缩影。吴中区协调处理好生态、生产、生活三者之间的关系，进一步促进生产方式、生活方式绿色化转型，实现生态敏感地区的乡村振兴，做到人与自然和谐共生、生态优先与绿色发展协调统一，在全国具有重要的探索性、开创性、示范性意义。

一、生态岛基本情况

西山岛是全国淡水湖泊中面积最大的岛，是太湖健康生态系统维护的关键节点和生态屏障，也是长三角核心区重要生态服务功能的支撑地，森林覆盖率达 63.8%。为贯彻习近平“山水林田湖草生命共同体”新思想和“加快建立生态产品价值实现机制”新要求，结合太湖综合治理的总体部署，苏州市委、市政府提出“高标准建设太湖生态岛”，探索在绿水青山生态基底上发展高质量经济，创造高品质生活，探索“两山”转化可持续发展路径。生态岛范围为金庭镇区域范围的西山岛等 27 个太湖岛屿和水域，其中陆域面积 84.59 平方千米，人口 4.5 万人。

太湖生态岛规划范围

二、发展基础

（一）太湖健康生态系统关键节点，区域生态格局中的重要性日益突出

生态岛位于太湖胥口湾与主太湖连接处，是陆地生态系统与河湖生态系统进行物质能量交换的重要过渡带，为鱼类、鸟类、底栖动物提供优良栖息地和产卵地，是保护太湖生态系统功能完整和健康安全的局地屏障。

（二）山水林湖和生物资源丰富，生态本底较好

生态岛拥有国家森林公园、国家地质公园称号，是全省生态公益林最为密集的区域之一，森林覆盖率约 58%。岸带湖湾众多，前湾、柳林和水印长滩等湖滨湿地环岛分布，自然湿地保护率已达 100%。山林河湖共同孕育了鸟类、哺乳动物、爬行动物和两栖动物等丰富物种，具有完整生态系统基础。

（三）历史文化悠久，古村古树古建筑遗存众多

生态岛拥有国家级太湖风景名胜区西山景区和省级历史文化名镇，以及东村、明月湾两个中国历史文化名村，现存历史文化古迹100多处，其中29处已列为省市级文物保护单位。

（四）茶果渔耕传统深厚，生态经济特色鲜明

生态岛“洞庭山碧螺春”和“西山青种枇杷”获批国家农产品地理标志，碧螺春茶果复合系统入选中国重要文化遗产名录。文旅产业持续攀升，稻香文化艺术节、太湖时令枇杷采摘季、“西山夜话”文化主题沙龙等文旅活动影响力不断提升。

（五）绿色创新先行先试，体制机制探索较具基础

生态岛全面启动苏州生态涵养发展实验区建设，打造国家级生态文明示范区，成功申报国家生态产品价值实现机制试点，获评首批江苏省生态文明建设示范镇，国家卫生镇顺利通过复审，9个村获评省级卫生村。

三、主要做法

（一）强化规划引领

2021年吴中区正式对外发布《太湖生态岛发展规划》，提出立足生态保护和绿色发展，坚持“碧水青山萤舞果香美丽岛”“永续循环节能韧性低碳岛”“生态经济民生幸福富足岛”“绿色创新技术引领知识岛”“地景天成情感共鸣艺术岛”五个功能定位，提出以水清洁为首要任务的环境提升、以生物多样性为指引的生态恢复、以自然农法支持的绿色种养、以零碳为导向的生态镇村建设等八个行动策略，实施本土物种回归计划和百年前水生植物群落恢复计划，致力于打造“全球可持续发展生态岛的中国样本”。

（二）强化政策保障

2021年“支持苏州建设太湖生态岛”的决议写入江苏省国民经济和社会发展“十四五”规划纲要，在省级层面得到了肯定和支持。苏州市印发《关于支持太湖生态岛建设的若干政策意见》，提出16条配套措施，保障太湖生态岛的保护和发展。省市两级高度支持，全面加大了太湖生态岛的绿色发展力度

（三）强化立法保障

2021年围绕高标准建设太湖生态岛需要，坚持立法先行，排除障碍，正式发布《苏州市太湖生态岛条例》（以下简称《条例》）。作为一部“小切口”“小快灵”的精品立法，《条例》共设6章35条，规定坚持生态优先、绿色发展、创新驱动、共治共享的原则，严守生态保护红线，严格实行生态空间管控，将太湖生态岛建设成为低碳、美丽、富裕、文明、和谐的生态示范岛。这是苏州首次以立法形式保护太湖岛屿的生态，在江苏省内也是先例。

（四）突出示范引领

在推动生态岛建设过程中，注重“绿色发展有显示度，人民群众有获得感”的标杆示范项目引领。金庭镇消夏湾湿地生态安全缓冲区（一期）项目列入省级试点示范，作为农业面源污染防治典型案例，由全国污防办报送各地学习借鉴并上报国务院办公厅；太湖生态岛自然资源领域生态产品价值实现机制试点工作被列为全国试点；金庭阴、横山公路连接线建设项目已基本建成，实现通车；生态岛建设带动全区生态环境质量有效提升，金庭镇PM2.5（细颗粒物）浓度为21微克/立方米，排名全区第一。

四、特色品牌

（一）碧水青山萤舞果香美丽岛

发挥自然山水生态优势，以更高标准持续推进生态建设和环境治理，实现优质生态环境表征物种自然繁殖和健康发育，建成生态系统完整、生态环境优越、生态功能完善的美丽岛屿。

（二）永续循环节能韧性低碳岛

以率先实现碳达峰、碳中和为目标，加快推动资源节约、集约、高效利用，增强灾害应对和风险防控能力，建设更加节能、更加绿色、更具韧性的低碳岛屿。

（三）生态经济民生幸福富足岛

以生态环境优势转化为支撑，积极推动生态经济化和产业绿色化，做大做强特色优势产业，增强就业支撑和财富创造能力，实现与城市共同富裕，打造更加和谐、更加幸福、更加文明的富足岛屿。

（四）绿色创新技术引领科学岛

强化知识和技术对生态岛建设的支撑能力，探索生态产品开发、传统产品升级和各类产品价值提升的新技术、新路径，形成绿色创新技术集成、创新创意创业融合、人才荟萃、活力迸发的科学岛。

（五）地景天成情感共鸣艺术岛

充分依托自然健康的生态山水骨架、历史文化传统的人文景观以及绿色洁净低碳的居住环境，培养在地艺术元素，叠加生态岛的文化气息，增加对年轻人群的吸引力，打造更加感性、更可感知、更易感动的艺术岛屿。

专栏 1　《苏州市太湖生态岛条例》

（2021 年 4 月 25 日苏州市第十六届人民代表大会常务委员会第三十三次会议通过　2021 年 5 月 27 日江苏省第十三届人民代表大会常务委员会第二十三次会议批准）

目　录

第一章　总则
第二章　生态保护
第三章　绿色发展
第四章　保障措施
第五章　法治环境
第六章　附则

第一章　总则

第一条　为了践行绿水青山就是金山银山理念，促进太湖生态岛生态保护和绿色发展，筑牢苏州高质量发展生态安全屏障，根据有关法律、法规，结合本市实际，制定本条例。

第二条　太湖生态岛的规划、保护和发展及其相关活动的管理和监督，适用本条例。

本条例所称太湖生态岛，是指金庭镇区域范围内的西山岛等二十七个太湖岛屿和水域。

第三条 坚持生态优先、绿色发展、创新驱动、共治共享的原则，严守生态保护红线，严格实行生态空间管控，将太湖生态岛建设成为低碳、美丽、富裕、文明、和谐的生态示范岛。

第四条 市人民政府应当加强对太湖生态岛保护和发展工作的统一领导，并建立工作协调机制，协调解决重大问题。

吴中区人民政府应当依照本条例的规定，组织开展相关工作，并建立健全以绿色生态指标为主的绩效考核机制。

金庭镇人民政府应当依照本条例的规定，严格履行主体职责，落实相关工作。

市、吴中区发展和改革、教育、科学技术、工业和信息化、民政、财政、人力资源和社会保障、自然资源和规划、生态环境、住房和城乡建设、园林和绿化管理、城市管理、交通运输、水务、农业农村、文化广电和旅游、卫生健康、体育等部门应当按照各自职责，深化完善实施机制，共同做好相关工作。

第五条 市、吴中区人民代表大会常务委员会通过听取和审议本级人民政府专项工作报告、开展执法检查等方式，对太湖生态岛区域生态保护、绿色发展等情况进行监督。

金庭镇人民代表大会主席团在镇人民代表大会闭会期间，通过安排代表听取和讨论人民政府专项工作报告，开展执法检查、视察、调研等方式，对太湖生态岛区域生态保护、绿色发展等情况进行监督。

第六条 市、吴中区人民政府有关部门和金庭镇人民政府应当加强太湖生态岛保护的宣传教育，普及生态保护知识，增强公众生态保护意识。

新闻媒体应当采取多种形式开展太湖生态岛保护的宣传教育，并依法对违法行为进行舆论监督。

任何单位和个人都有保护太湖生态岛的义务，有权劝阻、举报破坏行为。

第二章 生态保护

第七条 建立以太湖生态岛发展规划为统领，以国土空间规划为基础，以详细规划、村庄规划和有关专项规划为支撑的统一规划体系。

市发展和改革部门应当会同市有关部门以及吴中区、金庭镇人民政府，共同编制太湖生态岛发展规划，报市人民政府批准后实施。

市自然资源和规划部门应当会同市有关部门和吴中区人民政府，指导金庭镇人民政府编制太湖生态岛（金庭镇）国土空间规划，按照法定程序经批准后组织实施。

编制太湖生态岛（金庭镇）详细规划、村庄规划和有关专项规划，应当符合太湖生态岛（金庭镇）国土空间规划，明确国土空间开发保护的具体要求和实施安排。

第八条 新建、改建、扩建的建（构）筑物，应当严格按照法定规划控制高度，其体量、色彩、形式、空间尺度等要素，应当与环境和自然景观相协调，体现江南文化特色和水乡韵味。

第九条　市、吴中区自然资源和规划、生态环境、园林和绿化管理、水务等部门应当会同金庭镇人民政府，对太湖生态岛的自然资源、生态环境和水环境进行动态监测，及时预警生态风险。

第十条　加强自然生态系统、自然遗迹、自然景观、野生动植物及其所承载的历史文化的保护。

加强生物多样性保护，防止外来物种入侵。保护珍稀野生动植物资源、地方特色种质资源、野生动物栖息地。

全域禁止猎捕陆生野生动物以及其他妨碍野生动物生息繁衍的活动。

保护和合理利用太湖渔业资源，并按照国家和省规定落实禁捕退捕要求，开展增殖放流活动。

第十一条　太湖生态岛应当按照《江苏省太湖水污染防治条例》确定的一级保护区的要求进行水污染防治，逐步优化全域水质。

太湖生态岛内污水应当经处理达标后方可排放。全面提升污水收集、厂网运行、尾水处理能力，逐步达到太湖流域污水处理的领先水平。

第十二条　加强太湖生态岛内土壤污染防治，采取有效措施减少农业面源污染。

推进化肥农药减量增效，推广有机肥料使用和农作物病虫害绿色防控产品、技术，支持和推进水草、蓝藻、芦苇、农作物和林果废弃物等有机废弃物资源化利用。

第十三条　太湖生态岛应当加强大气污染防治。

太湖生态岛内倡导使用清洁能源。推广使用新能源交通工具，推行绿色交通工具租赁服务。太湖生态岛内公共汽车全部采用新能源动力，鼓励岛内居民购买新能源汽车。

太湖生态岛内禁止燃放烟花爆竹。

第十四条　开展森林、湿地、山体、宕口、风景名胜区、地质公园等受损生态系统及受损自然景观修复，实行自然恢复为主、自然恢复与人工修复相结合的系统治理，统筹推进山水林田湖草一体化保护和修复。

按照省级重要湿地保护要求，维护湿地生态功能，促进湿地资源可持续利用。建设多功能多类型湿地示范区，提升生物多样性，展现湿地文化。

禁止太湖生态岛外的固体废物进入岛内，但是因宕口修复等需要综合利用，并且符合生态环境等法律法规和固体废物污染环境防治技术标准、农用地土壤污染风险管控标准等要求的废弃土石渣除外。

第十五条　加强岸线资源保护，组织对受损岸线的整治与修复，合理建设生态廊道。

严格控制岸线开发建设，依据岸线保护与利用规划要求，促进岸线合理高效利用。

第十六条　加强文物保护单位、古建筑、历史建筑、传统民居、古树名木的保护和利用，并建立记录档案，设置保护标志，制定保护措施。加强非物质文化遗产的保护和传承。

鼓励单位和个人自筹资金维修文物保护单位、古建筑、历史建筑、传统民居或者抢救古树名木。

古建筑保护管理责任人发生变更的，应当及时到吴中区文物部门办理保护管理责任转移手续。

鼓励建立文化遗产保护组织，参与做好物质文化遗产和非物质文化遗产的保护工作。

第十七条 有序推进美丽宜居小城镇、特色田园乡村和绿美村庄建设，提升镇村人居环境。

加强古村落、传统村落的保护。保护和延续其传统格局、历史风貌及自然田园景观等，梳理优化传统街巷等空间结构，恢复水系功能，整治提升空间形态，延续原始脉络肌理，组织村落保护性修缮，实现整体保护、活态传承和合理利用。

第三章 绿色发展

第十八条 市、吴中区人民政府应当结合太湖生态岛的功能定位、自然禀赋和资源环境承载能力，发展生态经济、循环经济和智慧经济，研究制定农文体旅融合发展的扶持引导政策，探索有利于生态优先、绿色发展、惠民富民的太湖生态岛生态产品价值实现路径。

第十九条 太湖生态岛旅游业发展应当突出生态保护，发掘当地传统文化价值，彰显田园风光和古村落特色，并按照资源整合、产业融合、全域旅游发展的要求，建设旅游民宿集聚区，推动以生态和文化体验为主的休闲度假旅游。

市、吴中区人民政府应当组织文化广电和旅游、农业农村等部门加强乡村旅游精品线路宣传推广，塑造精品民宿品牌形象，推进民宿品质提升、规范经营，统筹推进休闲农业和乡村旅游发展。

第二十条 依据生态资源禀赋，积极推动太湖生态岛康养产业发展。

支持整合改造闲置社会资源发展康养服务机构，将符合条件的场所整合改造成康养服务设施。

鼓励整合医疗卫生和康养资源，加大医疗设施建设投入，引入优质医疗资源，探索医疗联合体和远程医疗方式，推动医养康养结合。

第二十一条 市、吴中区农业农村部门应当会同有关部门推动农业产业结构调整，推行农业绿色生产方式，发展生态循环农业，打造农产品公用品牌，推动绿色农产品、有机农产品、地理标志农产品认证。

加大以绿色生态为导向的农业投入力度，资金重点向资源节约型、环境友好型农业倾斜。

加强对洞庭山碧螺春群体小叶种茶、青种枇杷、洞庭红橘、太湖鹅、翘嘴红鲌、秀丽白虾、银鱼等地方特色种质资源的保护和开发利用，培育种业龙头公司，推动资源优势转化为产业优势。

第二十二条 市、吴中区人民政府及其有关部门应当提高太湖生态岛内公路建设质量和养护水平，规划建设慢行交通系统，组织优化太湖生态岛内公共交通。

市、吴中区人民政府及其有关部门应当加快公共停车场和新能源交通基础设施规划建设，逐步推行限制燃油机动车进岛、游客免费驳载等交通管理服务措施。

第四章　保障措施

第二十三条　市、吴中区人民政府及其有关部门应当积极争取中央和省级支持，并加大市、吴中区两级财政投入力度，形成稳定增长的财政支持保障机制。

第二十四条　建立政府引导、社会参与的多元投入机制。

鼓励支持大型企业、科研院所等利用资金、技术、资源优势，积极参与太湖生态岛建设。

鼓励有关金融机构通过创新融资产品，开辟授信审批快捷通道等方式，加大生态保护和绿色发展项目的支持力度。

市、吴中区人民政府有关部门应当推动适宜的重大活动、重大项目在太湖生态岛落地。

第二十五条　在符合国土空间规划前提下，通过盘活存量、优化结构，科学合理配置土地资源要素，提高太湖生态岛内镇村建设用地节约集约利用水平，鼓励对农村建设用地复合利用。

市、吴中区自然资源和规划部门应当在土地利用年度计划中优先保障镇村公共设施和公益事业的建设用地需求。

市、吴中区自然资源和规划部门应当会同有关部门推进点状布局用地项目实施工作，并加强全过程动态监管。

第二十六条　市、吴中区人民政府应当根据生态保护的目标、投入、成效和区域经济社会发展水平等因素，通过加大财政转移支付、区域协作等方式，建立健全生态保护补偿机制。

市、吴中区人民政府可以就太湖生态岛生态补偿的范围、标准、方式等作出特别规定。

第二十七条　金庭镇人民政府及相关农村集体经济组织应当合理开发集体资源，积极盘活利用闲置集体资产，发展壮大新型农村集体经济，带动集体成员增收。

鼓励和引导农户采取出租、转包、入股、抵押或者其他方式依法流转土地经营权，促进适度规模经营。

培育高质量家庭农场。推进农民专业合作社质量提升，加大对运行规范的农民专业合作社扶持力度。

第二十八条　市、吴中区人民政府及其有关部门应当为太湖生态岛发展引进教育、医疗、科技、康养、农业、旅游等各类专业人才。

市、吴中区人力资源和社会保障、教育、农业农村等部门应当加强对太湖生态岛内居民的分类分级培训，有针对性地提高居民职业技能技术水平和生态保护意识。

第二十九条　市、吴中区人民政府应当保障太湖生态岛突发事件应急管理工作所需经费和应急物资，加强应急基础设施建设。

市、吴中区人民政府应当建立健全突发事件应急管理机制，金庭镇人民政府应当落实常态与应急管理相结合的网格化管理模式，统筹应对洪涝、干旱、森林火灾等突发事件。

第五章　法治环境

第三十条　违反本条例规定的行为，法律法规已有法律责任规定的，从其规定。

第三十一条　根据有关法律法规规定和省人民政府的决定，金庭镇人民政府可以建立综合执法专业队伍，承接基层管理迫切需要的、吴中区有关部门的行政处罚权，以及法律法规规定的与行政处罚权有关的行政强制措施权。

第三十二条　市、吴中区有关部门可以结合实际情况，在法治框架内积极探索有利于太湖生态岛保护和发展的改革举措，探索原创性、差异化的具体措施。对探索中出现失误或者偏差，符合规定条件且勤勉尽责、未牟取私利的，对有关单位和个人依法予以免责或者减轻责任。

第三十三条　市、吴中区有关部门未依法履行推动太湖生态岛保护和发展有关职责的，由本级人民政府或者上级人民政府有关部门责令改正，对负有责任的主管人员和其他直接责任人依法给予处分；构成犯罪的，依法追究刑事责任；对造成生态环境和资源严重破坏的，实行终身追责。

第三十四条　人民法院、人民检察院应当积极履行职责，严惩各类破坏生态环境的违法犯罪行为，依法开展生态环境和资源保护领域的公益诉讼，为太湖生态岛建设提供司法保障。

符合法律规定条件的社会公益组织可以依法对污染环境、破坏生态的行为提起公益诉讼。

第六章　附则

第三十五条　本条例自 2021 年 8 月 1 日起施行。

亮点工程

消夏湾生态安全缓冲区建设项目

（1）基本情况。为治理太湖流域农村面源污染，金庭镇在南部石公半岛消夏湾区域打造消夏湾生态安全缓冲区项目。项目计划分三期实施，总投资约 3.2 亿元，其中，一期项目总投资 8 400 万元。

（2）建设内容。消夏湾生态安全缓冲区项目建设分为四个区域：南湾村落治理区（一期项目）、万亩良田治理区、缥缈汊湾核心区、太湖湖湾补充区。各分区将因地制宜建设各类净化型功能湿地，南湾村落治理区工程包括廊道湿地 0.5 公顷、尾水强化型湿地 2 公顷和浅滩湿地 17 公顷，万亩良田治理区工程包括垂直流湿地 2 公顷、新型表流湿地 40 公顷、生态塘 3 公顷和浅滩湿地 45 公顷，缥缈汊湾核心区工程包括尾水强型湿地 1.5 公顷、组合强化型湿地 3.5 公顷和浅滩湿地 45 公顷，太湖湖湾补充区工程包括浅滩湿地 50 公顷。

（3）项目效益。项目建成后，消夏湾汇水区域农村面源污染物 COD 削减 83.0%、总氮削减 65.5%、总磷削减 73.3%，消夏江河道 COD、氨氮和总磷等主要指标达到地表Ⅲ类水；将新增湿地约 210 公顷，体现生物多样性；促进农业、林业、旅游业高质量协同发展，将生态效益转化为经济效益，成为苏州生态涵养发展实验区建设样板和项目标杆。

消夏湾生态安全缓冲区建设项目

第三章

苏州市生态文明建设规划（2021—2025年）

生态文明建设是一项科学而严肃的系统工程，是一个长期性、战略性、持续性进程，必须以科学规划为指导。苏州市人民政府于2021年7月13日印发了《苏州市生态文明建设规划（2021—2025年）》。

第一节 相关政策

党的十八大作出“大力推进生态文明建设”的战略部署，要求把生态文明建设放在突出地位，融入经济建设、政治建设、文化建设、社会建设各方面和全过程，努力建设美丽中国，实现中华民族永续发展。为推进生态文明建设，党的十八大以来，党中央、国务院先后出台了《关于加快推进生态文明建设的意见》《生态文明体制改革总体方案》《关于全面加强生态环境保护 坚决打好污染防治攻坚战的意见》等政策文件，明确了我国生态文明建设的主要目标和重点任务。2018年5月，全国生态环境保护大会在北京召开，本次会议标志着习近平生态文明思想的正式确立。党的十九届五中全会明确提出2035年“美丽中国建设目标基本实现”的远景目标和“十四五”时期“生态文明建设实现新进步”的新目标，并就“推动绿色发展，促进人与自然和谐共生”作出具体部署，为新时期生态文明建设提供了方向指引和行动指南。

苏州市是我国长三角地区的重要中心城市，也是历史文化名城和重要的风景旅游城市。改革开放以来，苏州市一直是我国经济发展的排头兵。“十二五”至“十三五”期间，苏州市委、市政府认真贯彻中央和江苏省有关部署，在经济快速发展的同时，大力推进生态文明建设。2013年，苏州市人民政府印发实施了《苏州市生态文明建设规划（2010—2020年）》。依据该规划，全市生态文明建设工作有序推进，2017年9月，苏州市被授予首批国家生态文明建设示范市称号。

为进一步加强生态文明建设，深入贯彻习近平生态文明思想以及中央、省关于生态文明建设的新要求、新目标、新任务，推动高质量发展，苏州市政府决定编制《苏州市生态文明建设规划（2021—2025年）》。

本规划以习近平生态文明思想为指导，按照国家和江苏省生态文明建设工作要求，提出了苏州市生态文明建设的目标及生态制度、生态安全、生态空间、生态经济、生态生活和生态文化六大体系的建设任务。本规划是苏州市生态文明建设的纲领性文件。

第二节 工作基础与形势分析

一、区域概况

（一）自然资源概况

苏州市全境分布于长江三角洲腹地的太湖平原，行政面积8 657.32平方千米，境内地势西南略高于东北；属于亚热带季风海洋性气候区，四季分明，气候温和，雨量充沛。境内河道纵横，湖泊众多，河湖相连，形成“一江、百湖、万河”的独特水网水系格局。全市有大小河道2万余条，大小湖泊300多个，河流、湖泊、滩涂面积占全市国土面积的

36.6%，是江苏省水面覆盖率最高的城市。

苏州市自然保护地数量全省最多，2020年共有自然保护区、风景名胜区、地质公园、森林公园、湿地公园五大类30个自然保护地，总面积807平方千米。

（二）社会经济概况

苏州市辖吴江区、吴中区、相城区、姑苏区、苏州工业园区、苏州高新区六个区，以及张家港市、常熟市、太仓市和昆山市四个县级市。2020年末，全市户籍人口744.3万人；常住人口1 275万人，城镇常住人口占比为81.72%。

全市地区生产总值平稳上升，经济实力不断提升。2020年，全市地区生产总值达20 170.45亿元，居全国大中城市第6位、全省第1位，第一、二、三产业生产总值比例为1.0∶46.5∶52.5，产业结构实现了从“二、三、一”到“三、二、一”的转变。2020年，全市规模以上工业总产值为34 823.95亿元。计算机、通信和其他电子设备制造业规模以上工业总产值最高，占规模以上工业总产值的30.65%，其次是通用设备制造业，占比为8.31%。全市工业主要分布在园区（开发区）中，目前省级及以上的开发区有18个（不包括2个旅游度假区），创造了全市90%以上的工业增加值。

二、建设基础

（一）生态制度体系逐步健全

苏州市委、市政府高度重视生态文明建设工作，每年制定下发生态文明建设以及污染防治攻坚战工作要点、目标任务书、“十大工程”等系列文件，将上级部署分解落实到位，将生态文明建设纳入党政实绩考核体系，2017年出台《苏州市生态环境保护工作责任规定（试行）》，构建各部门各司其职、齐抓共管的生态环保责任体系。制定生态文明建设领域失职问责的实施意见和相关制度，做到问责制度化。成立苏州市领导干部自然资源资产离任审计协调领导小组，全面推进领导干部自然资源资产离任审计工作。制订《苏州市自然资源资产负债表编制调研实施方案》，探索编制吴中区自然资源资产负债表。完善环境保护公众参与制度，依法公开环境信息，信息公开途径不断扩展，出台《苏州市保护和奖励生态环境违法行为举报人实施细则》等制度。

（二）生态环境质量稳步改善

2013年以来，制订苏州市大气污染防治行动计划实施方案、苏州市打赢蓝天保卫战三年行动计划实施方案等系列文件，全市空气环境质量稳步改善。2020年，苏州市区空气质量优良天数比例达到84.4%，居全省第2位，较2013年提高了24.9个百分点。市区环境空气除臭氧（O_3）浓度外，细颗粒物（PM2.5）、可吸入颗粒物（PM10）、二氧化硫（SO_2）、二氧化氮（NO_2）年均浓度和一氧化碳（CO）浓度各项指标均达到《环境空气质量标准》（GB 3095—2012）二级标准。制订实施“水十条”、太湖目标责任书、阳澄湖生态优化行动等系列方案，有效改善水环境质量。2020年，全市50个省级以上考核断面水质达到或优于Ⅲ类的有46个，上升到92.0%。全市13个县级以上集中式饮用水水源地年均水质均达到Ⅲ类。稳步开展土壤、辐射等污染防治工作，2020年，苏州市土壤环境质量保持稳定，受污染耕地、污染地块安全利用率均达到90%以上；区域环境噪声总体处于较好水平，道路交通噪声总体为好，各类功能区噪声基本达标；苏州市环境γ辐射空气吸收剂量率低于江苏省天然背景值水平，电磁辐射环境质量符合相应的标准限值要求。

（三）生态空间体系不断优化

实施主体功能区战略，划定主体功能区，明确各类功能区发展与管制的导向和保障主体功能区建设的政策框架。优化城镇化空间格局，实施“东融上海、西育太湖、优化沿江、提升两轴”的空间发展战略，优化“两轴三带”的市域产业布局和城镇化空间格局（沪宁东西发展轴、苏嘉杭南北发展轴、沿江发展带、沿沪发展带和沿湖生态带）。全市共划定生态空间保护区域 113 块，面积为 3 257.97 平方千米（扣除重叠面积），占国土空间的 37.63%。加强对生态保护红线保护管理的考核，制定出台《苏州市生态红线区域保护监督管理考核暂行办法》，并将生态保护红线管控纳入生态文明建设考核目标体系。初步建立了苏州市自然保护地体系，建立了自然保护地主管部门、属地政府和管理机构三级工作网络。大力保护耕地和基本农田，划定全域永久基本农田超过省下达苏州保护任务，推进土地整治，实现耕地总量平衡。

（四）生态经济体系初步形成

苏州立足绿色转型，经济由高速增长转为高质量发展，战略性新兴产业和高新技术产业得到长足发展，2020 年全市制造业新兴产业、高新技术产业产值占规模以上工业总产值的比重均超过 50%。助推企业绿色制造，全市累计共有国家级绿色园区 4 个、绿色工厂 47 家、绿色产品 30 个、绿色供应链示范企业 5 家，创建数居全省前列。促进土地节约集约利用，通过采取“三优三保”、盘活存量、创新举措等方式提高土地资源节约集约利用；深入推进“散乱污”企业（作坊）专项整治，累计整治 5.3 万余家，腾出发展空间 7.8 万亩。促进农业转型升级，打造以优质水稻、特色水产、高效园艺和规模畜禽为主导的现代农业产业体系，农业向高效化、绿色化发展；推进现代农业园区建设，共有国家级农业园区 6 家，省级农（渔）业园区 9 家，市级农（渔）业园区 47 家。

（五）生态生活体系不断优化

加强既有建筑节能改造并推进新建建筑节能和绿色建筑发展，全市新建民用建筑节能标准执行率、城镇新建绿色建筑比例均达 100%。2020 年，苏州建成区共有公园绿地面积 5 272.1 万平方米，公园绿地总面积逐年提升，苏州市区及下辖县级市全部建成国家生态园林城市，在全国率先建成国家生态园林城市群。积极推行公众绿色出行，印发苏州市区新能源公交推广应用实施方案，着力推进公交行业绿色发展，截至 2020 年底，市区有公交线路 438 条，轨道交通 4 条，有轨电车 2 条，轨道交通里程、轨道交通线网密度位列地级市第一。生活垃圾分类收集处置体系不断完善，出台《苏州市生活垃圾分类管理条例》。全面启动小区垃圾分类，推行“三定一督”（定时、定点、定人，以及督导）源头分类方式。截至 2020 年底，全市完成“三定一督”小区覆盖率达 98.9%，生活垃圾焚烧处理能力累计达到 14 300 吨/日。

（六）生态文化体系不断扩展

建设苏州特色生态文化载体。建成姑苏区少年宫水文化环境教育基地、胥江社区环境文化建设项目、水环境科普教育馆、带城桥小学环保教育馆、生态文明建设宣传一条街、生态环保宣传教育基地等一批科普场馆类生态文化载体；依托自然湿地，建立湿地自然学校 10 所；依托生态产业工程和生态环保示范项目，建设了一批展示资源能源节约循环利用、清洁能源利用、生态环境治理等主题的生态文化载体。开展学校生态文明教育，加强课堂教育，将生态文明教育纳入中小学课程计划，通过在相关课程中进行生态文明知识渗透教育和开设生态文明专门课程，开展生态文明教育。鼓励公众参与，紧扣世界环境日、践行绿色生活、基层大走访等主题开展系列环保宣传活动，提升公众生态文明意识。开拓宣传渠道，通过网站、两微一端、主流媒体等平台，加大生态文明宣传力度。2020年，公众对生态文明建设的参与度达到了89.3%，生态文明建设总体满意率达到了91.8%。

三、优势条件

（一）党委政府高度重视生态文明建设

苏州市将生态文明建设纳入党委、政府重要议事日程，不断强化组织保障，成立了由市委、市政府主要领导担任组长、市48个部门为成员的生态文明建设工作领导小组，组建了生态环境保护委员会。印发实施了《生态文明建设三年行动计划（2014—2016年）》《苏州市生态环境提升三年行动计划（2018—2020年）》等系列文件。将生态环境相关指标纳入全市综合考核体系，赋予重要权重。党委政府高度重视，为推进苏州生态文明建设提供了重要保障。

（二）经济发展持续保持高水平

改革开放以来，苏州外向型经济不断发展，经济总量迅速扩大，地区生产总值多年位于全国大中城市前列。近年来，苏州市经济发展和结构调整呈现“新常态”，地区生产总值从2010年的0.9万亿元上升到2020年的2万亿元，服务业增加值占地区生产总值的比重达52.5%，制造业新兴产业产值占规模以上工业总产值的比重达55.7%。全市产业结构不断优化升级，资源节约型、环境友好型的生产方式、生活方式和消费模式逐步形成。

（三）历史文化底蕴深厚

苏州市具有2 500多年建城史，历史文化底蕴深厚。水乡、园林、古城，是苏州靓丽的文化名片，也是追求自然和谐的典范；《永禁虎丘染坊碑》是世界上最早的水质保护法令，苏州的生态文化厚植于苏州的历史文化中。改革开放40余年，苏州从“历史文化名城和风景旅游城市”，成长为一座高速增长的“明星城市”“工业经济大市”“全球制造基地”。苏州的文化底色始终不曾改变，对人与自然和谐共生的追求始终不曾改变。文化是苏州的第一优势，生态文化也是苏州绿色发展、高质量发展的核心竞争力。

（四）自然禀赋优良

苏州地处长三角核心区域，气候温和，雨量充沛，地势低平，水网密布，土地肥沃，物产丰富，自然禀赋优良，自古以来就有“鱼米之乡”“丝绸之府”“人间天堂”的美誉，具有得天独厚的生态资源。践行绿水青山就是金山银山理念，苏州正高标准推进太湖生态岛建设，进一步筑牢了生态安全屏障。

（五）生态文明建设基础良好

苏州市曾于2012—2017年在全省生态文明建设年度考核中名列前茅，连续三年在全省“263”暨打好污染防治攻坚战考核中名列第一。生态创建位居全国前列，建成全国首批国家生态文明建设示范市，下辖的昆山、太仓被命名为国家生态文明建设示范市（县），相城、吴江、吴中、常熟被命名为江苏省生态文明建设示范县（市、区）；建成省级生态文明示范乡镇（街道）46个、省级生态文明示范村（社区）46个；全市建成国家级生态工业示范园区6个，为全省首个省级生态工业园区全覆盖的设区市。

四、面临挑战

（一）转型升级任务较为艰巨

苏州虽然经济总量位居全国大中城市第六，但是发展质量同北上广深等一线城市相比，还有一定差距。苏州传统产业比重较高，高端产业占比不够高，转型升级压力较大，对外依存度高，加工贸易占比大，自主创新体系尚待完善，数字经济和数字化发展水平有待提高。另外，在经济转型升级、产业结构优化调整、实现高质量发展过程中苏州市还面临诸多挑战。

（二）资源瓶颈约束依然严峻

苏州产业密集、城镇密集、人口密集，主要污染物排放总量大，经济社会快速发展与生态环境承载能力不足的矛盾仍然较为突出。从资源空间看，全市土地开发强度已接近30%。从能源看，苏州市能源供应对外依存度大，能源消费以煤炭为主的特征明显，新能源占比不高，在碳达峰、碳中和以及“环境质量只能变好，不能变坏”的硬性约束下，煤炭总量、能源总量控制压力增大。在新一轮产业崛起中实现苏州经济发展和环境保护双赢仍具挑战。

（三）环境风险压力仍然存在

苏州市工业污染源数量较多，沿长江一带有众多化工企业，地处环境敏感区，存在布局性隐患。目前全市有649家较大以上环境风险企业，化工集中区、沿江地区及苏沪、苏浙跨省地带是环境风险重点防范区域。同时，随着人民群众环境维权意识的增强，环境问题越来越成为公众关心的焦点，与百姓健康密切相关的大气灰霾、饮用水安全、城市噪声和电磁辐射等环境问题日益成为人们关注的重点。

综合判断，未来一段时期苏州市生态文明建设仍处于可以大有作为的重要战略机遇期，但是也面临着经济转型升级、受资源瓶颈约束、环境风险压力大等方面的严峻挑战。面对新机遇、新挑战，必须准确把握战略机遇期内涵的深刻变化及发展阶段性特征和新的任务要求，克服各种挑战，推动全市生态文明建设再上新台阶。

第三节　规划总则

一、指导思想与原则

（一）指导思想

以习近平新时代中国特色社会主义思想为指导，深入贯彻习近平生态文明思想和习近平对江苏、苏州工作系列重要讲话指示精神，统筹推进“五位一体”总体布局，协调推进“四个全面”战略布局，坚定不移贯彻新发展理念，深入践行“绿水青山就是金山银山”的理念，坚持“山水林田湖草是生命共同体”的系统思维，在新起点上加快推进生态文明建设，实现经济社会发展和生态环境改善相互协调、相互促进，为率先建设充分展现“强富美高”新图景的社会主义现代化强市提供坚实的生态文明保障，让“美丽苏州”成为“强富美高”最直接最可感的实践范例，谱写“美丽中国”的苏州范本。

（二）规划原则

生态优先、绿色发展。树立尊重自然、顺应自然、保护自然的理念，将生态环境承载力作为经济社会发展的重要前提，以改善环境质量和生态系统服务功能为核心，构筑自然健康的生态系统和适宜居住、创业的人居环境，确保生态环境安全。

统筹协调、分步推进。妥善处理好经济社会发展与环境保护、城镇与乡村、全面推进与解决重点问题的关系，统筹兼顾，合理布局，使生态文明建设协调有序地整体向前推进。

强化控源、修治结合。推进绿色、循环、低碳发展，发挥环境保护优化经济发展的作用，生态空间限域、产业发展限类、资源能源限量、污染排放限额、环境质量限值“五限”并举，从源头上解决突出环境问题，构建与生态文明要求相适应的空间格局、产业结构、生产和生活方式。

政府主导、多方参与。坚持发挥政府的组织、引导、协调作用，强化以政府为主导、各部门分工协作、全社会共同参与的工作机制，综合运用法律、科技、经济、行政和社会手段，坚持激励与约束并举，调动各方力量，形成政府主导、全民参与的格局，推进生态文明建设深入、扎实、有序地向前发展。

二、规划范围与期限

（1）规划范围为苏州全域，包括吴江区、吴中区、相城区、姑苏区、苏州工业园区、苏州高新区6个区和张家港市、常熟市、太仓市、昆山市4个县级市。

（2）规划期限：规划基准年为2020年，规划期为2021—2025年。

三、规划目标与指标

（一）规划目标

到2025年，全市空间开发格局进一步优化，绿色发展水平、资源能源利用效率进一步提升，污染排放总量继续下降，生态环境质量进一步改善，环境风险得到有效管控，生态文明制度体系进一步完善，绿色生活方式和消费模式成为全社会风尚，生态文化素养明显提升，打造向世界展示社会主义现代化建设的“最美窗口”。

（二）规划指标

依据生态环境部办公厅2021年6月发布的《关于开展第一批国家生态文明建设示范区和“绿水青山就是金山银山”实践创新基地复核评估工作的通知》（环办生态函〔2021〕275号）中“国家生态文明建设示范区建设指标（修订版）”规定，由其中适用于地级行政区的34项指标构成苏州市生态文明建设的指标体系，见表3-1。

表3-1　苏州市生态文明建设指标体系

领域	任务	序号	指标名称	单位	指标要求	指标属性
生态制度	（一）目标责任体系与制度建设	1	生态文明建设规划	—	制定实施	约束性
		2	党委政府对生态文明建设重大目标任务部署情况	—	有效开展	约束性
		3	生态文明建设工作占党政实绩考核的比例	%	≥20	约束性
		4	河长制	—	全面实施	约束性
		5	生态环境信息公开率	%	100	约束性
		6	依法开展规划环境影响评价	%	100	约束性

续表

领域	任务	序号	指标名称		单位	指标要求	指标属性
生态安全	（二）生态环境质量改善	7	环境空气质量	优良天数比例	%	完成上级规定的考核任务；保持稳定或持续改善	约束性
				PM2.5（细颗粒物）浓度下降幅度			
		8	水环境质量	水质达到或优于Ⅲ类比例提高幅度（地表水）	%	完成上级规定的考核任务；保持稳定或持续改善	约束性
				水质达到或优于Ⅲ类比例提高幅度（地下水）			
				劣V类水体比例下降幅度（地表水）			
				劣V类水体比例下降幅度（地下水）			
				黑臭水体消除比例			
	（三）生态系统保护	9	生态环境状况指数		%	≥60	约束性
		10	林草覆盖率		%	≥18	参考性
		11	生物多样性保护	国家重点保护野生动植物保护率	%	≥95	参考性
				外来物种入侵	—	不明显	
				特有性或指示性水生物种保持率	%	不降低	
	（四）生态环境风险防范	12	危险废物利用处置率		%	100	约束性
		13	建设用地土壤污染风险管控和修复名录制度		—	建立	参考性
		14	突发生态环境事件应急管理机制		—	建立	约束性
生态空间	（五）空间格局优化	15	自然生态空间	生态保护红线	—	面积不减少，性质不改变，功能不降低	约束性
				自然保护地			
		16	河湖岸线保护率		%	完成上级管控目标	参考性
生态经济	（六）资源节约与利用	17	单位地区生产总值能耗		吨标准煤/万元	完成上级规定的目标任务；保持稳定或持续改善	约束性
		18	单位地区生产总值用水量		立方米/万元	完成上级规定的目标任务；保持稳定或持续改善	约束性

续表

领域	任务	序号	指标名称		单位	指标要求	指标属性
生态经济	（六）资源节约与利用	19	单位国内生产总值建设用地使用面积下降率		%	≥4.5	参考性
		20	单位地区生产总值二氧化碳排放		吨/万元	完成上级管控目标；保持稳定或持续改善	约束性
		21	应当实施强制性清洁生产企业通过审核的比例		%	完成年度审核计划	参考性
	（七）产业循环发展	22	一般工业固体废物综合利用率提高幅度		%	保持稳定或持续改善	参考性
生态生活	（八）人居环境改善	23	集中式饮用水水源地水质优良比例		%	100	约束性
		24	城镇污水处理率		%	≥95	约束性
		25	城镇生活垃圾无害化处理率		%	≥95	约束性
		26	城镇人均公园绿地面积		平方米/人	≥15	参考性
	（九）生活方式绿色化	27	城镇新建绿色建筑比例		%	≥50	参考性
		28	公共交通出行分担率		%	≥60（大城市）	参考性
		29	生活废弃物综合利用	城镇生活垃圾分类减量化行动	—	实施	参考性
				农村生活垃圾集中收集储运			
		30	绿色产品市场占有率	节能家电市场占有率	%	≥50	参考性
				在售用水器具中节水型器具占比	%	100	
				一次性消费品人均使用量	千克	逐步下降	
		31	政府绿色采购比例		%	≥80	约束性
生态文化	（十）观念意识普及	32	党政领导干部参加生态文明培训的人数比例		%	100	参考性
		33	公众对生态文明建设的满意度		%	≥80	参考性
		34	公众对生态文明建设的参与度		%	≥80	参考性

第四节　完善生态制度

一、健全领导责任体系

（一）完善生态文明建设评价考核制度

持续优化生态文明建设相关考核指标，将生态环境保护、资源能源消耗、绿色低碳循环发展等相关指标予以整合，纳入对县级党委政府的综合考核中，重点核定环境质量改善等任务的完成情况，以及各类环境问题的整改落实情况等。考核结果作为各级党委、政府及领导干部政绩考核的重要内容，实现良性竞争。确保 2025 年生态文明建设工作占党政实绩考核比例超过 20%。

（二）落实生态环境损害责任追究制度

贯彻落实中央《党政领导干部生态环境损害责任追究办法》《江苏省党政领导干部生态环境损害责任追究实施细则》等文件要求，持续抓紧抓实生态文明建设领域的责任追究工作，严格监督执纪问责。按照“党委政府主导、业务部门认定、纪检监察查处”的原则，督促落实主体责任。发挥派驻纪检监察组织的“哨兵”和“探头”作用，及时发现和纠正问题。

（三）健全领导干部自然资源资产离任审计制度

对照国家和省对领导干部自然资源资产离任审计的相关规定，结合苏州市生态文明建设重要目标任务和区域自然资源资产禀赋特色，探索建立苏州市领导干部自然资源资产离任审计技术体系。完善苏州全市自然资源资产离任审计工作架构，建立健全部门协作机制，依托苏州市领导干部自然资源资产离任审计协调领导小组，加强部门间协作。加强审计结果的分析和应用，为党委政府决策提供依据。

（四）逐步构建规范的自然资源资产负债表编制制度

在总结吴中区自然资源资产负债表编制经验基础上，进一步探索开展自然资源资产负债表编制工作，逐步建立健全科学规范的自然资源统计调查制度和自然资源资产负债表编制制度。

二、健全企业主体责任体系

（一）强化国有企业生态文明建设业绩考核

探索通过具体指标进一步激励和约束市属国有企业在生态环保领域工作的实绩表现，增强考核的科学性和可操作性。探索建立与相关业务部门的日常沟通机制，将相关内容适时纳入国有资产经营有限责任公司日常监督的管辖范畴。

（二）健全落实污染物排放许可制度

落实《排污许可管理条例》，形成以排污许可制度为核心的协调统一的环境管理制度体系。实行“一证式”管理，推动排污许可与环境执法、环境监测、总量控制、排污权交易等环境管理制度有机衔接。积极推进清洁生产审核模式创新，探索清洁生产审核制度与排污许可制度相衔接的模式。严格执行重点排污企业环境信息强制公开制度，排污单位要及时公布监测和污染排放数据、污染治理措施、重污染天气应对等信息。加强对企业排污许可证的执法检查，不断规范排污许可证监管工作，建立健全排污许可证长效管理机制。

（三）推进环境污染责任保险工作

持续开展环境污染责任保险工作，扩大投保行业，鼓励和督促高环境风险企业投保。健全各项工作机制，使环境污染责任保险制度在应对环境污染事故带来损失的事件中发挥积极有效的作用，将环境责任保险通过环境信用评价纳入绿色信贷范畴。

（四）推行生产者责任延伸制度

构建和完善“政府引导+市场配置+企业主体+社会协作”的多元推进格局，分领域推进落实生产者责任延伸制度，强化生产企业在生态设计、使用再生原料、废弃物回收利用、信息公开中的责任。

三、健全全民参与机制

（一）完善生态环境信息公开制度

围绕群众需求，完善信息公开内容。进一步深化群众关注的重点领域信息公开，明确各领域公开内容，修订完善主动公开目录，确保应公开尽公开。加大对政府重点工作、重要决策部署、重大改革措施的解读力度，及时回应社会关切的问题。积极稳妥推进政府数据开放共享，服务社会管理创新。创新政府信息公开方法。进一步整合优化政府信息公开平台，围绕公众关切问题梳理、整合各类信息，建设相关专题，使群众获取信息更加便捷。加强对“互联网+”、微博、微信等新技术、新媒体的学习和应用，推进互联网和政府信息公开工作的深度融合，运用网络客户端、微博、微信主动及时向社会群众公开热点信息。

（二）落实生态环境保护重大行政决策公众参与制度

严格执行《苏州市人民政府重大行政决策程序规定》中有关公众参与的规定，在生态环境保护重大行政决策过程中，通过政府门户网站、报纸、广播、电视等新闻媒体，向社会公开征求意见，并根据需要召开座谈会、论证会、听证会或者以其他方式听取相关各方意见。

（三）建立健全生态社会组织的培育机制

大力培育生态社会组织，建立生态社会组织资金扶持机制。构建生态社会组织评估和监管体系。建立政府与生态社会组织常态化沟通机制，发挥生态社会组织的作用。

四、健全环境监管体系

（一）完善网格化环境监管体系

制定检查标准。组织各地按照行业分类标准，结合工业污染源全面达标排放要求，整合各市区监管专业力量，分行业统一环保检查要点和标准并统一编码。明确基层网格员负责所辖网格内公共环境基础信息上报工作，实现污染源监管全面覆盖。推广企业自检自纠App，引导企业开展自查自纠。建立、完善各级指挥平台的网格化监管功能。依托信息化建设，利用信息化成果，实现网格化监管信息化管理。优化基层网格力量配置，实现污染源监管全面覆盖。依托平台运行，确保所有行为网上留痕，为健全保障、规范运行和考评考核提供依据。出台任务清单。针对各级网格长、网格员、企业环保人员制定明确的任务清单，实现“网中有格、格中有人、人负其责、精细管理”的网格化环境监管工作目标。

（二）完善污染源环境监管随机抽查制度

以“双随机、一公开”监管为基本手段，按照规定完善抽查计划、优化细化执法工作流程，妥善解决不执法、乱执法、执法扰民等问题。合理确定随机抽查比例，对属于投诉举报多、有严重违法违规记录、环境风险等级高等情况的污染源，要加大随机抽查力度，提高抽查比例。

（三）完善环境执法后督察（跟踪监督）制度

优化工作方案，完善后督察（跟踪监督）程序。各地区应进一步细化工作方案，根据江苏省生态环境厅《关于进一步规范生态环境执法工作的通知》相关要求组织开展跟踪监督。加大后督察（跟踪监督）力度。实现闭环管理，继续将后督察（跟踪监督）工作与各类专项执法检查相结合。对后督察（跟踪监督）中发现拒不执行环境行政处罚决定和行政命令的单位，严格按照有关法律规定，采取进一步的处理和强制措施，情节严重的，依法申请人民法院强制执行或提请当地人民政府予以关闭；涉嫌犯罪的，依法移交司法机关追究刑事责任。

（四）完善环保行政执法与刑事司法衔接机制

健全环境保护行政执法与刑事司法信息共享、案情通报、案件移送制度，杜绝有案不移、有案难移、以罚代刑现象，实现环境保护行政处罚和刑事处罚无缝对接。进一步健全和落实联席会议制度，互通信息和案件办理情况，进一步统一证据标准和法律适用，及时探讨、协调执法协作和案件侦办过程中的问题和困难，提出对策。建立完善行政执法、公安机关接处警快速响应和联合调查机制，强化对打击涉嫌违法犯罪案件的联勤联动；对重大疑难复杂案件，行政执法机关应商请公安、检察机关提前介入。邀请司法机关、行政执法机关和有关专家举办两法衔接联合、交叉培训，切实提高具体执法办案人员的业务素质和执法能力，提高办案移送质量。

（五）完善环境公益诉讼机制

加大对环境公益诉讼的司法救助力度，对符合法定条件的申请，依法予以缓、减、免交诉讼费用。探索在全市范围内设立环境公益诉讼专项账户，将环境赔偿金专款用于恢复环境、修复生态、维护环境公共利益。

（六）完善河（湖）长制

全面深化河（湖）长制改革，推进水环境质量全面提升，落实各级河（湖）长第一责任人制度，压紧压实各级责任，推动层层抓好落实。将河（湖）长制作为重要抓手，以水功能区水质达标为目标，以饮用水水源地保护为重点，建立并严格实施入河湖污染物浓度和总量双控考核制度。河（湖）长对水质改善负责，督促地方将水污染防治工作抓好抓实，严格执行河（湖）长制工作督查制度和考核办法，加强对相关主管部门、相关工作机构履职的考核监督。

（七）落实规划环境影响评价制度

执行规划环评制度，涉及土地、区域、流域开发建设利用的规划，需编写有关环境影响的章节或说明。涉及工业、农业、畜牧业、林业、能源、水利、交通、城市建设、旅游、自然资源开发的有关专项规划，需编写环境影响报告书。

五、健全维护环境治理市场机制

（一）规范环境治理市场秩序

深入推进“放管服”改革，打破地区、行业壁垒，平等对待各类市场主体，引导各类资本参与环境治理。规范市场秩序，加快形成公开透明、规范有序的环境治理市场环境。开发运用环保管家服务平台，规范企业环境管理第三方服务。鼓励各地推行环境综合治理托管服务，激活环境治理市场动力。

（二）大力发展环保产业

培育、扶持专业化骨干企业，支持环保产业园区建设。加强与国内外优质环境治理机构的战略合作，为重点领域提供系统解决方案和技术支撑。鼓励企业参与绿色“一带一路”建设，带动先进环保技术、装备、产能走向世界。

（三）创新环境治理模式

深入推进产业园区生态环境政策集成改革试点，实施集约建设、共享治污“绿岛”工程，构建生态安全缓冲区，促进污染物集中消纳处置，实现减污扩容、生态修复的有机融合。积极组织创建国家生态文明建设示范县（市、区）和“绿水青山就是金山银山”实践创新基地，探索“绿水青山”转化为“金山银山”的有效路径。应用“政府补贴+第三方治理+税收优惠”联动机制，推动重点行业企业治污设施更新换代。大力推行环境污染第三方治理，探索统一治理的一体化服务模式。

（四）优化价格机制

加快形成有利于绿色发展的价格政策体系。严格落实“谁污染、谁付费”的政策导向，建立和完善固体废物处置、污水垃圾处理、节水节能等重点领域的价格形成机制。深化工业企业资源集约利用综合评价改革，推进资源要素市场化配置，严格执行差别化城镇土地使用税政策，以及电力、管道天然气、污水处理等各项差别化价格政策。强化环保信用评价结果运用，依法落实差别化价格政策。

六、健全环境信用体系

（一）推进政务诚信建设

落实国家、省政务诚信建设要求，将各级政府和公职人员在生态环境保护工作中因违法违规、失信违约被司法判决、行政处罚、纪律处分、问责处理等信息纳入政务失信记录，并归集至相关信用信息共享平台，依法依规逐步公开。健全公职人员失信记录信用修复机制。将公职人员生态环境保护政务失信记录作为各类荣誉评选的重要参考。

（二）加快企事业单位信用建设

深化公开透明、自动评价、实时滚动的排污企事业单位环保信用评价体系，拓展生态环境第三方服务领域信用监管，建立信用信息互联共享机制。落实环保信任保护原则，对守信企事业单位加大联合激励力度。依据国家、省要求，推进上市公司和发债企业强制性环境治理信息披露。

七、健全政策规范体系

（一）加快地方立法和规范制定

加快推进污染防治、生态保护等方面法规规章的立法和修订进程，逐步完善市级生态环境保护领域法规规章体系。加快制定或修订污染源环境管理、治理补偿等政策，推动污染治理、高排放车辆和非道路移动机械淘汰。落实好长三角一体化示范区执法、标准、监测“三统一”制度。鼓励开展各类涉及环境治理的绿色认证制度。

（二）加大财税支持

落实生态环境领域省与市县财政事权和支出责任划分改革方案，建立稳定的生态环境治理财政资金投入机制。研究制定有利于推进产业结构、能源结构、运输结构和用地结构调整优化的相关政策。落实与污染物排放总量挂钩的财政政策。严格执行环境保护税法，加强部门协作和数据共享，落实好现行促进环境保护和污染防治的税收优惠政策，鼓励企业减少污染物排放。

（三）完善金融扶持政策

鼓励商业银行开发绿色金融产品，加大对企业节能减排、污染治理技术改造的信贷支持。研究争取在省下达的本地区政府专项债务额度内申请发行专项债券用于符合条件的环境基础设施项目建设，支持符合条件的绿色企业上市和再融资。大力发展绿色金融，实施绿色债券贴息、绿色产业企业发行上市奖励、绿色担保奖补、环境污染责任保险保费补贴等政策。

（四）健全完善跨区域生态补偿机制

以共建共享、受益者补偿和损害者赔偿为原则，探索建立资金补偿、产业合作等多元化生态补偿机制，探索建立跨区域的生态治理市场化平台和生态项目共同投入机制。

八、落实长三角区域生态环境保护协作机制

以全面融入长三角一体化发展为导向，从生态保护空间共建共守、环境污染联防联控、环境管理统筹协作、环境科研集中攻坚等方面协同发力，努力将苏州建设成为长三角生态绿色一体化发展示范引领区。

（一）加强生态保护空间共建共守

整体保护重要生态空间，强化区域生态保护红线协同监管，提升优质生态产品供给能力。加强太浦河、淀山湖、元荡湖、汾湖等跨界河湖湿地保护和修复，进一步提升区域湿地生态系统质量和功能，打造具有国际影响力的城市湿地保护示范区。协同推进生态廊道建设，以淀山湖、元荡湖、汾湖和太浦河为重点，大力推进京杭大运河生态长廊建设，结合运河生态功能以及沿岸自然与文化资源，打通运河与周边地区的生态通廊，构建全市“一带三区九脉”的生态廊道体系。

（二）强化区域环境污染联防联治

协同推进流域水环境综合治理，共同落实《长三角生态绿色一体化发展示范区重点跨界水体联保专项方案》，推进跨界河湖周边及沿岸地区工业源、生活源、农业源、移动源污染治理，到2025年，京杭运河跨界断面、太浦河水质稳定在Ⅲ类，淀山湖、元荡湖、汾湖水质持续改善。联动开展大气污染综合防治，共同实施PM2.5（细颗粒物）和O_3浓度“双控双减”，建立固定源、移动源、面源精细化排放清单管理制度，联合制定区域重点污染物控制目标。加强固体废物污染联合治理，推进区域内生活垃圾、工业固废、危险废物等减量化、资源化、无害化。积极推动环太湖有机废弃物处理利用示范区建设。

（三）创新生态环境管理协作机制

建立“共管共治”协同机制。大力推动长三角生态环境治理联动，进一步提升区域污染防治科学化、精细化、一体化水平。推进区域统一生态环境执法裁量权，联合组建生态环境综合执法队伍，定期开展联合执法巡查，共同打击环境违法行为。依托示范区“智慧大脑”系统的技术基础，加强区域间生态环境信息采集、处理、交流、利用等全过程整合，建设统一的生态环境数据信息共享平台，全面支撑区域生态环境综合决策和管理。推动建立跨行政区生态环境基础设施建设和运营管理的协调机制。落实好长三角一体化示范区执法、标准、监测“三统一”制度。

第五节　改善生态环境质量

一、着力打好碧水保卫战

（一）严格保护饮用水水源地

根据苏州市水源地安全保障规划，优化饮用水水源地和应急水源地的布局以及周边产业设置，持续推进饮用水水源地达标和应急水源地建设，规范设置水源地勘界立标及隔离防护。加强饮用水水源地问题排查整治、日常管护和应急处置，建立健全水源地长效管护机制。强化水源地监测预警与数据共享，完善水源地监测与信息发布。完善水源地视频监控系统建设，定期开展水源地水量与水质安全评估。持续开展区域供水水质监测和饮用水水源地环境风险排查整治，不断提高农村居民饮水保障能力。全市集中式饮用水水源地水质达到或优于Ⅲ类的比例达到100%。

（二）加强水污染源防控治理

1. 加大工业污染治理力度

加强入河（湖）排污口整治，在开展长江、太湖沿岸试点排查的基础上，持续开展全市范围入河（湖）排污口排查、监测、溯源、整治工作，明确排污口分类，通过系统治理、分类施策、精准整治，有效管控各类入河（湖）排污口，实现排污单位—污水管网—受纳水体全过程监管。2023年底前，全面完成入河（湖）排污口排查、监测、溯源、整治任务。

加强工业企业排水整治。推进纺织印染、医药、食品、电镀等行业整治提升及提标改造，提高工业园区（集聚区）污水处理水平，加快推进工业废水和生活污水分类收集、分质处理。加强氟化物、挥发酚、锑特征水污染物监管，探索建立重点园区有毒有害水污染物名录，加强对重金属、抗生素、持久性有机毒物和内分泌干扰物等特征水污染物监管。

2. 深入推进城乡生活污水治理

提升城乡污水处理综合能力，统筹优化污水处理设施布局，推进污水厂互联互通建设，强化污泥处置统建统管互为备用，生活污水厂尾水全面执行“苏州特别排放限值标准”。到2025年，全市新增污水处理能力不低于100万吨/日，核减转并40万吨/天。全面推进城镇雨污分流管网建设，加快现有合流制排水系统改造，全面开展整治“小散乱”排水、整治阳台和单位内部排水。到2025年，改造1 000个雨污混接点，全面完成老城（镇）区、老小区、工业企业和单位内部雨污分流改造，城镇新区必须全部规划、建设雨污分流管网，全市建设污水收集输送管网300千米以上，更新100千米。规范排水户接纳管理，做到污水应收尽收，城镇生活污水处理率稳步提高。市政管网未覆盖又无污水治理设施的村庄或治理标准较低的村庄，继续推进农村生活污水治理设施建设。到2025年，农村生活污水处理行政村覆盖率达100%，自然村覆盖率达95%。

强化污水收集处理设施运行维护管理。全面排查管网堵塞、错接、破损、渗漏等问题，及时开展修复，确保输送系统完整完好。推进日常养护进小区、进农村，督促企事业单位内部管网养护，实现管网养护全覆盖，建立健全常态化检查修复制度。建立涵盖城乡污水处理设施和污水收集处理全流程的信息化系统，进行全过程动态监控。

3. 加强农业面源污染治理

加强种植业污染控制。结合《江苏省“十四五”地表水环境监测网设置方案》，对直接影响断面水质稳定达标的沿岸农田进行种植结构调整，试点探索开展排灌系统生态化改造。调整优化种植结构，减少化肥、农药的投入。

加强畜禽养殖污染治理。规范养殖场（小区）、养殖专业户养殖行为，推进畜禽养殖场（户）粪便污水处理与利用设施建设，进一步提高畜禽粪污处理和综合利用水平。严格畜禽养殖环境准入，新建、改建、扩建畜禽养殖场、养殖小区应建设和完善与养殖规模相配套的粪污收集、贮存、处理和利用设施，并保持正常运行。强化畜禽养殖污染监管，对设有污水排放口的规模化畜禽养殖场、养殖小区，依法核发排污许可证，依法严格监管；

对种养结合、生态消纳的畜禽规模养殖场，督促指导进行去向可靠的畜禽粪污无害化处理，规范档案记录，强化日常监管。规模养殖场粪污处理设施装备配套率保持100%。

加强水产养殖污染控制。控制网围养殖规模，阳澄湖网围养殖面积控制在1.6万亩以内。调整渔业产业结构，大力发展生态渔业、增殖渔业、循环渔业等。强化水产养殖业污染管控，严格养殖投入品管理。

4. 完善港口及船舶污染物接收处置体系

加强船舶港口污染防治。严格执行国家新颁布实施的《船舶水污染物排放控制标准》（GB 3552—2018），推进现有不达标船舶升级改造，加快淘汰不符合标准要求的船舶，严禁新建不达标船舶进入运输市场。推进船舶生活污水存储设施、船舶垃圾储存容器改造，加强船舶防污染设施设备的配备和使用情况的监管和执法。加快推进船舶港口污染物接收设施建设，通过固定接收和流动接收相结合，基本具备靠港船舶送交污染物的“应收尽收”接收能力。

（三）深化重点流域水环境治理

1. 做好河湖生态清淤蓝藻打捞工作

以湖泛易发区、入湖河流口、城（镇）区河道等水域为重点，建立定期监测和清淤机制，实施生态清淤，有效去除内源污染。加大清淤捞藻、捞草力度，集中力量开展饮用水水源保护区、湖泛易发区、风景名胜区、居民集聚区和交通干道附近等重点水域的蓝藻打捞，做到“日生日清”。按照“两个确保”要求，加强太湖、阳澄湖、金鸡湖蓝藻预警监测和人工巡测；昆山市、吴江区、吴中区、相城区、高新区、工业园区认真落实太湖、阳澄湖、金鸡湖属地管理责任，完善水草打捞方案，提高蓝藻水草机械化打捞能力和科学化管理水平，推进环湖区域藻水分离和藻泥处置设施建设。

2. 加大重点湖泊水环境治理

加强太湖水污染防治工作。以“减磷控氮”为重点，全面开展控源截污和应急防控，加强望虞河等引清河流综合治理，强化蓝藻、湖泛防控，防止水草腐烂污染水体，促进湖体水质持续好转。到2025年，太湖湖体（苏州辖区）水质总体达到Ⅳ类，流域重点考核断面水质达标率达到100%。确保饮用水安全和不发生大面积湖泛。

开展阳澄湖综合治理，削减总磷浓度，坚持水岸协同治理，全力推进岸上“控排减污”，加大水生植被修复，推进“生态扩容”，改善阳澄湖水生态系统，推动水环境质量持续改善。到2025年，阳澄湖湖体水质总体达到Ⅳ类。

实施《江苏省淀山湖流域水环境综合整治规划》，淀山湖（江苏辖区）水质除总氮外所有指标达到Ⅳ类，总氮达到Ⅴ类。

3. 持续加大“一江两河”保护

持续推进长江生态大保护。全面贯彻“共抓大保护、不搞大开发”方针，把修复长江生态环境摆在压倒性位置。加快入江排污口整治，加强主要入江支流水环境提升整治。加强长江岸线保护和修复，推进长江干流两岸滨水绿地等生态缓冲带建设。强化长江沿岸企业环境风险防控，完善入江支流、上游客水监控预警机制，提升精细化管理水平。“十四五”期间，确保长江干流水质稳定为Ⅱ类，主要通江支流水质稳定达到Ⅲ类。

推进大运河生态长廊建设。加强大运河沿线城镇污水收集处理设施建设与改造，加快实施雨污分流，全面推进沿线城乡污水处理提质增效工作。严格控制大运河排污口设置，禁止增设入河排污口，逐步整治、减少现有排污口，对现有入河排污口加强溯源整治。优化运河滨水生态空间，推进滨河生态系统修复，打造“蓝绿交织、水陆并行、古今辉映”的生态绿廊。

加强太浦河水安全保障。严格实施太浦河干、支流污染控制，加强流动源风险防控和面源污染治理，提升河道两岸生态涵养功能，切实保障水质安全。加强太浦河跨区域的生态环境监测预警、应急联动，建立信息共享机制，共同防范和应对跨界环境污染。科学实施太浦河流域水资源优化调度。

二、提升大气环境质量

（一）控制和削减煤炭消费总量

整治燃煤锅炉。继续分类整治燃煤锅炉，除公用热电联产外禁止新建燃煤供热锅炉。建立全市统一编号的燃煤承压锅炉清单，逐一明确整治方案，限期实施清洁能源替代、关停或超低排放改造，逐级落实责任主体。推进热电联产和集中供热。按照苏州市区和各县（市）的热电联产规划，优化集中供热布局，有序推进热电联产项目建设，实现增量发展与存量整合有效衔接。重点发展非煤公用热电联产。

提高准入门槛。严格非电行业新建、改建、扩建耗煤项目审批、核准、备案，定期公布符合准入条件的企业名录并实施动态管理。严格落实节能审查制度，新建高耗能项目单位产品（产值）能耗、煤耗要达到国际先进水平，用能、用煤设备达到一级能效标准。严控煤炭消费增量，对所有行业各类新建、改建、扩建、技术改造耗煤项目，一律实施煤炭减量替代或等量替代。对耗煤企业开展能效评估和节能专项监察。

深化节煤改造。把节煤、减煤作为节能工作的重要内容，组织推动钢铁、建材、石化、化工、纺织等重点用煤行业及其他重点用煤单位持续开展以减煤为重点的节能工作和以电代煤、以气代煤工作。大力推行合同能源管理。组织实施燃煤锅炉节能环保综合提升工程和焦化、煤化工、工业窑炉煤炭清洁高效利用改造工程。加快推进煤电节能改造，提升煤炭高效利用水平。发展清洁能源。完善天然气管网，扩大天然气利用，鼓励发展天然气分布式能源。大力开发风能、太阳能、生物质能、地热能。按照国家和省规划布局，在安全可靠的前提下积极稳妥地利用区外来电。支持电能替代发展，推进电能替代项目建设。

加强散煤治理。禁燃区内禁止使用散煤等高污染燃料，已经存在的加快淘汰替代，逐步实现无煤化。大力推广非煤清洁能源替代民用散煤，通过政策补偿和实施差别电价等政策，逐步推行天然气、电力及可再生能源等清洁能源替代散煤。到2025年，全面完成国家和省关于“十四五”期间控制煤炭消费增量的任务。

（二）加强工业废气污染治理

实施重点行业大气污染深度治理。严格执行重点行业主要大气污染物排放标准，对生产过程中排放烟粉尘、二氧化硫、氮氧化物等污染物的装置实行深度治理和提标改造。重点实施工业炉窑达标治理，推进工业炉窑全面达标排放，实现工业行业二氧化硫、氮氧化物、颗粒物等污染物排放进一步下降，使钢铁、建材等重点行业二氧化碳排放总量得到有效控制。

整治挥发性有机物。深化园区和产业集聚区VOCs整治，针对存在突出问题的工业园区、企业集群、重点管控企业制订整改方案，做到措施精准、时限明确、责任到人，适时推进整治成效后评估，到2025年，实现市级及以上工业园区整治提升全覆盖。推进工业园区和企业集群建设VOCs“绿岛”项目，统筹规划建设一批集中涂装中心、活性炭集中处理中心、溶剂回收中心等，实现VOCs集中高效处理。强化无组织排放管理。全面执行《挥发性有机物无组织排放控制标准》（GB37822—2019），对企业含VOCs物料储存、转移和输送、设备与管线组件泄漏、敞开液面逸散以及工艺过程等五类排放源加强管理，有效削减VOCs无组织排放。大力推行低挥发性物料使用，推广使用水性涂料，水性胶黏剂，低挥发性、环保型溶剂。严格落实国家产品VOCs含量限值管控要求，从源头控制VOCs的产生和排放。

（三）深化交通污染防治

1. 加强机动车尾气污染防治

推进城市交通低碳发展。落实公交优先战略，建设方便快捷的城市公共交通系统。加大新能源和清洁能源车辆推广应用力度，调整优化新能源汽车补贴政策，加快推进电动汽车充电设施建设，培育氢能源车辆租赁示范运营企业，建设加氢站，扶持天然气汽车加气企业开拓市场，加快推进党政机关、公共机构和企事业单位使用新能源汽车。严格车辆准入管理，全面实施机动车国六排放标准，制定国三及以下柴油车淘汰资金补助政策。

加强机动车排气污染监管和治理。推进实施汽车检测与维护（I/M）制度，加强对汽车尾气排放治理维护站（M站）、机动车排放检验机构（I站）实施I/M制度情况的监督检查，严厉打击不按标准规范检测、维护车辆的情况。加强机动车环境监管能力建设，在城市出入口、主要干道合适点位增设定点机动车尾气遥感检测设备。

2. 开展港口和船舶大气污染控制

加大船舶更新升级改造，投入使用的新建船舶执行新生产船舶发动机第一阶段排放标准，禁止不达标船舶进入运输市场。适时调整扩大船舶排放控制区，积极推广应用液化天然气（LNG）、纯电动清洁能源动力船舶及高能效示范船舶，加快推进长江干线加气、充（换）电设施的规划和建设。全市主要港口每年新增集卡车中，新能源车和清洁能源车的比例不低于50%，全面禁止老旧机动车进港作业。推进原油、成品油、码头油气回收工作。

3. 加强非道路移动机械污染控制

加强非道路移动机械排放控制区管控，扩大调整禁用区范围，加强对进入禁止使用高排放非道路移动机械区域内作业的工程机械的监督检查。提高秋冬季每月抽查频率，加大超标工程机械的执法查处力度。全面落实非道路移动机械登记制度，加强对重点监控的非道路移动机械实施监督检查。鼓励混合动力、纯电动、燃料电池等新能源技术在非道路移动机械上的应用，优先实现中小非道路移动机械动力装置的新能源化，逐步削减尾气排放。

（四）加大面源污染治理力度

1. 严格控制施工与道路扬尘

严格控制施工扬尘。严格落实“四不开工”和工地周边全封闭围挡、裸土与物料堆放覆盖、土方开挖等湿法作业、路面与场地硬化、出入车辆有效清洗、远程视频在线监控、工地扬尘在线监测、工地喷淋洒水抑尘等防治要求。

严格控制道路扬尘。严格落实渣土运输车密闭运输的管理要求，严防渣土抛洒滴漏。继续推行高效清洁的城市道路清扫作业方式，提高机械化作业率，建立人机结合清扫保洁机制，到 2025 年，建成区道路机扫面积达到应扫尽扫。

2. 强化餐饮油烟污染防治

开展油烟污染专项治理，城市主次干道两侧、居民居住区禁止露天烧烤，居民住宅、医院或者学校附近及重复投诉的大中型餐饮经营单位必须安装油烟净化设施及油烟在线监控设施。

3. 继续开展汽车维修业污染治理

汽车维修行业使用涂料必须符合国家及省挥发性有机物含量限值标准。喷涂、流平、烘干作业必须在密闭车间内进行，产生的有机废气应当收集后处理排放。全面取缔露天和敞开式汽修喷涂作业。加大汽车维修行业督察力度，推进问题整改。

4. 持续抓好秸秆禁烧工作

加强秸秆禁烧宣传，层层落实秸秆禁烧目标责任制，充分发挥网格化监管体系作用，强化督查巡查，进一步建立禁烧工作的长效机制。

三、保持土壤环境稳定

（一）全面加强农用地分类防控

严防新增耕地土壤污染。依据土壤污染防治法开展永久基本农田集中区域划定试点，在永久基本农田集中区域，不得规划新建可能造成土壤污染的建设项目。加大优先保护类耕地保护力度，防范与管控农业生产活动对耕地造成的污染，确保其面积不减少、土壤环境质量不下降。加强受污染耕地安全利用。积极推进农用地土壤污染状况详查成果集成和应用，落实科学、安全、有效措施，持续推进受污染耕地安全利用。

（二）强化建设用地风险管控和治理修复

强化重点监管企业风险防控。加强重点行业土壤污染情况排查，动态更新、完善土壤污染重点监管单位名录。推进重点监管单位建立、完善土壤污染防治工作台账，将严格控制有毒有害物质排放、建立土壤污染隐患排查制度、制订并实施土壤和地下水环境自行监测方案等义务在排污许可证中载明。加强重点监管企业日常监管力度，督促企业定期开展土壤和地下水环境监测。截至 2025 年底，土壤污染重点监管单位排污许可证应当全部载明土壤污染防治义务，至少完成 1 次土壤和地下水污染隐患排查。

加强遗留地块调查和风险管控。排查从事过有色金属冶炼、化工、电镀、农药、钢铁等重点行业及危险废物利用处置活动等关闭搬迁遗留地块土壤污染状况，特别加强对“四个一批”化工行业整治以及取消化工定位的园区内关停搬迁企业遗留地块的排查，建立污染地块名录及开发利用负面清单，形成全市污染地块“一张图”。加强暂不开发利用地块风险管控，列入建设用地土壤污染风险管控和修复名录的地块，在移出名录前，不得作为住宅、公共管理与公共服务用地。有序推进污染地块治理与修复。建立土壤污染责任追溯制度，按照“谁污染、谁治理”的原则，明确治理与修复责任主体。以用途变更为住宅、公共管理与公共服务用地的污染地块为重点，严格落实风险管控和修复。以重点地区危险化学品生产企业搬迁改造、沿江化工污染整治等遗留地块为重点，加强腾退土地污染风险管控和治理修复。研究设立市级土壤污染防治基金，重点用于土壤污染责任人或者土地使用权人无法认定的土壤污染风险管控和修复、其他污染防治事项。

（三）加强未利用地土壤环境保护

严格执行有色金属冶炼、化工等行业企业布局选址要求，加强饮用水水源地和自然保护区等重点区域土壤环境保护。按照有序原则开发利用未利用地，制定针对不同用途的未利用地土壤的环境管理措施并监督落实，防止造成土壤污染。拟开发为农用地和居住用地的，要组织开展土壤环境质量状况调查和评估，不符合相应标准的，不得种植食用农产品。拟开发为建设用地并可能造成土壤污染的，应当编制未利用地土壤环境保护方案并落实相关要求。

（四）加强地下水污染防治

编制实施《苏州市地下水污染防治分区规划》，按照国家地下水污染防治规划、《江苏省水污染防治工作方案》《江苏省土壤污染防治工作方案》等相关要求，明确地下水污染分区防治措施，实施地下水污染源分类监管。开展化学品生产企业、危险废物处置场、垃圾填埋场、工业集聚区等地区地下水环境状况调查评估，识别地下水环境风险与管控重点，分类实施地下水污染风险管控和修复。探索土-水协同修复治理模式，开展重点污染区域地下水污染防控、防渗改造以及地表水与地下水紧密联系区地下水污染防控等试点示范工程。到 2025 年，完成省下达的地下水防治任务，确保地下水环境质量不下降。

四、加强固体废物污染防治

（一）加强危险废物安全处置

提升危险废物处置监管水平。加强危险废物利用处置单位规范化管理，依法查处超范围超规模经营、非法处置危险废物、超标排放的经营单位，推动形成一批标准高、规模大、水准一流的危险废物利用处置设施示范项目，到 2025 年，全市危险废物焚烧填埋处置能力达到 40 万吨/年。提升废盐、废有机溶剂、重金属污泥等突出类别危险废物处置能力，研究推进生活垃圾焚烧飞灰、危险废物焚烧灰渣等次生废物的非填埋处置路径。建立危险废物重点监管单位清单，依法将工业固体废物纳入排污许可管理。全面实施危险废物全生命周期监管，完善小微产废企业集中收运体系。持续推进“清废”专项执法行动，严厉打击非法倾倒工业固体废物污染环境犯罪行为，对工业固体废物违法行为实行“零容忍”。

（二）提高一般工业固体废物处置利用水平

鼓励企业采用清洁生产技术，促进各类废弃物在企业内部的循环使用和综合利用，从源头削减固体废物的产生。提高一般工业固废处置能力，实现一般工业固废处置能力与产生量相匹配。

（三）强化污水处理厂污泥处置

遵循“区域统筹、合理布局”原则，加快建设区域性城镇污水处理厂污泥综合利用或永久性处理处置设施。各县级市实现永久性污泥处理处置设施全覆盖，无害化处理处置率达到 100%。严格执行污泥转运“联单制”，污泥运输车船安装全球定位系统（GPS），强化污泥处理处置全过程监管。

五、加快生态保护与修复

（一）加大湿地生态保护与恢复力度

完善湿地保护体系。提升湿地公园建管水平。完善湿地公园建设成效的考核与评价体系，实施湿地公园考核退出机制，使评估达标的湿地公园总数维持在 20 个左右。推进湿地公园科普宣教基地建设，加强志愿者队伍培训，加大自然教育活动推广力度，打响苏州湿地自然学校品牌。到2025年，全市自然湿地保护率达到70%。规范湿地保护小区管理。建立湿地保护小区保护成效的评价体系，进一步提升湿地保护小区建设管理能力。在全市湿地保护小区中，挑选保护效果好、示范作用大的建成示范湿地保护小区，为区域提供湿地保护和环境教育的样本。到2025年，全市湿地保护小区总数达到90个以上。

加强湿地资源监督。依据《江苏省湿地保护条例》《苏州市湿地保护条例》等法律法规，开展省级重要湿地、市级重要湿地和一般湿地认定工作，实行湿地名录管理。严格湿地用途管控，依法加强湿地占用、征收管理工作，确保湿地面积不减少。

构建科研监测体系。提升科研监测能力，发挥江苏太湖湿地生态系统国家定位观测研究站优势，以湿地公园、湿地保护小区为载体，逐步布局湿地智能监测网络，提升响应能力、预警能力、管理能力。建立湿地生物指标监测评价体系，每年发布《苏州市湿地保护年报》，为考核各地落实湿地保护责任提供科学依据。

（二）推进绿美苏州建设

坚持绿化与彩色化、珍贵化、效益化相结合的要求，深挖造林潜力，以两湖一江（太湖、阳澄湖以及长江）生态修复、彩色珍贵生态片林、沿水沿路绿色廊道、生态宜居绿美乡村、美丽田园农田林网、森林质量精准提升、特色高效林果基地等林业生态建设、修复重点工程为抓手，着力推进市级造林绿化项目，确保全市林木覆盖率保持稳定。

提升森林生态系统质量。加大生态公益林保护力度，重点加强丘陵区次生林、绿色通道等中幼龄林抚育。加强道路、河道、沟渠、圩堤、村镇等造林绿化，补齐缺网断带。实施低效林改造，全面提升森林资源质量。

严格林地、林木管理。坚持以“严格保护，积极发展，科学经营，持续利用”为导向，严格落实林地、林木各项管理制度，认真执行建设项目使用林地定额和采伐林木限额管理，编制县域森林经营规划，科学开展森林分类经营，大力实施森林质量提升工程，实现森林资源量质并举。

（三）加强生物多样性保护

开展生物多样性调查与监测。系统开展全市生物多样性调查，查明生物资源的现状，尤其是珍稀濒危物种、保护物种、特有性或指示性水生物种、外来入侵物种的种类、分布、数量等现状，建立相关物种的名录和编目数据库。依托现有生物多样性的监测力量，构建更全面、更完整的生物多样性监测网络体系，开展系统性监测。

加强珍稀濒危物种和重要栖息地保护。加强全市范围内留存的原生常绿阔叶林和珍贵树种的保护，特别要加强光福自然保护区的管理，保护好以木荷、紫楠为主的常绿阔叶林。加强林木种质资源和古树名木保护，依托全市自然保护区、森林公园、国有林场落实乡土树种种质资源原地保护工作。加强野生动植物执法保护工作，严禁捕捞中华鲟、白鲟、白鱀豚等珍稀濒危物种，禁止捕捉、宰杀、采摘、食用各类受保护的野生动植物。加强重要湿地保护与恢复，防止湿地旅游开发、湿地恢复工程中建设过多人工建筑、盲目修建硬质驳岸造成栖息地破坏。

促进生物资源可持续利用与保护性开发。实施长江流域重点水域禁捕制度，科学开发和保护太湖、阳澄湖等渔业资源，科学规范实施增殖放流。完善已建畜禽、水产、粮油果蔬保种场和保护区的保种设施，提升资源保护能力。加大对优质种质资源的产业化开发力度，畜牧品种重点开发苏太猪、湖羊、太湖鹅及张家港鹿苑鸡、昆山麻鸭，水产品种重点开发“湖三白”（白鱼、银鱼、白虾）、中华绒螯蟹、青虾，粮棉油品种重点开发“苏香粳”系列、“常农粳”系列、苏御糯及苏油1号，瓜果蔬菜品种重点开发香青菜、苏州青小白菜、莼菜、太仓白蒜、香紫芋和“水八仙”蔬菜等，在开发中实行普遍的保护。

防控外来有害物种入侵。加强对现有加拿大一枝黄花、水葫芦、水花生、桔小实蝇、福寿螺等外来有害物种的防控。加强出入境检验检疫工作，从源头上将外来有害入侵物种拒之门外。继续跟踪潜在有害外来生物，完善应急预案，将有害外来入侵物种消除在萌芽状态。

（四）高标准建设“太湖生态岛”

加快推进国家级太湖生态岛规划编制实施，落实好《苏州市太湖生态岛条例》。对标上海崇明世界级生态岛，紧扣生态保育、绿色发展和生态治理，高起点、高标准规划建设太湖生态岛。结合太湖流域生态环境综合治理与生态修复工程建设，重点开展入湖河道生态基流维持、重点岸带湿地生态修复计划，构建全岛水系格局和水生态廊道；积极推进本土物种（萤火虫）回归、百年前水生植物群落恢复、原生动植物种子库建设计划等项目。

六、加强环境风险防控

（一）提升企业环境风险防控管理能力

组织开展突发环境事件风险评估。对生产、使用、存储或释放涉及突发环境事件风险物质的企业，开展突发环境事件风险评估，完善重点环境风险企业数据库。以“风险隐患整治、应急能力提升”为核心，对较大及以上等级重点环境风险企业，从企业环境应急管理机构、突发环境事件风险等级识别、突发环境事件隐患、监测预警机制建设、环境应急防控措施、环境应急预案备案、环境应急演练、环境应急保障体系建设等方面继续开展查改工作。

（二）严格安全生产监管

推进危险化学品安全标准化达标创建。开展安全标准化达标企业运行质量审计，建立降级和退出机制，提高化工企业安全管理水平。全市涉及危险化工工艺的企业全部达到安全生产二级标准。鼓励有条件的企业积极创建一级标准。

开展安全隐患排查整顿。落实化工企业班组隐患排查制度。推行第三方检查和政府购买服务等排查方式。对有严重隐患的企业坚决予以停产整顿，对不符合安全生产条件的化工企业坚决予以关停并转，提高化工企业本质安全水平。按照“四个一批”专项行动要求，加快推进化工产业布局调整。

提高化工生产安全事故应急处置救援能力。督促企业加大从业人员，特别是一线操作人员的培训力度，加大应急救援装备投入，提高应急处置能力。化工集中区应提高专门消防救援能力和装备水平。

（三）清理整治长江沿岸危化品码头和储罐

清理长江沿岸危化品码头和储罐。建立地方政府主导、多部门协作的联合推进机制，深入开展长江沿岸危化品码头和储罐违法违规清理专项行动，全面排查、清理未按长江岸线利用、港口规划、投资管理、土地供应、环评、能评、安评等法律法规履行相关手续或手续不符合规定的违法违规项目，坚决按有关规定整治到位，关停、重组、转移和升级一批长江沿岸危化品码头和仓储企业。

加强沿江危化品码头运行管理。加强沿江危化品码头、仓储等安全生产监管，督促码头、仓储等企业落实安全生产管理要求，避免因安全生产事故引发环境污染。

严禁新增危化品码头。各地、各部门不得以任何名义、任何方式审批、核准、备案新增危化品码头项目，各相关部门和机构不得办理新增危化品码头项目的岸线利用、土地供应、环评、能评、安评、取水、用电、住建许可审批手续，不得将危化品码头项目列入各类发展规划、新增授信支持等。

（四）强化水上运输安全监管

加强水路运输企业源头管控。开展水路运输经营者、船舶管理业务经营者资质专项治理。强化航运公司安全主体责任，督促液货危险品航运企业按规定建立船舶安全与污染防治管理体系，降低运输过程中的安全风险。

加快船舶标准化改造。推进危化品运输船舶定位识别设备安装使用，强制新建营运船舶配备船舶自动识别系统（AIS）、水上交通安全监测预警系统（VITS 系统），对已配备 AIS 的危化品船舶进行升级改造，严格查处不按照规定安装或使用船舶定位识别设备的违法行为。加快双底双壳危险品运输船舶的推广应用，全面禁止以船体外板为液货舱周界的化学品船、600 载重吨以上的油船进入本市辖区内涉及“两横一纵两网十八线”的水域。

严格监管危化品水上运输。严格危化品船舶检查和运输市场准入，加强船舶载运危化品进出港申报审批管理。加强信息化水平建设，每年根据需要在全市干线航道两岸扩建和加密视频监控点，到 2025 年实现对京杭运河干线航道全覆盖。统筹航道、船闸、港口等部门的信息化监控系统，加强对载运危化品船舶的停泊静态监控和航行动态监管。加强船舶载运危化品作业现场检查，严厉打击危化品水上运输违法行为。

建立健全船舶污染事故应急体系。危险品运输船舶须制定船载危化品事故应急预案，定期开展应急演练。各地政府应制定实施防治船舶污染水域能力规划，建设船舶污染事故和船载危化品事故专业应急队伍，完善船舶防污染应急器材储备库，并保障经费。

（五）加强应急备用水源建设和管理

加快应急备用水源建设。开展新增太仓市长江白茆口水源地 1 个饮用水水源地，以及张家港市长江江滩应急水源地、太仓市长江白茆口水源地应急水库 2 个应急备用水源地的研究。相关地区编制应急水源地达标建设方案，完成保护区划分。到 2025 年，全市各地实现“双源供水”全覆盖。

加强应急体系建设。各地供水主管部门和供水企业要分别编制完成应急水源即时启用或多水源切换的应急预案，定期开展应急演练。供水企业应根据供水需求，保障应急物资及装备的连续供应。各地各有关部门要加强突发污染事件的信息共享，建成完善的突发污染事件各部门信息共享机制。

（六）加强核与辐射管控

推进核安全工作协调机制运行，不断完善工作机制，协调成员单位开展联合检查。深入开展核与辐射安全风险隐患排查治理三年行动，组织多部门开展核与辐射安全综合检查专项行动。加强伴生放射性矿开发利用企业辐射环境管理。督促企业及时做好辐射环境监测和信息公开，以及完成废渣分类监测工作，全面推进废渣放射性豁免备案，指导企业建立稀土冶炼酸溶渣台账的动态管理制度。开展辐射安全标准化评估工作。落实辐射工作单位主体责任，组织重点核技术利用单位开展标准化创建工作并组织评估，实行分级分类监管。动态掌握废源产生和暂存情况，确保废旧放射源及时回收送贮，做好废源送贮前的辐射安全管理。

提升市级辐射事故应急监测及处置能力，强化辐射应急队伍建设，完善应急装备配置。依据辐射事故应急预案，组织开展实战化辐射事故应急演练。

第六节　优化空间格局

一、构建生态安全格局

（一）构筑以“三核四轴四片”为主体的生态空间保护格局

统筹山水林田湖草系统治理，构建以“三核四轴四片”为主体，“多廊多源地”为支撑的多维尺度的市域生态空间保护格局，形成以山林生态屏障、江河湿地团块、水生态廊道与农田生态基质组成的生态安全空间体系，有效提升生态系统空间的完整性与连通性，维护与提升区域生物多样性、水源涵养和洪水调蓄等生态功能，防止城镇和工业化的无序扩张。其中，“三核”为太湖、阳澄湖、长江生态核；“四轴”为京杭运河、望虞河、太浦河、吴淞江生态轴；“四片”为环太湖、环阳澄湖、长江田园和水乡湿地生态片区；“多廊”为娄江、浏河、元和塘、常浒河、盐铁塘、张家港河等区域性生态廊道；“多源地”为自然保护地、重要湿地、生态公益林、山体等生态源地。

（二）加强生态空间保护区域管理

开展生态空间保护区域勘界定标。确立生态空间保护区域的边界范围，并设立明显的标牌、界碑等边界标志，在特别易受到破坏和侵占的区域设立围网、隔离带等。

实行严格管控。严守生态空间保护区域，确保面积不减少、性质不改变、管控类别不降低。生态空间保护区域实行分级分类管理，国家级生态保护红线原则上按禁止开发区域的要求进行管理，严禁不符合主体功能定位的各类开发活动，严禁任意改变用途；生态空间管控区域以生态保护为重点，原则上不得开展有损主导生态功能的开发建设活动，不得随意占用和调整。

加强生态修复治理。针对生态空间保护区域内退化生态系统，制订生态修复治理计划，统筹山水林田湖草一体化保护和修复，提出、实施生态修复治理工程。

建立监测网络和管理信息平台。建立遥感监测和地面监测相结合的生态空间管控区域监测体系，及时掌握生态空间保护区域的生态环境变化情况。依托省生态空间保护区域管理信息平台，为生态空间保护区域管理提供技术支持。

强化执法监督。建立常态化执法机制，定期开展执法督查，不断提高执法规范化水平，及时发现和依法处罚破坏生态保护红线和生态空间管控区域的违法行为。

建立评价和考核机制。建立生态空间保护区域管理的评价和考核体系，定期对各县（市）、区进行评价和考核。

（三）完善自然保护地体系

按照国家与省统一部署，全面推进自然保护地整合优化工作，并与生态保护红线相衔接。建立健全基本政策法规、建设管理、监督考评等制度体系，提升自然空间生态承载力。

（四）保护和合理利用河湖岸线

推进河湖岸线保护与利用规划编制工作，按照水利部《河湖岸线保护与利用规划编制指南（试行）》（办河湖函〔2019〕394号）的要求，对主要河湖合理划分岸线保护区、岸线保留区、岸线控制利用区及岸线开发利用区。在制定规划的基础上，按照规划的岸线功能分区和各岸线功能分区的保护要求或开发利用制约条件、禁止或限制进入项目类型等管控要求，加强岸线资源管控。对现状不符合岸线功能区管理要求的岸线利用项目，有计划、有步骤地进行调整或清退。

（五）严格保护基本农田

坚持数量与质量并重，确保完成上级下达耕地和基本农田保护任务。严格耕地占补平衡制度，确保“占一补一”，质量稳定。通过土地流转、高标准农田建设，合并相邻田块，增加耕地面积。加强日常监管，严肃查处破坏基本农田行为。

二、优化开发保护总体格局

发挥国土空间规划的用途指引和刚性管控作用，形成“一核一带双轴，一湖两带一区”的国土空间开发保护总体格局。

（一）形成“一核一带双轴”的开发总体格局

以历史城区为核，在苏州工业园区发展城市新中心，积极培育苏州高新区、相城区、吴中区、吴江区等区域性新中心，以沿江绿色发展带、沪宁创新发展轴和通苏嘉创新发展轴为依托，构建多中心、组团式、网络化的城镇空间，形成“一核一带双轴”的开发总体格局。

（二）严守城镇开发边界

划定城镇开发边界，引导城镇合理有序布局，禁止在城镇空间以外地区开展大规模城镇建设和工业化活动，积极盘活利用存量建设用地，鼓励空间功能混合和土地复合利用，积极开发利用地下空间，提高单位国土面积的投资强度和产出效率。

（三）形成“一湖两带一区”的保护总体格局

做足做好水文章，以太湖、长江、江南运河、南部水乡湖荡区为主体，连通湖泊、河流、湿地、山体、森林、农田等生态廊道和斑块，构建水网纵横、蓝绿交织的江南水乡生态和农业基底，形成“一湖两带一区”的保护总体格局。

三、编制实施“多规合一”的国土空间规划

（一）推进国土空间规划编制

坚持生态优先、绿色发展，开展国土空间规划编制工作。在资源环境承载能力和国土空间开发适宜性评价的基础上，科学有序统筹布局生态、农业、城镇等功能空间，划定生态保护红线、永久基本农田、城镇开发边界等空间管控边界，强化底线约束，为可持续发展预留空间，初步形成全市国土空间开发保护“一张图”。

（二）建立国土空间规划实施监管体系

健全用途管制制度。以国土空间规划为依据，对所有国土空间分区分类实施用途管制。依托国土空间基础信息平台，建立健全国土空间规划动态监测评估预警和实施监管机制。对国土空间规划中各类管控边界、约束性指标等管控要求的落实情况进行监督检查，将国土空间规划执行情况纳入自然资源执法督察内容。健全资源环境承载能力监测预警长效机制，建立国土空间规划定期评估制度，结合国民经济社会发展实际和规划定期评估结果，对国土空间规划进行动态调整完善。

推进“放管服”改革。以“多规合一”为基础，统筹规划、建设、管理三大环节，推动“多审合一”“多证合一”。优化现行建设项目用地预审、规划选址以及建设用地规划许可、建设工程规划许可等审批流程，提高审批效能和监管服务水平。

第七节 发展绿色生态经济

一、推动产业结构优化和转型升级

（一）促进工业结构优化和转型升级

1. 推动新兴产业发展

瞄准产业引领带动作用强、知识技术密集、物质资源消耗少、成长潜力大、综合效益好的目标，大力发展新兴产业，将新一代电子信息、高端装备制造、新材料、软件和集成电路、新能源与节能环保、医疗器械和生物医药等产业培育成为推动苏州新一轮发展优势主导产业，打造具有国际竞争力的先进制造业基地。到 2025 年，高新技术产业产值占规模以上工业总产值比重达 55%以上。

2. 加快传统产业改造升级

组织实施新一轮传统优势产业提升计划，促进产业更新。积极鼓励企业运用高新技术改造传统产业，积极运用市场机制、经济手段和法治化办法持续化解过剩产能、淘汰落后技术装备，促进传统产业智能化、绿色化、品牌化发展，提高产业发展层次和水平。

3. 强化关闭不达标企业及淘汰低端低效产能工作

继续推进淘汰落后产能工作，加快低端低效企业及产能退出。探索制订范围更宽、标准更高的落后产能淘汰计划，提标淘汰一批相对落后产能，规范整治印染、电镀、造纸等重点行业。

4. 推进化工行业优化、提升整治、工作

着力去库存、控增量、优总量，切实减少落后化工产能，加强化工生产企业底单化管理。加强化工园区、化工集中区规范化管理，禁止新建化工园区、化工集中区。推动化工企业入园进区。重点监测点化工企业在不新增供地和污染物排放总量的情况下可以实施产业政策鼓励类、允许类的技术改造项目；其余化工园区、化工集中区外化工生产企业一律不得新建、改建、扩建项目（安全、环保、节能、信息化智能化、产品品质提升技术改造项目除外）。到 2022 年底，计划关闭退出不少于 20 家未完成化工产业安全环保整治提升的企业，全市化工生产企业入园率超过 50%。

强化危化品生产、经营和储运企业监管。贯彻落实《江苏省危险化学品安全综合治理方案》，全面摸排危险化学品安全风险，重点排查重大危险源。企业要建立危化品储存品种、数量动态管理清单，对违法违规和不符合安全生产条件的危化品生产、经营和储运企业一律予以关停。

5. 深化“散乱污”企业（作坊）长效管理

全面深化“散乱污”企业（作坊）长效管理，各地对“散乱污”企业（作坊）再进行排摸，按照“分级负责、无缝对接、全面覆盖”的原则，持续开展排查整治。各市、区开展镇、村两级工业集中区优化提升行动，优化镇、村工业集中区布局，提升产业层次，淘汰规划水平低、产业层次低的工业集中区，全面推进工业企业入园入区。

6. 严格项目节能环保准入

严格实施新建项目环评、能评制度，严格高耗能、高排放行业准入门槛，严格控制钢铁、电力等行业新增产能。实行能源和水资源消耗、建设用地等总量和强度双控行动，落实钢铁、水泥等高耗能高排放行业新增产能等量或减量替代能耗和污染物总量约束性条件，实施区域污染物新增量指标与实际减排力度挂钩联动。

（二）推动现代农业高效绿色发展

构建现代种植业产业体系。优化调整优质粮食生产布局，建成一批旱涝保收、全程机械化的优质粮油生产基地。进一步加快市属蔬菜基地建设力度，保护和开发具有苏州地域特色的水生蔬菜资源，加快优化茶叶、林果、花卉苗木、蚕桑产业结构，提高产品质量和品牌。构建规范高效的产业体系。

构建现代渔业产业体系。大力推进高标准池塘改造，加强生态健康养殖示范建设，全面推进养殖尾水达标排放或循环利用，促进渔业高质量绿色发展。“十四五”期间，全市实现高标准养殖池塘全覆盖。全面推进水产生态健康养殖，加快形成渔业生产、加工和休闲服务业“三业”融合协调发展新格局。

构建生态畜牧产业体系。进一步优化畜禽养殖布局，严格执行禁养区、限养区和适养区管理制度。积极引导和推广农牧结合、种养结合、发酵床养殖等生态健康养殖模式，减少区域农业面源污染负荷。加强畜禽良种工程和生态畜牧业示范基地建设，提高畜禽业综合生产能力，强化动物防疫队伍建设，完善废弃物综合利用设施，提高设施装备水平。构建产业融合发展体系，结合美丽乡村建设，推动农旅融合发展。

推进高标准农田建设。对较分散的田块，通过土地整理等措施化零为整，积极筹措地方财政资金开展高标准农田建设。加强现代农业园区建设。充分发挥园区资源、科技、人才等的聚集作用，加快形成一批基础设施配套、功能完善、要素齐全、科技聚集、合作开放的现代农业园区。到 2025 年，农业园区面积占到全市耕地面积的 65%以上。

加强政策引导，完善激励机制，大力培育和发展农业园区、合作农场、家庭农场、专业合作社、农业企业等新型农业经营主体，加大新型职业农民培育力度，提高农业生产经营的规模化、专业化和现代化水平。

（三）发展现代绿色服务业

1. 促进服务业结构升级

加快推动全市服务业优势领域进一步巩固提升，全面释放服务业领域改革创新能量，在全国的地位和辐射能力明显提高。到 2025 年，全市生产性服务业增加值占服务业增加值比重达到 58%左右，文化产业增加值占比实现倍增，服务业高端化发展特征更加突出。全面提高科技创新水平，突出企业创新主体地位，大力提升服务业创新能力。国际竞争力持续提升，培育、发展一批具有国际竞争力的总部企业和知名品牌，抢占全球产业分工合作的核心环节，到 2025 年，全市服务业国际化发展水平明显增强。

2. 推动服务业生态化发展

大力发展节能环保服务业。鼓励并积极培育第三方组织或机构开展节能环保方面的设计、建设、改造和运行管理等服务。大力推行合同能源管理，搭建合同能源管理企业和高能耗企业的对接平台，提供“一站式”合同能源管理服务。加大节能技改力度，推动实施重大节能工程，实现年总节能量超百万吨标准煤。开展节能诊断服务，发展壮大节能环保产业，“十四五”期间每年实施重点节能项目预计可以达到100项，力争2025年节能环保产业总营收达2 000亿元。推动物流业生态化。重点发展港口物流，加强苏州港配套设施建设，建设苏州绿色农产品长三角配送基地等，加强物流信息对接，打造绿色、便捷高效、的商贸物流共同配送体系。推进多式联运，加快形成“江海河联运、水铁联运、水陆联运”的新物流模式。促进旅游业生态化，拓展旅游空间，重点建设环城游憩带，推进旅游区交通绿色化，实行重点区域交通限行政策。

二、提升资源能源节约利用水平

（一）加强节能管理和技术改造

强化源头控制。严格实施固定资产投资项目节能评估审查制度，新建高耗能项目单位产品（产值）能耗力争达到国际先进水平，用能设备达到一级能效标准。实施节能技术改造。突出冶金、化工、建材、纺织、电力、造纸等主要耗能行业和重点耗能企业，以电机系统、锅炉窑炉节能改造、余热余压利用、能量系统优化为重点，大力推进节能改造。以钢铁、建材、化工等流程工业为重点，推进企业能源管理中心建设，对企业能源系统的生产、输配和消费环节实施集中扁平化动态监控和数字化管理，改进和优化能源平衡，实现系统节能。促进企业清洁生产，所有新、扩、改建项目必须充分体现清洁生产内容，采用清洁工艺，对相关重点企业每五年实施一轮强制性清洁生产审核。

（二）大力推进节水管理

推行以水定产、以水定城，实行水资源消耗总量和强度双控行动。严格取水许可管理，建立用水单位重点监控名录，推进合同节水管理，构建合同节水管理工作体系，引进和培育一批节水服务企业。继续开展“水效领跑者”引领行动，进一步加快企业、单位节水技术进步和创新。大力实施城镇生活节水工程，推广农业节水技术，加快实施高耗水行业生产工艺节水改造，高质量建设一批节水型企业、单位、小区等。“十四五”时期，全市节水型载体覆盖率达到40%。结合高标准农田提升改造，进一步推广低压管道供水，到2025年，全市农业灌溉水利用系数达到0.65以上。

（三）强化土地集约节约利用

积极盘活存量建设用地，提高建设用地利用效率。加快开展淘汰过剩落后产能和企业用地回购工作，加速“退二优二”“退二进三”进程。全面开展工业用地调查，进一步制定政策，引导、鼓励和促进城镇低效建设用地再开发。强化城市建设用地开发强度、土地投资强度、人均用地指标整体控制，提高区域平均容积率，促进城市紧凑发展，提高城市土地综合承载能力。加强开发区用地功能改造，合理调整用地结构和布局，推动单一生产功能向城市综合功能转型，提高土地利用经济、社会、生态综合效益。严格执行各行各业建设项目用地标准。健全促进土地高效利用的工业企业综合评价机制和配套政策，进一步强化资源要素差别化配置，更大力度推动产业高质量发展和土地高效利用。

（四）推进农业投入品减量控害

夯实全市测土配方施肥基础性工作，开展测土化验和田间试验。示范推广精准高效施肥新技术，切实推进“高效施肥、经济施肥、环保施肥”。以昆山为先行区，实行化肥限量使用，探索建立集政策引导、实名购买、定向补贴、精准施肥、绩效管理于一体的农田化肥投入限量标准。到2025年全市化肥使用量较2020年削减3%左右。继续全面推进农作物病虫害绿色防控，推行生态调控、理化诱控、生物防控和科学用药等技术措施，使用高效低毒低残留农药、生物农药、大中型高效药械、现代植保机械，发展多种形式的统防统治，解决一家一户"打药难""乱打药"等问题，到2025年，全市农药使用量较2020年减少2%以上。

三、促进产业循环发展和废物资源化利用

（一）深入开展产业园区循环化改造

加强分类施策和指导。突出不同类型园区改造重点，因地制宜制订循环化改造方案，鼓励园区建立跨行业的循环经济产业链，推动生产系统协同处理城市及产业废弃物。根据长江经济带"共抓大保护、不搞大开发"的战略部署，积极探索长江化工园区协同开展园区循环化改造和水污染防治，延伸沿江化工产业链、产品链，提高产品附加值、企业经济效益和资源产出水平。建立、完善循环经济信息服务平台，实现企业、园区、区域等不同层面的资源共享交换，为实现废弃物、能量等交换交易的最优化路径提供支持。强化产业链补链项目，增强循环经济产业关联度和耦合性，完善循环经济产业链。

（二）推进城市矿产资源回收再利用

在全市范围内构建再生资源的一条龙产业体系，建立一批"城市矿产"回收与拆解基地，打造一批"城市矿产"示范基地，建立城市静脉产业综合示范工程、废物资源交换贸易中心，形成废旧钢铁、铜、铝等再加工利用的产业链。完善回收站点、分拣中心和集散市场"三位一体"再生资源回收体系。建设形成规范的社区回收点，建成覆盖全苏州的加工分拣站点，按照"五区一中心"的架构合理布局再生资源集散交易中心。强化回收体系规范化管理，到2025年，全市实现将95%回收人员纳入规范化管理，95%的社区设立规范的回收站点，95%以上的再生资源进入指定集散交易加工中心进行规范化交易和集中处理，再生资源主要品种回收率达到85%以上。

（三）加强农业废弃物资源化利用

1. 推进秸秆综合利用

继续按照以秸秆机械化还田为主、多种利用形式相结合的"1+X"综合利用模式，推进秸秆综合利用。运用新技术、新装备，扩大深耕面积和比例，提高还田质量和还田水平。到2025年，秸秆的资源化利用率达到98%以上。建立较为完善的秸秆田间处理体系，有效衔接秸秆资源收集与秸秆综合利用。推进机械化还田以外其他秸秆利用方式的发展，因地制宜推动秸秆能源化、饲料化、肥料化、原料化、基料化利用。

2. 强化畜禽粪便资源化利用

突出农牧结合，推进畜禽养殖废弃物资源化利用。完善现有畜禽规模化养殖场粪污资源化处理利用设施，引导小散户建设畜禽粪便贮存、处理、利用设施。建立并推广以粪污处理发酵罐为主的多种粪污资源化利用模式。到2025年，全市畜禽粪污综合利用率稳定在95%以上。

3. 促进农业投入品废弃物资源化利用

加强政策扶持，推进废旧农膜资源化利用。认真贯彻《农用薄膜管理办法》，加大资金支持和财政保障，强化执法力度，夯实回收利用体系，按照"试验、示范、推广"三要素，积极稳妥推进减量替代产品和技术的应用。到2025年，全市废旧农膜回收利用率达到95%以上，废旧农膜基本实现资源化利用。积极探索开展废弃农药包装物的资源化处理利用。依托“农业社会化服务”建设体系，全面开展农药废弃包装物无害化回收处置工作。到2025年，农药废弃包装物回收率达到90%。

4. 加强农产品加工废弃物的资源化利用

鼓励和支持畜禽屠宰废弃物收集、分离和处理设施改造，实现屠宰废弃物的资源化利用。推动病死畜禽无害化处理技术提档升级。推进水产加工副产品的资源化利用。

（四）打造先进的静脉产业集群

以静脉企业为核心、静脉产业园区为支撑，规划建设理念先进、技术领先、清洁高效的静脉产业基地。以生活垃圾、建筑垃圾、社会再生资源、城市矿产、工业固废、污水处理厂污泥资源化利用为主导，引导社会资本积极参与静脉产业。以光大环保、沙钢集团、工业园区中法环境、盛虹集团等为典范，打造一批先进性、示范性、引领性强的静脉产业龙头企业。重点打造张家港国家再制造产业示范基地、苏州光大静脉产业园区、角直再生资源产业园、吴江再生资源回收加工利用基地、太仓港再生资源进口加工区等静脉产业园区。

四、全面推进碳达峰行动

以实现碳达峰、碳中和目标为引领，将低碳思维全面融入社会经济发展全过程，制订实施碳达峰行动方案，协同推进应对气候变化与环境治理，严控重点领域温室气体排放，增强应对气候变化能力。

（一）深入开展二氧化碳排放达峰行动

强化目标约束和峰值导向，全面落实国家、省下达的温室气体排放约束性目标，将碳排放强度降低目标纳入全市高质量发展考核指标，实施碳排放总量和强度“双控”。编制全市碳排放达峰行动方案，深化国家低碳城市试点建设，探索低碳示范区和示范企业建设。推进协同减排和融合管控，将碳排放重点企业纳入污染源日常监管，促进企事业单位污染物和温室气体排放相关数据的统一采集、相互补充、交叉校核。加强温室气体排放统计与核算，推行碳排放权交易。

（二）推动重点领域温室气体减排

严格控制电力、钢铁、纺织、造纸、化工、建材等重点高耗能行业企业温室气体排放总量，积极推广低碳新工艺、新技术。加强企业碳排放管理体系建设，强化从原料到产品的全过程碳排放管理。深化实施农业绿色发展行动，加强高捕碳、固碳作物种类筛选，增强农田土壤生态系统长期固碳能力。全面倡导绿色低碳生活，确保列入政府采购目录的绿色产品占到80%以上，提倡低碳餐饮，鼓励食用绿色无公害食品，积极推行“光盘行动”，控制其他温室气体排放。

（三）提升应对气候变化能力

增强森林碳汇能力。深入推进国土绿化行动，到2025年，全市林木覆盖率稳定在20.5%以上。提升森林生态系统质量，切实保障全市林木安全。加强适应型基础设施建设。加强成品油和天然气应急储备基地建设，提高区域能源保障水平。加快推进“海绵城市”建设，推动有条件的区域建设雨水吸纳、蓄渗和综合利用设施。建立分灾种气象灾害监测预报预警平台，重点加强暴雨、雷电、低温冰冻、冰雹等气象灾害的预报预警。加强人工影响天气能力建设，提高人工影响天气作业和效益评估水平，提升人工影响在防灾减灾中的作用。

第八节　倡导生态生活

一、发展绿色建筑

（一）推进既有建筑节能改造

积极开展全市范围内既有建筑存量及能耗调查，确定改造重点内容和项目。鼓励各地区创建国家、省级既有建筑节能改造示范区。将大型公共建筑和国家机关办公建筑作为重点改造对象，开展综合措施的节能改造，鼓励有条件项目按照绿色建筑标准实施改造。完善既有建筑节能改造市场化机制，通过政策引导、财政补助和引入合同能源管理模式等措施，形成政府、金融机构、房产企业、节能服务公司和用户方的多元化投入格局。

（二）大力推广新建绿色建筑

开展绿色建筑提升行动，推进高品质绿色建筑项目示范建设，推动超低能耗建筑、零能耗建筑试点，强化绿色建筑运行管理，深化可再生能源建筑应用，开展可再生能源建筑应用项目后评估，探索建立绿色住宅使用者监督机制。引导、鼓励新建项目按照二星及以上绿色建筑标准建设，逐步提高新建建筑中二星及以上绿色建筑占比。通过示范工程探索总结更高建筑节能标准以及超低能耗建筑的关键技术和推广政策制度。

（三）推进海绵城市[①]建设

在老旧小区改造、基础设施维护等项目中注入海绵元素，有序推进既有项目改造，严格管控新建项目落实海绵城市建设理念，在新城建设、旧城改造中全面落实海绵城市建设要求，做到功能性、经济性、实用性有机统一，推进区域整体治理。健全海绵设施的维护管理制度和操作规程，落实设施的维护管养主体及经费来源，明确维护管理质量要求，确保海绵设施能够长久健康运行。建立适宜江南水乡地理特色的海绵城市技术标准体系，为全市域推进海绵城市建设提供技术支撑。到 2025 年，全市城市建城区 50%以上的面积满足海绵城市建设要求。

二、推动居民生活方式和消费模式绿色化

（一）建设方便快捷的绿色出行系统

加快公共交通建设。根据《苏州市城市轨道交通线网规划》和轨道交通第三期建设规划，加快推进城市轨道交通建设。“十四五”期间建成轨道交通 5、6、7、8、S1 线，到 2025 年，全市轨道交通运营里程达 347 千米。提升常规公交线网服务能力。加强公交场站建设，优化公交场站布局，提高常规公交覆盖面，提升常规公交与地铁接驳水平。提升公交系统基础保障水平，及时更新公交车辆，提高乘坐舒适性。进一步加大公交路权、信号优先推进力度，扩大公交专用道覆盖范围。到 2025 年，城市公共交通出行分担率达到 65%。

加强城市慢行系统建设。建设、完善步行道、自行车道和自行车停车设施，完善城市

---

① 海绵城市是新一代城市雨洪管理概念，是指城市能够像海绵一样，在适应环境变化和应对雨水带来的自然灾害等方面具有良好的弹性，也可称之为“水弹性城市”。

公共自行车网络，保证慢行系统与轨道交通、常规公交系统的有效衔接。2021 年市区计划新增 139 个公共自行车站点，投放 2 000 辆自行车；2022—2025 年将结合全市轨道交通建设和城市发展情况规划建设更多公共自行车站点。

（二）引导公众形成绿色生活习惯

深入宣传，引导公众争做低碳环保生活的倡导者和践行者。以各级党政机关及党员领导干部为引领，开展反过度消费行动。继续开展“文明餐桌行动”，使更多人养成节俭用餐习惯。加强节能节水知识、技巧的宣传，完善居民用电、用水、用气阶梯价格，提倡保护自然的绿色生活理念，加强公共场所禁烟管理，引导公众养成生活垃圾分类习惯并提高分类正确率，推广社区“跳蚤市场”和“换物超市”，减少使用一次性日用品。

（三）推广绿色产品

推动企业增加绿色产品供给。引导和支持企业加大对绿色产品研发、设计和制造的投入，健全生产者责任延伸制，推动实施企业产品标准自我声明公开和监督制度。加快畅通绿色产品流通渠道。鼓励建立绿色流通主体，支持流通企业在显著位置开设绿色产品销售专区，组织流通企业与绿色产品提供商开展对接，促进绿色产品销售。加大重点领域绿色产品推广力度。继续推广高效节能产品，严格执行国家关于限制过度包装的强制性标准，深入推进限塑、禁塑工作，全面实施《关于进一步加强塑料污染治理的实施方案》。落实国家对符合条件的节能、节水、环保、资源综合利用项目或产品的相关税收优惠政策，执行新能源汽车购置和充电设施的奖补政策及电动汽车用电价格政策，完善居民用电、用水、用气阶梯价格。出台支持绿色消费信贷的激励政策，促进金融机构加大信贷支持力度。

（四）推进低碳社区建设

整合各部门优势资源，充分发挥社会组织和志愿者团体力量，共同推进低碳社区建设。突出苏州本地特色，按照古城区社区、城市既有现代化社区和新建城市社区，分类型推进低碳社区建设。

（五）倡导生态殡葬

加强宣传，引导公众选择生态葬方式，积极鼓励不占地、少占地的骨灰处理方式，逐步提高生态葬奖补标准。落实殡葬服务设施布局规划，推进公益性骨灰堂和集中守灵殡仪服务中心建设，到 2025 年底各市（区）建成 1 个以上功能齐全的集中守灵殡仪服务中心。建立生态葬纪念碑和纪念广场，组织群众开展公祭等各种文明祭扫活动。

三、推进公共机构绿色消费

（一）积极推行绿色采购

认真落实《节能产品政府采购实施意见》和《环境标志产品政府采购实施意见》，优先采购节能产品、环境标志产品。加强节能环保产品采购等政府采购政策的宣传与指导，完善相关信息的统计分析工作机制，加强对采购活动开展情况的监督检查，逐步建立相关工作的考核机制与追责机制。到 2025 年，全市政府绿色采购比例达 89%。

（二）全面倡导绿色办公

推行绿色办公方式，合理使用空调等电器设备。开展办公耗材的回收利用，推行“无纸化办公”、视频会议等电子政务，减少一次性办公耗材用量。办公场所全面禁烟。强化节能管理，积极倡导节能管理专业化和社会化，引进专业节能服务公司参与公共机构日常管理。积极开展能耗定额管理试点，在市级机关和县级市、区公共机构推行能耗定额管理试点工作，提升各级公共机构节能管理水平。着力推进节水管理，开展节水型单位创建，推广应用节水新技术、新工艺和新产品。鼓励采用合同节水管理模式实施节水改造，推广水资源循环利用，安装中水利用设施，开展雨水收集利用。

（三）推进党政机关厉行节约

严格执行党政机关厉行节约反对浪费条例，严禁超标准配车、超标准接待和高消费娱乐等行为，细化明确各类公务活动标准，严禁浪费。实施节约型公共机构示范单位创建工作，使党政机关、事业单位和团体组织等不同类型公共机构，均有节能示范单位发挥典型示范作用。加强节约型机关创建工作的指导和监督，到2022年，全市70%以上的县级及以上党政机关达到创建要求，并鼓励有条件的地区实现节约型机关创建的全覆盖、全达标。加强检查考核，把公共机构节能纳为下级政府节能考核内容。建立和完善节约能源资源目标责任制、能源资源消费信息通报和公开机制。

四、推进垃圾无害化处理和资源化利用

（一）完善垃圾分类收运体系

按照“大分流、细分类”模式开展垃圾分类工作。到2025年，全市“三定一督”源头分类方式实现全覆盖，生活垃圾无害化处理率达100%，原生生活垃圾“零填埋”。

（二）提高生活垃圾无害化处理水平

推进生活垃圾焚烧处理项目建设，提高生活垃圾处理设施的无害化处理能力，“十四五”期间，全市生活垃圾焚烧处置能力达1.58万吨/日，新增餐厨垃圾处理能力达2 320吨/日。加强焚烧填埋设施日常运营监管，定期开展处理设施污染排放物的监测，并向社会公示监测结果。

（三）提高各类垃圾资源化利用水平

优化城市再生资源回收体系，整合规范再生资源回收网点，规范城市收旧行为，鼓励收旧企业化运作，促进垃圾分类与再生资源利用“两网融合”，建设城市大件垃圾拆解中心和可回收物分拣中转中心，构建从垃圾分类到回收利用的完整产业链。统筹建设各类建筑垃圾处理设施、弃置场地，完善收集、运输体系，建设建筑垃圾转运调配场和装修垃圾分拣场，拓展、融合现有运输市场和环卫收运体系，逐步实现全市建筑垃圾全量收集。加强建筑泥浆、河道疏浚淤泥处置。到2025年，全市新增建筑垃圾资源化利用能力达410万吨/年，基本实现建筑垃圾无害化处理和资源化利用。推进环太湖有机废弃物示范区建设。加快餐厨废弃物处理设施建设，加强餐厨废弃物管理各环节的监控，完善餐厨废弃物回收处理体系。增设和扩容园林垃圾收集点，合理建设就地处置或适度集中的园林绿化垃圾处理设施，各市（区）至少新建1处园林绿化垃圾资源化利用设施。推进有机易腐垃圾产生规模较大的单位自行建设相对集中的垃圾处理设施。

五、改善人居环境

（一）推进城乡环境综合整治

大力推进城镇危旧房和老旧小区改造，推动老城区群众居住条件环境不断改善。针对违法建设、乱停乱放、占道经营、违规户外广告、油烟污染等问题，持续开展整治工作，健全长效机制，提升城市面貌和功能品质。

加快特色田园乡村建设，到2025年底，结合镇村规划调整和实际情况，“两湖两线”（环阳澄湖、环澄湖、太湖沿线、长江沿线）跨域示范区建设的330个拆迁撤并类村庄中符合要求的原则上全面建成特色宜居乡村，434个规划发展村庄和306个其他一般村庄中符合要求的原则上全部建成特色康居乡村。新建120个特色精品乡村。

（二）保障城乡饮水安全

定期监测、检测和评估饮用水水源、供水厂出水、用户水龙头水质等饮水安全状况，全过程监管饮用水安全。在全市范围推进饮用水水质在线监测工作，规范饮用水采样和检测工作。全面实施现有水厂自来水深度处理工艺改造，新建水厂一律达到深度处理要求。到2025年，实现自来水厂深度处理“全覆盖”，构建“水源达标、备用水源、深度处理、严密检测、预警应急”的供水安全保障体系，通过清水互连互通保障供水安全。

（三）防控噪声污染

全面实施区域噪声管理，在城市总体规划、建设中落实声环境功能区要求，从布局上解决噪声扰民问题。积极开展“宁静城市”“宁静社区”等示范建设，加强道路交通噪声和社会生活噪声污染防治，强化建筑施工和工业企业等重点噪声源监管，开展乡村噪声监测和噪声污染防治工作。到2025年，城市区域环境噪声值保持在55分贝以下。

（四）加强城镇绿化建设管理

优化绿地系统结构，扩大城市绿色空间，均衡城市公园绿地布局，打造高水平的“城市公园绿地10分钟服务圈”。到2025年，城镇人均公园绿地面积达到12.7平方米。开展绿地信息综合管理系统开发调研，推动绿化管理一张图，形成城市绿化全景可视、数据可查、过程可控、问题可溯、绩效可评的智慧管理新格局。到2025年，全市增加300个“口袋公园”。

第九节　弘扬生态文化

一、培育苏州特色生态文化

（一）加强生态文化创新

重点围绕苏州市生态文化体系建设、传统文化的生态内涵挖掘，以及农村生态文化、生态文明教育发展等，推出一系列研究成果。加强生态文化学术交流，建立多层级的生态文化学术交流体系，通过加强合作，搭建多个生态文化理论研究和经验交流平台。通过举办生态文化专题研讨和学术交流活动，全面推动具有鲜明苏州特色的生态文化理论创新。加强文学、影视、书法、美术和摄影等文艺创作，推出一批广大群众喜闻乐见、体现苏州特色、宣扬生态文明理念、反映生态文明建设风貌的优秀作品。

（二）拓展生态文化载体

深入挖掘苏州以“江南水乡”为象征的湿地自然遗产和以“鱼米之乡”为象征的湿地资源利用的人文遗产等特色湿地文化。以水稻湿地、水乡古镇、古村落、湿地文化历史遗存等为依托，规划打造水八仙湿地文化载体示范区和太湖渔猎文化载体示范区，在吴江同里、昆山天福、常熟沙家浜和太湖湖滨等湿地公园建设融湿地自然生态、人文要素为一体的宣传教育综合示范中心，完善生态文化基础设施，规范标识、标牌，提升解说系统，改进科普设计与展示，设计观鸟、动植物辨识、湿地组成与功能价值解说等科普教育项目。

（三）推进大运河文化带建设

按照“把苏州段建设成为大运河文化带中‘最精彩的一段’，建设成为世界运河文化中‘最璀璨的明珠’”的总要求，依据国家和江苏省大运河文化带空间格局及大运河国家文化公园（江苏段）空间布局，把握大运河苏州段文化内涵、资源禀赋和发展潜力，按照绘制“玉带串珠”姑苏运河繁华图的整体构想，以河为线，城镇为珠，珠串成链，链带动面，构建“一核一轴、双区五段、十湖十镇、百园百馆”的空间格局框架。到2025年，大运河苏州段文化遗产实现全面保护，文化旅游形成统一品牌，文创产业快速聚集，绿色生态河道初步形成，绿色通航全面实现。

二、加强生态文明宣传教育

（一）加强媒体生态文明宣传教育

充分发挥传统媒体的宣传教育作用，依托传统媒体覆盖面广、权威性大、主旋律正的特点，运用专版、专栏、专题的形式，加强对全市生态环境中心工作、专项行动、典型经验的宣传报道。加大环境违法行为曝光力度。在主流媒体播放生态环境主题公益广告，弘扬生态文明理念。着力加强对网络新媒体的应用，加强苏州市生态环境局网站、“苏州生态环境”双微建设，为公众提供更多的环保相关信息。加强对公众感兴趣的环境信息和生态环境知识的宣传普及。重视户外媒体的宣传作用，在轨道交通、公交移动电视、地铁灯箱和市内主要公交线路车体上增加生态文明公益车体广告、宣传片。在车站、广场等人流密集的公共场所，设置生态文明公益广告。

（二）广泛开展生态文化社会活动

结合生态环境相关重要节日，由政府相关部门主导，企业、环保社会组织和志愿者广泛参与，开展各类主题活动，依托全市各类志愿服务组织，以行动示范、宣传倡导、知识普及、实地调查等形式，开展生态环保志愿服务活动。开展环保设施向公众开放活动，融科普教育于参观体验之中。开展生态文明领域的摄影、征文、绘画等比赛活动，提高公众和宣教工作者的积极性。以报纸和网络为主要媒介，开展生态文明相关主题研讨活动，吸引公众广泛参与讨论。以公共场所为载体，举办苏州市生态文明建设成果展，普及生态文明相关知识，宣传生态文明建设最新理念。

（三）推进社区生态文明宣传

通过组织编写社区环境教育读本、培训资料和远程网络教育课程，在社区建立固定生态文明宣传橱窗，以及利用社区内巨幅标语、展板、挂图等形式，积极开展社区生态文明宣传活动。

（四）加强党政干部生态文明教育

推进党政干部生态文明日常学习，用好“苏州市干部在线学习”平台。加强党政干部生态文明培训，在市委党校培训工作中进一步安排与生态文明建设相关的课程，严格考核管理，切实将学习培训作为干部奖惩和提拔的重要参考。通过现场授课、网络授课等方式多渠道提升覆盖面，确保党政领导干部参加生态文明培训的人数比例保持在100%。开展多层级生态文明学习、调研、研讨活动，提升生态文明建设工作水平。

（五）引导企业树立生态文明理念

加强对企业负责人的生态文明宣传教育，组织编写面向企业的生态文明建设学习材料，免费发放宣传。定期对各大企业负责人进行生态环境教育培训，增强企业的社会责任感和生态责任感。开展企业绿色技术培训，结合企业各自的实际情况，重点培训与企业节能减排、清洁生产、绿色技术创新相关的环保技术和管理方法，提高职工绿色生产的意识和技能。开展生态文明模范企业、生态环境友好企业、绿色企业等评选活动，推动企业在生态文明建设中争先创优。引导企业在文化建设中突出生态文化内涵，在形象策划、产品开发、商标设计等方面充分体现生态理念。

（六）提升学校生态文明教育水平

加强生态文明课堂教育。继续将生态文明教育纳入中小学课程计划，开展中小学义务教育阶段的生态文明课外读本的编写和相关课程的设置工作，总结中小学生态文明读本教学试点工作经验，将该课程覆盖范围进一步扩大。

开展多形式的课外生态文明教育。通过在学校组织开展生态环保讲座、生态环保主题班会等活动，充分利用黑板报、校报、广播室、宣传窗等阵地，以及在有条件的学校建设环保暨生态文明宣教展示馆（区）等多种方式开展校内生态文明宣传教育。拓宽教育渠道，加强学校与社会各类环境教育基地、生态文明教育基地之间的联系，积极推动生态文明教育校外实践活动。将生态文明教育融入家庭教育指导，帮助家长树立生态文明理念，倡导家长以身作则，教育好、引导好孩子践行绿色生活方式，构筑好家校协同育人良好局面。

大力开展绿色校园建设，形成一批生态文明教育示范校，重视校园环境建设规划，挖掘校园中绿色资源，注重校园环境卫生，充分发挥环境育人作用，在潜移默化中提高师生生态文明意识。

加强教师生态文明培训。制订苏州市教师生态文明培训方案，健全教师培训体系，定期对教职员工进行生态文明的专题培训。健全学校生态环境教育工作机制，将环境教育纳入学校常规管理和考核的范畴。

第十节　保障措施

一、加强组织领导

充分发挥市生态环境保护委员会的牵头作用，统筹推进全市生态文明建设工作。环委会办公室承担组织协调、任务分解、督促检查、评估考核等工作。健全部门分工负责、齐抓共管的管理体系和运行机制，把生态文明建设任务分解到各相关部门，加快健全、完善“党委政府领导，人大、政协监督，部门各司其职，市县分级负责，专家建言献策，社团群策群力，公众广泛参与”的生态文明建设工作机制。

二、保障资金投入

加大财政投入力度。各级政府要将生态文明建设列为公共财政支出的重点，加大投入，同时积极申请国家、省级专项资金。严格资金管理，完善生态文明建设相关资金管理体制，建立有效的资金监管制度，加强对资金使用的监管，使资金真正落到实处。鼓励社会资金投入。完善政府引导、市场运作、社会参与的多元投入机制，鼓励和支持社会资金、企业资金投入生态文明建设领域。健全价格、财税、金融等政策，引导鼓励企业和民众将资金投入到生态文明建设中来。建立吸引社会资金投入生态环境保护的市场化机制，探索经营性生态项目的特许经营权制度，在基础设施建设中积极推进PPP方式，推行环境污染第三方治理，推进垃圾、污水集中处理和环保设施的市场化运作。

三、严格监督考核

严格规划实施的监督考核。环保委员会办公室对规划的主要任务和重点工程开展督查，定期通报工作进度，及时解决生态文明建设中出现的问题。对规划的主要任务和重点工程实施严格的考核制度，并将重点工作任务完成情况和考评结果向社会公开。各主要任务和重点工程责任单位要健全工作制度，加强协调推进，定期通报工作进度。政府定期向人大报告生态文明建设进展，主动接受人大和政协的监督检查，及时发现问题，及时整改，促进工作。

四、强化科技支撑

依托生态文明建设工作的开展，通过多种方法和途径加快专业队伍建设和人才培养引进，重点培养人才的创新精神，开发人才的创新能力，打造一支生态文明建设科技领军人才队伍。完善产学研结合体系，利用长三角地区的人才优势，积极与高等院校和科研院所建立合作关系。加强技术创新和重大社会公益性技术研究，推进环境治理关键技术突破，推广应用绿色科技成果，为生态环境保护、环境管理、环境监测、污染防治、监督执法等提供坚实的理论依据。

附录

四批江苏省生态文明建设示范乡镇（街道）、村（社区）

第一批
江苏省生态文明建设示范乡镇（街道）、村（社区）

张家港市南丰镇

风韵江南，人和民丰。南丰，一个典型的苏南小镇，长江下游南岸的地理位置赋予了它江南水乡特有的魅力。南丰占地 62.5 平方千米，下辖 1 个街道办事处、12 个行政村、4 个社区居委会，总人口 7.88 万人，沪通铁路、通苏嘉城际铁路穿境而过。近年来，南丰镇深入推进生态文明建设，在探索实践中总结经验、在创新突破中彰显特色，努力走出一条生态环境与经济社会“双赢”的发展之路，较好地化解了城镇化高速进程带来的环境压力，呈现出经济建设稳健发展、人居环境持续改善、群众幸福指数不断攀升的可喜局面。先后获得“国家卫生镇”“国家级生态镇”“国家园林小城镇”“江苏省文明乡镇”“江苏省水美乡镇”“江苏省小城镇建设示范镇”“苏州市美丽城镇”等荣誉称号，六年蝉联“张家港市文明镇标兵”。

牢固树立生态优先理念，让生态文明建设始终贯穿于经济社会发展全过程，落实到党委、政府决策、管理、执行等各个环节，科学发展、绿色发展、可持续发展已成为南丰人的自觉追求。坚持“绿水青山就是金山银山”的发展理念，严格遵守划定的生态红线。永钢集团将钢铁生产流程由“资源—产品—废物”的单向直线型转为“资源—产品—再生资源”的圆周循环型，形成煤气、余热、蒸汽、废水和炉渣回收利用的五大循环经济圈，使 96%以上的工业“三废”实现有效循环，循环经济效益占企业总效益的 20%以上。以国家 4A 级景区苏州江南农耕文化园为品牌引领，发展乡村休闲旅游业。

江苏永钢集团

永合社区服务中心

永联现代粮食基地

安置小区一角

张家港市塘桥镇

塘桥镇东邻苏通长江大桥，南沿沿江高速公路，西接锡通高速、苏虞张一级公路，北濒长江黄金水道，204 国道直贯南北，338 省道横跨东西，沪通、通苏嘉城际、沿江城际三条铁路将交汇于此，并设枢纽站。全镇总面积 94.4 平方千米，总人口近 20 万人，其中户籍人口 9 万人，下辖 2 个办事处、3 个社区居委会、14 个村委会。

塘桥镇深入贯彻习近平新时代中国特色社会主义思想，弘扬张家港精神，高点定位、凝心聚力、创新发展，综合实力位居全国千强镇 97 名，城镇化率达到 71%，农民集中居住率达到 57%。教育、医疗、社保、文化等各项社会事业高位优质均衡发展，各种文明形态协调提升，相继获得全国文明镇、全国生态文明镇、全国卫生镇等多项荣誉，并获全国人居范例奖。

坚持工业向园区、居住向城镇、农民向社区“三集中”的综合开发理念，统筹考虑城乡空间布局、生产力布局、土地利用模式等要素，促进生产空间集约高效、生活空间宜居适度、生态空间山清水秀。大力发展“规模化、高效化、生态化”的都市现代农业，积极发展休闲、观光农业。全镇主要河流水质均达到地表水功能区划要求，无河道黑臭现象；城镇环境空气主要污染物年均值达到空气环境质量二级标准，环境空气优良率达到 95%；城镇区域环境噪声、道路交通噪声全部优于相应功能区环境噪声标准限值。

东城科技创业园

河长制管理下的杨园中心塘及周边环境

生态村一角（一）

生态村一角（二）

张家港市杨舍镇善港村

善港村地处张家港市经济开发区杨舍镇，2012 年由原泗港片区善港村、五新村、杨港村、严家埭村四村合并而成，张杨公路横贯村域，南横套、东横河两条运河，南北呼应，环抱全村。全村面积 9.07 平方千米，下辖 34 个自然村，有 59 个村民小组，有村民 7 231 人。

善港村两委始终注重生态文明建设，深入开展创先争优活动，生态文明建设成效显著，荣获“张家港市双十佳卫生村”“苏州市特色田园村庄”“苏州市新农村建设示范点”“江苏省生态村”“江苏省水美村庄”“江苏省卫生村”“江苏省三星级康居示范村”等荣誉称号。

善港村发展生态工业，淘汰高耗能、高污染企业，发展三新企业。全村初步形成以机械、电子、包装、服装四大行业为主的工业格局。大力发展有机农业、生态农业。善港牌有机苹果、有机无花果、善港牌网纹甜瓜、善港金瓜和有机黄瓜等农产品在张家港市场上得到消费者的认可，善港牌网纹蜜瓜远销苏州、无锡、上海、杭州、宁波等长三角地区。村图书室、篮球场的建造，以及组织的文艺表演、放电影进社区等活动极大地丰富了百姓的业余生活。

生态池塘

村内篮球场

健身广场

“迎中秋，庆国庆”文艺晚会

张家港市锦丰镇南港村

南港村地处锦丰镇西南部，东起一干河，西至川港，南临福前村，北接光明村，全村区域面积6.4平方千米，该村于2013年1月20日由原合兴南港村和牛市村二村合并而成，现有34个村民小组，987户人家，总人口3 532人，外来常住人口1 100多人。

南港村每年都投入资金进行绿化建设，全村现在绿化率达25.8%。村民的生活污水都并入到市镇两级污水处理管道中，生活污水处理率达到100%。对辖区内的破损道路进行了全面维修，道路灰黑化率达100%，村委会组建了道路保洁队伍，实施全天候道路保洁。建设室外路径、篮球场地、乒乓室、图书室、展示室、舞蹈室、老年活动室、居家养老服务中心、爱心屋和一站式服务大厅等，各功能设施基本齐全，满足了群众的需求，丰富了群众的业余文化生活。

社区服务中心

整洁的道路

美丽村庄建设下的村貌

绿化后的村庄

健身广场

村庄河道

常熟市沙家浜镇

沙家浜镇位于常熟东南隅、阳澄湖边，与苏州市相城区、昆山市交界。全镇面积 80.4 平方千米，下辖 14 个村（社区）、1 个办事处，和沙家浜旅游度假区实行“区镇合一”管理，户籍人口 4 万余人，是全国重点镇和中国历史文化名镇、水产特色乡镇、新兴工业强镇、红色旅游小镇。沙家浜镇先后获得“中国特色景观旅游名镇”“中国休闲服装名镇”“中国玻璃模具之乡”“中国玻璃模具之都”“全国文明镇”等荣誉称号，并获联合国人居署迪拜国际最佳范例奖。沙家浜景区是国家 5A 级旅游景区、国家湿地公园、全国百家红色旅游经典景区、全国爱国主义教育示范基地、国家国防教育基地、华东地区最大的生态湿地公园。

沙家浜镇始终高度重视生态文明建设工作，严守生态红线和耕地红线，明晰现代农业“二园二轴、三心八块”发展架构，以“全域旅游”为方向，强化唐市古镇、渔业产业园和“万农光伏”等旅游资源的统筹整合，开展复合生态养殖并实现养殖尾水循环利用，创新发展旅游观光和绿色无公害生态农业。鼓励村集体打造“一村一品”和利用坑塘水面建设上能发电、下能养殖的“渔光互补”光伏电站现代农业项目。沙家浜镇一直倡导节约资源和保护环境的生活理念，每年结合“6.5”世界环境日等宣传日开展环保宣传活动。人居环境持续改善，建设日间照料中心，实现社区医疗服务中心、村级图书馆等基本社会公共服务机构与设施全覆盖。

沙家浜景区

“渔光互补”光伏电站

日间照料中心

古镇

世界环境日宣传活动现场

常熟虞山尚湖旅游度假区（虞山街道）

常熟虞山尚湖旅游度假区（同年更名为“虞山街道”）位于江苏省常熟主城区西部，区域总面积46平方千米，其中，虞山拥有林地面积1 100多公顷，拥有89科309种植物种群，有机生态茶园100多公顷，森林覆盖率达96%；尚湖水体面积800公顷，湖水水质常年保持国家Ⅱ类地表水，被赞誉为“太湖流域水质保护的典范”。下辖6个村、5个社区、3个管理区、2个风景区、1个湿地公园。虞山尚湖风景区是国家级太湖风景名胜区的重要组成部分，是常熟“山、水、城、林”独特城市形态的主要载体，被汪道涵誉为“天下常熟、世上湖山”。常熟虞山尚湖旅游度假区中，虞山是吴文化第一山，全国首批国家级森林公园；尚湖是姜太公首钓处，全国首批国家城市湿地公园；南湖是常熟西南生态屏障，省级湿地公园。

度假区始终秉持绿色发展理念，积极适应经济发展新常态，聚力创新促转型，聚焦富民惠百姓，成为独具魅力的精致度假区。虞山尚湖先后被评为国家5A级旅游景区、国家生态旅游示范区、省级旅游度假区、国际最佳休闲示范景区、20个最受欢迎的长三角城市群茶香文化体验之旅示范点。虞山片区获得“全国十佳国有林场”“中国森林公园发展三十周年最具影响力森林公园”“江苏省森林防火工作先进单位”“2003—2012年绿色江苏建设突出贡献单位”等荣誉称号；尚湖片区荣获“中国十大魅力休闲旅游湖泊”“中国十大节庆品牌金手指奖”等荣誉称号，并为常熟赢得“中国江南牡丹之城”美誉。

度假区积极实施可持续发展战略，大力推行绿色发展，不断优化产业结构，坚决淘汰落后产能，区域环境质量明显提升，山清水秀已成为度假区的鲜明特色。加大生态修复力度，对虞山增绿补绿，保护古木，改造林相，开展水流域及农村连片整治，加快农村污水集中处理。

大力发展生态旅游业。度假区生态环境良好，人文历史深厚，旅游资源丰富，2015年正式获批国家生态旅游示范区，2016年在省级旅游度假区年度考核中位列全省第五名。举办牡丹花会、杨梅节、金秋灯会等品牌节庆，承办半程马拉松、长三角体育圈全民健身大联动、铁人三项赛、南湖徒步大会、龙舟赛等大型赛事，促进生态旅游与文化、体育的融合发展。生态农业蓬勃发展。按照生态低碳的发展理念，重点发展精品茶叶产业，做大做强绿色果品种植、生态循环养殖、特色农业休闲和综合科技服务等产业。

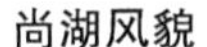

尚湖风貌

新农村风貌

尚湖国际半程马拉松邀请赛比赛现场

常熟市虞山镇中泾村

中泾村位于虞山镇北侧，东依永红村，南连小义村，西临常隆村，北通走马塘。村域面积 5.542 平方千米，新 204 国道、走马塘在境内通过。全村共有 53 个村民小组、1 017 户、3 715 人。中泾村乡风文明、环境优美、适宜人居，先后获得“江苏省卫生村”“江苏省文明村”“江苏省生态村”“全国循环农业示范基地”“美丽村庄示范点”“民主法治示范村”“农业工作先进集体”“新农村工作先进集体”“先进基层党组织”等荣誉称号。

中泾村树立和践行“绿水青山就是金山银山”的发展理念，紧紧依托独特的生态格局，努力做到经济建设与环境保护同步推进、产业发展与环境支撑同步提升、生活水平与环境质量同步改善、经济指标与环境效益同步考核，探索出一条物质文明、精神文明、政治文明、生态文明和谐发展的道路。坚持走“高产、优质、高效、生态、安全”的农业发展道路，积极发展循环农业，建设面积达两百亩的稻鳝共作基地，规模化畜禽养殖场粪便综合利用处理率始终保持在 100%。中泾村还特别注重丰富老百姓的精神文化生活，村里建设有老年人活动室、跳舞广场、健身路径等一系列文化惠民设施，每个季度组织专项文艺演出，丰富老百姓的业余休闲娱乐生活。为了改善农村的环境，将原来的四百亩鱼塘改造成了生态湿地，如今中泾村水清了，鸟多了，环境更美了。

生态环境

村庄环境

现代农业区

白雀寺

常熟市董浜镇观智村

观智村位于董浜镇西南方向，东邻红沙村，南邻古里芙蓉村，西邻古里苏家尖村，北邻梅李沈市村。地理位置优越，交通方便，虞东公路穿境而过，常昆高速与苏嘉杭高速公路在村内交汇。观智村辖内共有 31 个村民小组，全村共有 831 户，户籍人口 3 525 人，区域面积达 460 公顷。全村经济稳步发展，综合实力显著增强，先后获得“江苏省卫生村”“江苏省生态村”“江苏省民主法制示范村”“江苏省无公害果品产地”“苏州市先进村”“苏州市先锋村”“苏州市创建平安农机促进新农村建设示范村”“苏州市农村生活污水治理示范村”“苏州市建设社会主义新农村示范村”“苏州市和谐示范社区”“苏州市三星级康居乡村”“常熟市先进基层党组织”“常熟市生态文明村”“常熟市生态文明宣传教育基地”等荣誉称号。

观智村牢固树立“生态立村、旅游兴村、产业富村”的理念，把开展生态文明建设作为推进新农村建设的有效载体和改变农村面貌的有力抓手，精心规划，加大投入，强力实施，全村生态文明建设取得显著成效。重点打造的泥仓溇湿地公园，区域内湿地资源丰富，湿地总面积 105. 9 公顷，占总面积的 81. 1%。区域内水道纵横交错，环境优美。经调查，湿地内有植物资源 41 科 70 多种、鱼类资源 6 目 10 科 39 种、鸟类资源 9 目 23 科 52 种，两栖类 4 科 6 属 7 种、爬行类资源 6 科 9 种、哺乳类 8 科 11 种，动植物多样性保持较好，成功获评江苏省级湿地公园、苏州市级湿地公园；观智村历来重视绿化种植工作，覆盖面积 116 公顷，林木覆盖率达到 25. 2%；把生态文明建设贯穿在乡村旅游发展中，实现了两者的有机融合。

村容村貌

村庄河道

泥仓溇湿地公园

村庄绿化效果

太仓市城厢镇

城厢镇南临上海，西接昆山，镇域面积62平方千米，下辖6个行政村、2个村改社区、14个城镇社区，户籍人口8.3万人。近年来，城厢镇按照“发展好经济、服务好城市、改善好民生”的要求，推动全镇经济社会各项事业又好又快发展。城厢镇连续五年获评“中国科学发展百强镇”，荣获“全国文明镇”“中国民间文化艺术之乡”“江苏省公共文化服务体系示范区”“世卫组织健康城市合作中心”“健康单位”等称号。

围绕建设“美丽金太仓”总体目标，城厢镇自觉践行新发展理念，扎实推进生态文明建设各项工作。加大发展绿色农业。东林村生态循环农业加快发展，建成羊肉食品加工、有机肥料发酵和机库中心项目，以秸秆综合利用为核心的循环农业产业链初步形成。建成万丰村食用菌生产基地、杜柴塘休闲基地等项目。新农100公顷高标准农田完成建设，机械化效率提高50%以上。以生态绿色旅游为特色的西庐园森林公园、金仓湖省级湿地公园，日益成为全市老百姓周末休闲度假好去处。金仓湖省级湿地公园景区面积200公顷，绿化面积66公顷，水域面积超60公顷，被誉为“太仓最美丽的地方”。坚持走科技含量高、经济效益好、资源消耗低、环境污染少的绿色发展之路，通过完善园区规划环评、绿化、亮化、美化等相关配套工程，积极“筑巢引凤”，引进了具有一定科技含量和税收高的企业。

丰收的季节中忙碌的人们

伟阳小区优美的环境

现代化农民安置小区

金仓湖生态公园

太仓市璜泾镇

璜泾镇位于太仓市东北部，拥有 11.8 千米长江岸线，镇域面积 83.55 平方千米，设 2 个管理区，下辖 13 个村、4 个社区，户籍人口约 4.7 万人，享有“中国化纤加弹名镇”的美誉。璜泾镇曾获评中国县域产业集群竞争力 100 强，获得“中国产业集群经济示范镇”称号，2008 年获得“全国环境优美镇”“创建国家生态市先进集体”等荣誉，获得“2016 年度生态文明建设和环境保护工作先进集体”等称号，在 2017 年太仓市城乡环境综合整治“百日行动”中获一等奖。

璜泾镇全面统筹城乡发展，着力保障民生改善，坚持大手笔规划、大跨度整治、大力度打造，围绕建设“美丽金太仓”总体目标，把生态文明建设作为推动转型升级、内涵发展、绿色增长的重要内容，靠生态造福百姓、靠生态吸引要素、靠生态集聚产业，主动适应发展新常态，以提升全镇生态品质为工作重点和着力点，自觉践行新发展理念，扎实推进生态文明建设各项工作。璜泾镇农民收入连续十年位居全市乡镇第一，获评“苏州市农民增收致富十强镇”称号。农民集中居住小区基础设施提档升级有序推进，雅鹿、新华等小区服务中心全面建成。镇村两级配备保洁员 300 余名、各类设备 56 台（辆），垃圾转运“璜泾模式”全市推广。

中共太仓党支部诞生地

有机垃圾资源化处理站

住宅区的太阳能利用

璜泾镇服务中心

太仓市沙溪镇

沙溪镇位于江苏省太仓市中北部，是江南经济繁盛、交通发达、历史悠久的重要城镇。沙溪镇于唐代已形成村落，元代自涂菘西迁，形成市集；明代商运通达，成为商贸重镇；清代工业起步，享有“东乡十八镇，沙头第一镇”的美誉。目前，沙溪镇域面积132.14平方千米，下辖20个行政村、8个社区居委会，户籍人口8.3万人，常住人口15.47万人。其中，建成区面积9.4平方千米，建成区人口4.28万人。

沙溪镇坚持创新、协调、绿色、开放、共享五大发展理念，切实加快“现代新型小城市”建设步伐。生物医药产业园获评国家火炬计划特色产业基地，安佑获批国家级企业技术中心，获评国家级项目15项、省级项目21项。现拥有高新技术企业29家、省级工程技术研究中心6个、省研究生工作站8个、省重点研发机构2个、省公共技术服务平台1个，以及苏州市企业院士工作站1个、苏州市级工程技术研究中心29个、苏州市公共服务平台2个。

在发展经济的同时，沙溪镇也加快环境和文化建设，先后荣获“中国历史文化名镇”“中国人居环境范例奖”“全国特色景观旅游名镇”“江苏省创新型试点乡镇”“江苏省文明镇”等荣誉，2010年被列为全省首批20个经济发达镇行政管理体制改革试点镇之一，2014年沙溪古镇被评为国家4A级景区。镇容镇貌持续改观，居住小区与街道建立环卫保洁制度，街道环境整洁美观，店铺规范经营，交通安全有序，车辆规范停放。

美观舒适的住宅

干净整洁的道路

日间照料中心

太仓市城厢镇东林村

东林村地处太仓城区以北，是 2004 年由原东林村、徐泾村、新横村、姚湾村合并形成的，村域面积约 7 平方千米，位于太仓市城厢镇新毛半泾河以东，西与电站村交界，南以苏昆太高速公路为界，北与沙溪中荷、塘桥相邻。全村共有 42 个村民小组，年末常住户数 783 户，年末常住人口 3 600 人。

东林村牢牢把握“发展好经济、改善好民生”的总体要求，以提升全村生态品质为工作重点和着力点，扎实推进生态文明建设各项工作，获得“全国美丽乡村试点村”“全国绿色生态产业化示范单位”“全国农机合作社示范社”“江苏省文明村”“江苏省民主法治村”“江苏省最美乡村”“江苏省最具魅力休闲乡村”“江苏省卫生村”“江苏省生态村”“江苏省平安家庭建设示范村”“江苏省社会主义新农村建设先进村”“苏州市村级经济百强村”“太仓市村级经济十强村”等荣誉称号。

东林村在发展农业方面，形成了以机械化实现高效农业、以科技化实现品牌农业、以生态化实现循环农业为特征的现代高效农业，特别是“秸秆收集→发酵加工→牛羊饲料→稻麦肥料”的秸秆循环利用模式，解决了秸秆的出路问题，减少了化肥施用量和粮食饲料使用量，提升了农产品的价值，实现了农业的可持续发展，保护了生态环境。

绿化后的庭院

河塘沟渠

东林佳苑展示厅

东林佳苑儿童游乐场所

昆山市淀山湖镇

淀山湖镇位于江苏省昆山市东南端，东邻上海市，处于上海、苏州、昆山的“金三角”区域内，东南与上海青浦区盈中镇、朱家角镇毗邻，西南临淀山湖，西北与锦溪镇相连，北与千灯镇接壤。淀山湖镇被誉为“大上海后花园”，自然资源丰富，区位优势明显，投资环境优越。淀山湖镇区域面积 63.11 平方千米，其中陆域面积 54 平方千米，湖区面积 9.11 平方千米。现辖 11 个行政村、5 个社区居委会，常住人口 5.6 万人左右，拥有 15 千米湖岸线。1994 年淀山湖镇被国务院列入《中国 21 世纪人口、环境与发展白皮书》，成为中国小城镇规划和建设示范镇，此后又先后获得“国家卫生镇”“全国环境优美乡镇”“中国民间文化艺术（戏曲）之乡”“省环境经济协调发展示范镇”“江苏省园林小城镇”“江苏省文明镇”“全国首批百强镇”等荣誉称号。

积极探索乡村旅游富民途径，淀山湖镇的生态环境、生活环境发生了巨大的变化，全镇呈现出经济快速发展，收入逐年提高，镇貌不断优化，生活环境更加优美，家家安居乐业的喜人局面。淀山湖镇依托紧邻上海的地缘优势，重点打造休闲旅游度假品牌，打造“乡村生态、休闲度假”旅游新体验。在淀山湖镇经济稳定发展的同时，兼顾生态、人文、乡风文明等软实力的提升，2016 年成功举办“追日”马拉松比赛，成功举办 2017 淀山湖稻香节。

镇容镇貌

农村环境

追日半程马拉松比赛现场

“稻香节”开幕式现场

昆山市张浦镇

张浦镇位于昆山市南部，是长江三角洲对外开放的重要城镇之一。张浦镇行政区域面积 116.27 平方千米，下辖 16 个行政村、12 个社区居委会，常住人口 137 651 人，户籍人口 77 701 人。张浦镇建成苏州市级美丽村庄 3 个、苏州市“三星级”康居乡村 16 个。其中，张浦镇的金华村成为昆山首个全国文明村。

张浦镇党委政府始终坚持贯彻落实“创新、协调、绿色、开放、共享”的发展理念，以德国精密制造、冷链食品、物流等为基础，全力打造“工业强镇、田园新城”。全镇经济取得骄人的成绩，同时通过建设生态环境、优化生态环境，促进了经济社会的发展。建成区居住、商贸、休闲、生产等功能布局合理，综合服务中心配套完善，交通出行便利。

镇容镇貌

农村环境

美观的住宅

便民服务中心

新吴社区日间照料中心

历史文化建筑

昆山市锦溪镇

锦溪，地处昆山市西南隅，接壤上海，毗连苏州。镇域面积 90.69 平方千米，下辖 20 个行政村和 3 个社区，常住人口 10.6 万人，户籍人口 4.4 万人。镇志记载：一溪穿镇而过，夹岸桃李纷披，晨霞夕辉尽洒江面，满溪跃金，灿若锦带，故名“锦溪”。

锦溪自然环境优越，人文底蕴深厚，为国家 4A 级旅游景区，先后荣膺“中国历史文化名镇”“中国民间博物馆之乡”“全国环境优美乡镇”“全国特色景观旅游名镇”“国家卫生镇”等称号，获“中国人居环境范例奖”“中华宝钢环境奖”“城镇环境类优秀奖”等奖项，并有“十佳村镇慢游地”“中国最美小镇”“最受欢迎国内游目的地”“体育健康特色小镇”等称号。

锦溪镇始终把生态作为最根本优势、最稀缺资源和最宝贵财富，以守望水乡生态人文特色为重要使命，以转型升级为首要任务，以改善社会民生为根本导向，着力建设产业支撑有力、城乡和谐共生、生态环境优越、文化特色鲜明、群众幸福富足的“强富美高”生态人文锦溪，推动全镇经济社会各项事业稳健发展。锦溪镇在有限的工业发展空间内始终坚持绿色发展理念，做生态文明建设的忠实践行者，发展壮大新兴产业，培育更多新业态、新模式、新经济，着力培育创新型企业，支持企业通过提升产品科技含量、参与行业标准制定等方式向产业链高端攀升，增强企业竞争力。持续加大古镇保护修缮力度，推动旅游资源多元整合，积极探索“旅游+文化”“旅游+农业”“旅游+体育”的发展新模式。探索新型特种种养模式，逐步推广农渔结合的循环农业，彰显现代“鱼米之乡”农村新风貌。

美丽乡村

古镇

彩绘稻田

昆山市张浦镇姜杭村

姜杭村位于昆山市张浦镇西南侧，东临商秧湖，西靠大直江，南与大市村相邻，北与赵陵村接壤，江浦南路穿村而过。全村由五个自然村组成，共有村民小组 23 个，总人口 1 704 人。

姜杭村先后获得“中国美丽休闲乡村”“江苏省卫生村”“江苏省特色示范村”“江苏省生态村”“江苏省康居示范村”“江苏省民主法治示范村”“江苏省三星级康居乡村”“江苏最具魅力休闲乡村”“江苏省科普示范村”“江苏省水美村庄”“江苏省电子商务示范村”“苏州市建设社会主义新农村示范村”“苏州市‘三十佳’卫生村”“苏州市文明村”“苏州市‘绿化庭院·美化家园’巾帼示范村”“苏州市美丽村庄建设先进单位”等荣誉称号。

姜杭村无工业企业，农业基础设施完善，基本农田得到有效保护，有机农业、循环农业和生态农业发展成效显著，乡村旅游健康发展。姜杭村村庄周围广植树木，形成林带，在村内道路两侧栽植行道树，在农户房前屋后见缝插绿形成绿荫，林木覆盖率达 28%。村内建有医务站、阅览室、排练厅、门球场等，生活服务设施齐全。2016 年，姜杭村试点垃圾分类，建设垃圾资源化处理站、垃圾分类亭等，实现垃圾的资源化、减量化、无害化处理。在有着悠久历史和厚重文化的太极水村姜里，历史和文化元素与乡村文脉深深地珍藏在寻常百姓的记忆之中，醇厚的水态环境与乡村风格充满着江南的独特风味。

村容村貌

感知农场

太极文化广场

姜里遗址

昆山市巴城镇东阳澄湖村

东阳澄湖村位于阳澄湖东岸，是航天英雄费俊龙的故乡，东与巴城湖村及巴城湖、鳗鲤湖相连，南与绰墩山村交界，西临美丽俊秀的阳澄湖，北与新开河村及苏昆太高速公路、苏州绕城公路相接，水陆交通十分便利。全村区域总面积 5.5 平方千米，共有家庭户 582 户、总人口 2 386 人，辖区内有 13 个自然村，设有 14 个村民小组。

东阳澄湖村辖区下的富康新村获得 2016 年度苏州市“三星级康居乡村”荣誉称号，东阳澄湖村 2015 年被评为“昆山市村庄环境长效管理先进村”。2015 年，根据有关农村工作部门的推荐，经特色村工作委员会专家组审议决定，同意吸纳东阳澄湖村为“中国特色村”并吸收为中国村社发展促进会特色村工作委员会成员单位。

东阳澄湖村拥有得天独厚的地理条件，众多湖泊，盛产大闸蟹、清水虾、桂花鱼。村民农家乐以阳澄湖大闸蟹品牌及阳澄湖湖鲜为主，附带休闲垂钓、餐饮，住宿服务设施齐全完善。依托地理条件水资源优势，东阳澄湖村内河流交错，自然生态环境优美，空气清新，具有江南水乡特色。

生态绿化环境

生态环境

青年林

村庄一角

湿地公园

吴江区震泽镇

震泽，是太湖的别称，著名蚕丝古镇，西接浙江南浔、北枕太湖，是吴江的城市副中心，境内沪苏浙高速、318 国道和京杭运河支流长湖申线并行横贯东西。全镇总面积 96 平方千米，下辖 23 个行政村、2 个街道办事处和 6 个社区居委会（2017 年 11 月正式成立麻漾社区），总人口 12 万人，其中户籍人口 6.7 万人。震泽镇先后被评为“中国亚麻蚕丝被家纺名镇”“中国蚕丝被之乡”“国家卫生镇”“全国环境优美镇”“江苏省历史文化名镇”等。2015 年 4 月，震泽镇被列入国家建制镇示范试点地区。2016 年被评为“住房城乡建设部第一批中国特色小镇”。

震泽镇始终坚持绿色生态丝绸小镇的发展战略，围绕“创新、协调、绿色、开放、共享”五大发展理念，以“丝绸小镇，田园乡村，科技兴城”为目标，努力把震泽镇建设成为水美、景美、人美的生态绿色特色小镇。发展生态高效农业，依托蚕桑园、省级湿地公园，着力构建绿色文化丝绸小镇。实施畜禽粪便肥料化、燃料化、饲料化，坚持做好秸秆禁烧禁抛。完成国家重大农技推广服务项目工作并且在农技推广服务新机制、新模式等方面被评为优秀。震泽镇全镇工业企业较为发达，鼓励工业转型升级、科技创新、企业兼并重组。加快淘汰落后产能、落后工艺，推动光缆电缆、纺织业、电梯等传统支柱产业技术高新化，产品尖端化。大力发展以新材料、新能源、节能环保为主导的新兴产业，切实把好“源头关”，为丝绸小镇的绿色发展创造有利条件。打造美丽田园乡村，严守辖区内金鱼漾、省级湿地公园、长漾湖国家级水产种质资源保护区生态红线。大力推进绿化建设，提升城镇园林绿化水平，积极增加绿色碳汇，加快骨干道路绿带工程建设。

镇容镇貌

美丽乡村

环境优美

污水处理厂

现代农业示范园区

吴江区七都镇开弦弓村

开弦弓村，学名“江村”，是著名社会学家费孝通长期社会调查的基地，是中外学者了解和研究中国农村的窗口，是国内外研究中国农村的首选样本。开弦弓村位于七都镇东南面，由原开弦弓、西草田两个村调整合并而成，交通便利，南靠沪苏浙高速公路，庙震公路和苏震桃一级公路贯穿其中。全村土地面积 4.5 平方千米，现有户籍常住人口 2 860 人、25 个村民小组、5 个自然村、农户 748 户。开弦弓村先后获得“吴江区文明村”“江苏省卫生村”“苏州市首批美丽乡村试点村”等多项荣誉称号。

开弦弓村坚持以生态文明建设为统领，围绕创新、协调、绿色、开放、共享五大发展理念，以“特色田园乡村”为目标，加快生态文明示范村创建步伐，发展生态高效农业。发挥当地资源优势，大力发展太湖大闸蟹、香青菜、毛豆等优势产业。积极学习施肥技术，通过控制农用化肥和农药施用强度，在以有机肥为基础的条件下，提出氮、磷、钾和复合肥的适宜用量和比例，促进农业增产、农民增收。加快工业转型升级。村内企业工业污水全部通过管道接入庙港污水处理厂进行处理后回用，工业污水处理率达 100%，工业固体废物得到妥当处置。积极发展文化旅游，利用社会学教育基地的文化资源，建设了占地 1 万平方米的江村纪念馆，新增及修复绿化面积 3 000 多平方米。村庄内所有路道均已实现硬化，村庄主干道公路全部实现亮化。打造特色田园乡村建设，努力建成集生态、文化、田园风光、养身、养心于一体的田园乡村新型代表。保持良好生态，落实河道常年保洁、管理、责任制，对全村河道配备 4 名河道保洁员。疏浚村域内河、塘、沟、渠，河塘沟渠整治率达 98.77%。绿化树种优先选用当地适生物种，乔、灌、草合理搭配。

村容村貌

费孝通江村纪念馆

吴中区临湖镇

吴中区临湖镇，地处苏州城西南，东、西临太湖，南临东山，北接胥口，于2006年9月由原渡村和浦庄两镇合并而成。下辖12个行政村和2个社区居委会，常住人口4.3万人，外来人口5.4万人。全镇区域面积55.6平方千米，拥有23千米湖岸线。

临湖镇先后获得“全国环境优美乡镇”“国家生态镇”“国家卫生镇”等荣誉称号，省级生态村创建基本实现全覆盖。临湖镇的湖桥村被评为国家级生态村，柳舍村被评为全国美丽宜居示范村，黄墅村入围江苏省特色田园乡村建设首批试点村庄。

临湖镇合理规划、绿色发展，实施生态立镇、产业兴镇两大发展战略，基本完成装备科技产业园、现代农业产业园、温泉生态产业园和园林园艺博览园等四园建设。严格落实项目准入制度，变“招商引资”为“招商选资”，从源头上把住污染关口。严守生态和耕地两条红线，大力发展绿色农田、循环农业和生态农业。坚持落实河道管理“河长制”，建设生态河道46条、50.21千米。按照自然风貌、村民意愿、文化保护相结合的原则，实施涵盖9个行政村51个自然村的美丽乡村建设。实施东山大道、浦庄大道、和安路、平安路、腾飞路、银藏路绿化、亮化、美化等优化提升工程，先后建成园博园路、临湖路、渡村路等主要干道。

太湖园博园

柳舍村农村环境

东吴村北港自然村环境

采莲村桥东自然村环境

吴中区胥口镇

胥口镇地处苏州市西郊的太湖之滨，因春秋战国时期吴国大夫伍子胥而得名，迄今已有2 500余年历史，是古吴文化发祥地。胥口镇位于吴中区西南部，南临太湖，北倚穹窿山，东距苏州市中心15千米。它东部、北部与木渎接壤，西部与太湖旅游度假区、光福等镇相连，东南部与临湖镇相接。全镇面积38平方千米，下辖6个行政村和一个社区居委会，常住人口近3.1万人，外来人口6.3万人。

胥口香山古建、藤艺制品、吴门书画远近闻名，分别于1991年和2004年被国家文化部命名为“中国书画之乡”和“文化（美术）产业示范基地”，素有“锦绣江南、鱼米之乡”“吴中胜地、人间天堂”之美誉。胥口镇先后获得“全国环境优美乡镇”“国家生态镇”“江苏省卫生镇”等荣誉称号。

胥口镇高起点编制环境规划、高要求推进创建工作、高质量建设基础设施、高标准开展环境整治、高效落实长效管理措施，生态文明水平进一步提高。实施城镇环境优化美化工程。按照城镇建设总体规划，围绕“三带五园”整体布局，完善文体中心、欢乐胥江、香山工坊、港龙乐汇城等载体建设，全镇道路交通网络加快完善。城镇功能设施日臻完善。不断加强绿化工程建设，“绿色通道、绿色基地、绿色家园”建设继续推进，绿化面积逐年增加。做好沿太湖水源保护、抓好工业污染的防治、大力推进“263”专项行动。建立完善了长效管理体制和工作机制，实施“环保准入制”和“环保一票否决制”，制定《胥口镇工业企业污水接管暂行规定》，并制定环境污染有奖举报制度、企业环境行为信息“三公开”制度等制度。

镇容镇貌

发展生态农业下的农田

优美的环境

吴中区金庭镇

金庭镇位于苏州市西南部，历史悠久，文化底蕴深厚，是全国小城镇综合改革试点镇。镇区所在西山岛是中国淡水湖泊中最大的岛屿，是国家4A级景区，拥有石公山、林屋洞、缥缈峰、禹王庙等多个景点。全镇总面积84.22平方千米，下辖1个社区和11个行政村，拥有常住人口4.5万人。

金庭镇依托独特的区位优势和生态优势，在“山水苏州·人文吴中·生态金庭”的美好蓝图下，以构建和谐新农村为目标，全力推进“现代农业的样板区、文旅融合的创新区、生态文明的示范区、城乡一体的先行区、幸福和谐的宜居区”建设，奋力拼搏、锐意创新，走出了一条经济增长、生态良好、群众富裕、社会和谐的科学发展之路。

围绕农文旅谱好核心产业发展文章，金庭镇全力推进全域旅游发展。以农业园区为龙头引领，大力实施现代农业“6+1”工程，主攻休闲体验型高效农业、主打“一村一品”、主抓“互联网+”农业。完善公共基础设施建设，建成5个美丽村庄、33个康居村庄，美丽村庄开始连线成片发展，农村环境质量稳步改善，基础设施日臻完善。严格太湖水环境“五位一体”综合管理，深化落实“河长制”，持续加强对涉水企业生产废水排放的管控力度，全面完成燃煤锅炉（土灶）企业清洁能源改造工作，不断强化扬尘污染防控工作，深入开展农业面源污染治理，实行镇域内规模畜禽养殖全面禁养，大力实施生态公益林保护工程，实现市级以上生态村全覆盖，林地绿地总面积达52平方千米。

美丽乡村（李苏群摄）

西山景色（沈铮泓摄）

碧螺春茶场

吴中区越溪街道

越溪位于吴中区西南部，东至友新高架，西靠尧峰山，南临东太湖，北座上方山，区域面积约 48.8 平方千米，下辖 9 个社区居委会、2 个村委会，常住人口 10 万余人。越溪紧邻苏州古城西南角，东依京杭大运河，西倚四季花果飘香的七子山，南临烟波浩瀚的东太湖，北坐名胜古迹上方山，是苏州市的南大门。

越溪街道以构筑生态宜居新家园为主旨，居民生活幸福指数逐年攀升。严守生态红线，优化城乡风貌，越溪街道坚持“节约优先、保护优先、自然恢复”方针，有针对性地实施各项生态工程和保护措施，确保辖区生态红线区域性质不变、功能不降、面积不减。推广绿色科技，实现资源再利用。积极推广餐厨垃圾处理新技术，利用生物发酵菌把回收的餐厨废弃物“变废为宝”，2014 年首先建成旺山生态园农家乐餐厨垃圾分类处置、资源化综合利用示范点，随后推进了辖区厨余垃圾就地处置点布局的不断合理完善，生态环境的源头改善。

旺山景观

越来溪公园

社区服务中心

拆迁安置小区

垃圾处理站

网球场

吴中区越溪街道旺山村

旺山村隶属于苏州市吴中区越溪街道，地处苏州城西南尧峰山脚下，紧邻吴中大道及绕城高速，交通便利。全村三面环山，村域面积 7 平方千米，其中山林面积 3.58 平方千米，村内绿化面积达 60%以上。全村现有农户 555 户、常住人口 2 494 人、外来人口 6 500 余人。

旺山村以保护和改善生态环境为重点，不断继承和发展旺山生态优势。在发展建设中，坚持念“绿”字经、打生态资源牌、走特色产业路，既要绿水青山，又要金山银山，着力开发独具特色的乡村休闲观光旅游产业，着力实现“人与自然和谐共处、经济社会与生态环境协调发展”的双赢局面。旺山村被评为国家 5A 级旅游景区，先后获得“全国文明村”“江苏省生态文明建设示范村”“全国生态文化村”“江苏最美乡村”等荣誉称号，荣获中国人居环境范例奖。

旺山村始终坚持把生态保护放在首要位置，以保护自然环境为原则，不断优化产业结构，壮大集体经济，带动村民致富增收，努力走出一条生态富民的幸福之路。坚持绿色发展，优化产业布局。发展乡村旅游，深化打造绿色“生态”品牌，每年吸引大量城市游客来体验山里人的农耕生活。坚持生态文明，绿化、美化村庄环境，积极推进村庄整治提升工程，先后完成 2 个三星级、3 个二星级、4 个一星级村庄整治工作。

村容村貌

西施塘

旺山茶博园

九龙潭水库

相城区望亭镇

望亭，古名御亭，曾名鹤溪。唐代设望亭市，宋代设望亭镇，镇以亭名，一直沿用至今，是一座具有近两千年历史的古镇。望亭镇坐落在苏州市西北方、太湖之滨，与无锡市以望虞河为界，全镇总面积 37.84 平方千米，现有 7 个行政村、3 个居委会，常住总人口 7 万余人。

望亭镇紧紧围绕生态文明建设主线，围绕打造“江南特色小镇”总体目标，主动适应发展新常态，以提升全镇生态品质为工作重点和着力点，自觉践行新发展理念，扎实推进生态文明建设各项工作。先后获得“江苏省文明镇”“国家卫生镇”“江苏省和谐社区建设示范单位”“苏州市城乡一体化改革发展先进集体”“苏州市先锋镇”等荣誉称号。下辖的 7 个行政村实现了“省级生态村”全覆盖，1 个社区创建为“省级绿色社区”。

望亭镇从区域布局、产业发展、生态环境、人居环境、社会文明等方面都体现了生态化建设特色，人民生活水平和生态环境水平显著提高。立足农文旅创融合，打造休闲农业。发挥望亭农业的品牌优势，打造江南水乡的田园风光，挖掘太湖、运河的历史文化，写好农文旅创这篇大文章，建成江苏省农业标准化示范园区。现代农业已经成为望亭镇乃至相城区的一张亮丽名片。

镇容镇貌

乡村住宅

望亭农业园

相城区望亭镇迎湖村

迎湖村位于苏州市相城区望亭镇，西临太湖，南与苏州高新区接壤，离苏南机场不到10千米。地理位置得天独厚，312国道穿村而过，新建的苏锡高速连接线望亭入口即在迎湖村。村域面积8平方千米，有27个自然村落，居民1 562户，人口6 146人。

迎湖村先后被评为江苏省文明村和苏州市文明村，还先后被评为“江苏省卫生村”“苏州市先锋村”“苏州市百强村”“苏州市争先创优先进基层党组织”“江苏省新农村建设示范村”等。

迎湖村全力提升环境面貌，优化产业结构，实施惠民工程，推进打造生态文明的新迎湖。高度重视村庄环境建设，建成1个美丽村庄、6个三星级康居村庄、11个一星级村庄。全面实施村庄污水管网建设，全村农村生活污水接管率达到100%。加快推进现代农业，按照四个百万亩基本农田要求，建设2 000亩的苏州市级现代农业示范区，打造太湖稻城、油菜花海。依托农业示范区做好传统农业向观光农业、旅游农业发展，形成以种植为主，旅游休闲、餐饮、住宿为辅的观光农业产业链。加强治理生态环境，建设生态驳岸2千米，建设绿色水廊2 000米，每年安排河道轮流疏浚。

南河港

污水微动力处理设施

太湖水稻有机生态圈

书场

工业园区唯亭街道

唯亭街道原为唯亭镇，2012 年经江苏省人民政府批准撤销唯亭镇，设为唯亭街道，隶属于苏州工业园区，是苏州工业园区的北部城市副中心和生态门户区，位于苏州市中心城区规划范围内东北部，背靠阳澄湖，怀抱青剑湖。唯亭街道行政管辖面积 80 平方千米，包含 36 平方千米阳澄湖水面，下辖 23 个社区、2 个民众联络所，户籍人口 8.43 万人，常住人口近 30 万人。唯亭街道交通便捷，境内苏嘉杭高速公路和 312 国道、京沪铁路、沪宁高速公路及娄江水运四大通道紧密相连。沪宁高速公路在唯亭设置两个出入口，“城际高铁园区站”则是沪宁城际高铁在唯亭境内的重要站点。

唯亭街道先后获得“苏州市文明镇”“江苏省绿色社区创建先进单位”“苏州市创建全国文明城市先进集体”“苏州市现代化新农村建设示范镇”“江苏省和谐社区建设示范街道”“苏州市生活垃圾分类工作先进集体”等荣誉称号。率先在全市乡镇街道中实现江苏省卫生镇、国家生态乡镇、江苏省园林小城镇、国家卫生镇等镇级环境类创建大满贯。

唯亭街道围绕生产发展、生态良好、生活富裕、乡风文明等发展方向，不断推进生态文明建设进程。街道牢固坚持外向型经济第一方略，全面落实择商选资理念，始终坚持先进制造业与现代服务业并举，加快推动区域经济转型优化。以唯亭阳澄湖滨生态公园为核心，加快推进阳澄湖环湖生态防护林和绿化生态带建设，在唯亭阳澄湖沿线形成一片融合城市景观、休闲健身、公共湿地三大生态形态的生态环保示范带。完善绿色交通系统，优化布局好全区公共交通体系，保障辖区居民的出行便利。推广绿色建筑，配套中新生态科技城，打造一批二星级绿色生态住宅，建筑三星级标准的邻里中心及幼儿园，加快全街道绿色生态建筑的步伐。

生态景区

科技城邻里中心

城际高铁园区站

阳澄湖滨生态体育公园

第二批
江苏省生态文明建设示范乡镇（街道）、村（社区）

张家港市金港镇

张家港保税区（金港镇）地处张家港市西北部，区域面积 152 平方千米，下辖 3 个办事处、26 个行政村、18 个社区居委会，户籍人口 18 万人、外来人口 17 万人，2017 年跻身全国千强镇第六名。近年来，保税区（金港镇）高度重视生态环境保护，生态文明建设示范镇创建工作有序推进并取得实效。

保税区（金港镇）高度重视省级生态文明建设示范镇创建工作，编制了专项规划，成立了领导小组，明确了部门职责，强化了绩效考核，落实了建设资金，打造了亮点工程，有效保障生态文明建设各项目标任务全面完成。同时，多平台、多形式开展生态文明示范创建活动，生态文明理念深入人心、家喻户晓。2015 年度中国中小城市综合实力百强镇金港镇排名第 10。2017 年 11 月，金港镇获评第五届全国文明村镇。

镇容镇貌

香山景区

整治后的河道

人文宣传墙

张家港市杨舍镇百家桥村

百家桥村地处张家港市杨舍镇最西端，全村区域面积 4.71 平方千米，现有 31 个村民小组、2 个社区居委会，总户数 1 993 户，常住人口 6 111 人。

百家桥村高度重视省级生态文明建设示范村创建工作，专门召开创建工作动员会，成立以村党支部书记为组长的工作小组，科学合理推进生态文明建设示范村创建。建设过程中，注重以点带面、立体推进，营造良好生态，开展主干道黑色化、环境绿化美化亮化、生态河道整治驳岸、休闲广场建设等工程，极大地优化了村民的居住环境。同时，十分注重文明村风的培育，上下联动、立行立改，切实提升群众生活品质，有效改善村民人居环境。大力开展环境综合整治，开展农村改水、改厕工作，切实加强美丽村庄建设并积极推行清洁能源。百家桥村致力于建设空间优化形态美、功能配套村容美、兴业民富生活美、生态优良环境美、乡风文明和谐美的“五美”新家园，成功实现了美丽乡村建设升级。

沿湖居民房屋

整洁的河道

村中一角

生态园

张家港市南丰镇建农村

建农村地处张家港市南丰镇东北部，区域面积3.2平方千米，下设22个村民小组，共有农户878户，总人口2 481人。村内设有一站式服务大厅、综合教育活动室、卫生服务站、文化展示厅、廉政文化园、宣传文化长廊、爱心驿站、党员服务中心、村民健康自检屋、居家养老服务站、残疾人康复室、室外健身路径4处及健身广场3处等齐全的硬件配套设施。

为进一步提升村民居住环境，大力开展新农村建设，建农村先后投资3 800多万元创建了“省级三星级康居乡村”和“苏州市美丽村庄”。农村生活污水全部接入管网并实行无害化处理，污水管网率达92%以上，农村卫生保洁、绿化管护在全市率先实行市场化运作。通过创建，村庄环境大幅提升，百姓生活更加舒适，真正呈现出“生产发展、生活富裕、乡风文明、村容整洁、管理民主”的乡村风貌。建农村先后荣获“江苏省文明村”“江苏省水美乡村”“苏州市文明村标兵”“苏州市先锋村”“苏州市幸福乡村”“苏州市新农村建设示范村”等荣誉称号。

村容村貌

和美主题公园

水美乡村

村庄道路

农村住宅

垃圾分类宣传现场

张家港市塘桥镇金村村

金村村地处张家港市塘桥镇东南端，全村区域面积 10.2 平方千米，现有 63 个村民小组、2 098 户人家、常住人口 7 598 人。

金村村自古民风淳朴，崇尚诗书礼义，史称“耕读之家”，晋代开始有村落，唐代称“太平乡永昌里”，宋时称“潘圻村”，明代称“慈乌村”，清代雍正年间始称“金村”。1912 年，金村创办慈妙乡第二国民学校。金村村人文底蕴深厚，积淀了丰富多彩的传统文化、核心价值观、古今乡贤事迹、家风家训、文明金村“三字经”等宣传载体，营造浓厚的文明乡风。近年来，围绕城乡一体化和美丽乡村建设，金村村投入大量资金，实施村庄亮化工程，全力整治脏乱差点位，疏浚河道，建设生态驳岸、滨水风景，将其创建成苏州市美丽村庄示范点。干净整洁的传统民居、热闹繁华的商业集市，传统与现代的交融，让古村散发出新的魅力。金村村致力于打造美丽产业，壮大村级实力，通过乡村民居新建，优化乡村设施，人居面貌焕然一新。金村村先后获得“江苏省生态村”“江苏省三星级康居村”“江苏最美乡村”等殊荣。

村容村貌

古建筑

农村住宅

庙会活动

村庄建筑

农村河道

张家港市锦丰镇光明村

光明村地处张家港市锦丰镇西南部，全村区域面积 3.57 平方千米，现有 31 个村民小组、780 户人家、总人口 3 051 人、外来常住人口 500 多人。

光明村在锦丰镇党委、政府正确领导和相关部门的关心指导下，高度重视省级生态文明建设示范村创建工作。全村上下始终坚持绿色发展理念，把生态文明创建作为加强农村生态环境保护的重要载体和有力抓手，成立了工作小组，编制了专项规划，明确了目标任务，设立了创建资金，落实了可行举措。光明村通过统一规划、统一设计，有针对性地开展旧村改造，使农民受益、受惠，在改建过程中切实保护好农村自然生态、历史文化。在创建过程中，充分发挥全村党员干部的核心带头和先锋模范作用，带领广大村民积极参与同创共建活动，充分利用村宣传栏等阵地，通过发放宣传资料、悬挂宣传标语、布置宣传横幅等形式进行广泛发动、全民动员，使生态文明理念家喻户晓，深入人心，持续优化全村生态环境质量。

村庄河道

农村建筑

村级道路

生态农田

常熟市海虞镇

海虞镇地处长江之滨，1999 年由原王市、福山、周行镇和福山农场合并而成，全镇总面积 109.97 平方千米，下辖周行、福山 2 个办事处、王市管理区、1 个农场、5 个社区居委会和 17 个行政村。户籍人口 8.95 万人，暂住人口 4.05 万人。

近年来海虞镇先后被授予“国家生态镇”“全国环境优美镇”“全国重点镇”“国家卫生镇”“全国特色小镇”“全国小城镇建设示范镇”“全国创建文明村镇工作先进镇”“全国发展改革试点小城镇”“全国第一批试点示范绿色低碳小城镇”“中国苏作红木家具名镇”“中国苏作红木产业转型升级试点镇”“中国产学研合作创新示范镇”“中国美丽乡村建设示范镇”等荣誉称号。海虞镇自设立以来，始终秉持绿色发展理念，积极适应经济发展新常态，环保和发展并重，以产业优、配套优、生态优、文化优、服务优等“五优”为目标全力打造“江南无忧小镇”。

镇容镇貌

生态农业园

福山光福发电站

环保日宣传活动现场

常熟市海虞镇汪桥村

海虞镇汪桥村位于海虞镇南端，交通便利，西距市中心 8 千米，南邻常浒路，北靠通港路，东距沿江高速入口仅 400 米，是海虞镇工业开发区所在地，区位优势明显。全村总面积 1.5 平方千米，下辖 11 个村民小组和一个汪桥新村，现有总户数 524 户、常住人口 2 011 人。

近年来汪桥村以“社会主义核心价值观”为导向，按照“生产发展、生活宽裕、乡风文明、村容整洁、管理民主”总体要求，加快生态文明建设、积极构建美好家园，全力打造社会主义新农村。汪桥村曾获得“江苏省生态村”“江苏省文明村”“江苏省卫生村”“江苏省村民自治模范村”“江苏省新农村建设先进村”“苏州市文明标兵村”“苏州市、常熟市农村现代化建设示范村”“苏州市先锋村”等荣誉称号。

乡村景色

健身设施

村民活动室

分类垃圾桶

常熟市古里镇坞坵村

坞坵村以境内坞坵山而得名，位于古里镇东南面，东临联泾塘，西南与沙家浜常昆村接壤，北依白茆塘，苏嘉杭高速公路穿境而过，水陆交通便利。它由原坞坵、双庙、沈闸和童王四村合并而成，全村面积7.06平方千米，下设35个村民小组，常住人口3 790人。坞坵村以农业为特色，夏熟作物以小麦为主，兼种油菜，秋熟作物皆为水稻，持有“坞坵”“白禾”两个知名大米品牌。作为古里镇的优质稻米基地，坞坵村已建成国家级（坞坵）优质水稻标准化示范区，成功创建了江苏省高水平农科教结合富民示范基地、水稻、小麦高产增效创建省A级万亩示范片，坞坵现代水稻产业园区被认定为“苏州市市级现代农业园区”。

近年来，坞坵村始终贯彻执行党的十八大、十九大关于生态文明建设最新精神，将“绿水青山就是金山银山”等生态文明理念作为各项工作的重要指导思想，在生态文明建设中取得了一定的成绩，先后获得“江苏省生态村”“江苏省卫生村”“江苏省民主法制示范村”“苏州市三星级康居乡村”“苏州市创建平安农机促进新农村建设示范村”“常熟市爱国卫生工作先进集体”“常熟市文明村”等荣誉称号。

村容村貌

农村环境

村间道路

常熟市尚湖镇东桥村

东桥村地处常熟西郊，与锡山区、江阴市接壤，全村下辖25个自然村，总面积4.04平方千米，常住居民795户，总人口2 905人，曾获得“江苏省生态村”“江苏省文明村”“江苏省标准化绿化示范村”“江苏省和谐社区建设示范村”“苏州市文明村”等荣誉称号。

近年来，村“两委”高度重视生态文明建设工作，始终把生态文明村建设工作列入村级重点工作行列，在上级党委、政府和上级主管部门的精心指导和关心帮助下，坚持经济建设与生态建设一起推进，产业竞争力与环境竞争力一起提升，经济效益与环境效益一起考核，物质文明与生态文明一起发展，有力促进了农村生态环境的改善，打下了坚实的生态基础。

整洁的河道

健身设施

服务中心

太仓市浏河镇

浏河镇位于太仓市东部、长江南岸，为江防要地和长江门户，距市区 18 千米。面积 68.83 平方千米，2017 年常住人口 48 478 人，下辖 7 个社区、8 个行政村，新浏河在此入长江。

2017 年，浏河镇入围全省新一轮经济发达镇行政管理体制改革名单，先后获得“江苏省文明乡镇”“国家卫生镇全国环境优美镇”“江苏省创建文明乡镇工作先进乡镇”等荣誉称号并获江苏人居环境范例奖等奖项。

近年来，浏河镇始终全面贯彻落实党的十八大，党的十八届三中、四中、五中、六中全会精神，认真学习贯彻习近平总书记系列重要讲话精神，在市委、市政府和镇党委的正确领导下，全面统筹城乡发展，着力保障民生，坚持大手笔规划、大跨度整治、大力度打造，围绕建设“美丽金太仓”总体目标，把生态文明建设作为推动转型升级、内涵发展、绿色增长的重要内容，靠生态造福百姓、靠生态吸引要素、靠生态集聚产业，主动适应发展新常态，以提升全镇生态品质为工作重点和着力点，自觉践行新发展理念，扎实推进生态文明建设各项工作，在生态乡镇创建方面取得阶段性成果。

镇容镇貌

郑和大街

敬老院

古镇牌坊

古建筑

太仓市浮桥镇

浮桥镇位于太仓市东部，东临长江，位于国家级太仓港经济开发区中心腹地。镇域面积145平方千米，下辖11个行政村、6个涉农社区、6个纯社区，常住人口近8万人，流动人口约7万人。浮桥镇现拥有企业1 300多家，其中规模以上企业73家。浮桥镇以中小企业创业园为平台，重点吸纳优质民营企业，其中“中小企业创业园”被列为“江苏省小企业创业示范基地”。郑和公园、同觉寺、生态农业园、三家市古村落等资源已成为休闲旅游新亮点，吸引了四方宾客。浮桥镇先后获得“全国环境优美镇”“江苏省卫生镇”“江苏省文明镇”等荣誉称号。

近年来，浮桥镇认真贯彻落实党的十八大、十九大，党的十八届三中、四中、五中、六中全会，以及习近平总书记系列重要讲话精神，特别是视察江苏重要讲话精神，围绕建设“美丽金太仓”总体目标，把生态文明建设作为推动经济转型升级、内涵发展、绿色增长的重要内容，靠生态造福百姓、靠生态吸引要素、靠生态集聚产业，主动适应发展新常态，以提升全镇生态品质为工作重点和着力点，自觉践行新发展理念，扎实推进生态文明建设各项工作，在生态乡镇创建方面取得阶段性成果。

方桥村落

舒适住宅

协鑫农庄

郑和公园

秸秆还田

生态农业

太仓市浏河镇何桥村

何桥村位于浏河镇西部，南与上海市嘉定相接，西与陆渡镇三港村相邻，太浏一级公路横穿其中。何桥村于2007年5月份区域合并（何桥、三星、墙里、石新、新胜5村合并），行政辖区面积8.5平方千米。现有43个村民小组，在册总人口3 328人，外来人口524人，总户数870户，耕地面积4.45平方千米。何桥村先后获得“江苏省卫生村”“太仓市文明村”“现代农业建设先进单位”“浏河平安建设先进集体”“新型农业科技培训示范村”“江苏省生态村”等荣誉称号，2009年被列入第四批新农村建设示范村。

回顾近年来省生态村的创建活动，在镇党委、政府的正确领导和关心支持下，在村两委及全村村民的共同努力下，何桥村立足本村实际，坚持认真落实年初制定的目标任务，锐意进取，求真务实，为全村经济发展、社会和谐和生态文明建设付出了应有的努力，扎实推进生态文明建设各项工作。

近年来，何桥村认真贯彻落实党的十八大、十九大，党的十八届三中、四中、五中、六中全会，以及习近平总书记系列重要讲话精神，特别是视察江苏重要讲话精神，围绕建设“美丽金太仓”总体目标，以提升全村生态品质为工作重点和着力点，自觉践行新发展理念，扎实推进生态文明建设各项工作，在江苏省生态文明建设示范村创建方面取得阶段性成果。

何桥村花海

合作农场

清清河道

小型污水处理装置

太仓市浮桥镇三市村

三市村位于浮桥镇最西边缘，村域范围较广，面积约 6.7 平方千米，北至浮桥镇老闸村戚浦塘，南至双浮路，西至沙溪镇松南村，东至协星路，南北有柳双路、岳闸路、石头塘穿村而过，水陆交通比较便利。三市村于 1999 年第一次进行村域调整，红丰、三市合并，且于 2004 年进行了第二次村域调整，三市、柳园（1999 年区域调整，红跃并入柳园）合并，并入三市村。全村耕地面积 4.056 平方千米，下辖 40 个村民小组，共有农户 780 户，户籍人口 2 759 人。

回顾近年来省生态村的创建活动，在镇党委、政府的正确领导和关心支持下，在村两委及全村村民的共同努力下，三市村立足本村实际，坚持认真落实年初制定的目标任务，锐意进取，求真务实，为全村经济发展、社会和谐和生态文明建设付出了应有的努力，扎实推进生态文明建设各项工作。

近年来，三市村认真贯彻落实党的十八大、十九大，党的十八届三中、四中、五中、六中全会，以及习近平总书记系列重要讲话精神，特别是视察江苏重要讲话精神，围绕建设“美丽金太仓”总体目标，以提升全村生态品质为工作重点和着力点，自觉践行新发展理念，扎实推进生态文明建设各项工作，在江苏省生态文明建设示范村创建方面取得阶段性成果。

水美乡村

千年银杏

古四合院

生态农场

太仓市双凤镇勤力村

勤力村位于太仓市双凤镇西部，西与昆山周市镇相邻，北与常熟任阳交界，由原同新、勤力、渔业三村合并而成。全村总面积5.6平方千米，共有32个村民小组，760户农户，户籍总人口2 533人，外来人口394人。

勤力村在上级党委、政府和村党委的坚强领导下，在全体村民的共同努力下，牢牢把握“发展好经济、改善好民生”的总体要求，锐意进取，求真务实，为全村经济发展、社会和谐稳定付出了应有的努力，村级各项工作全面、有序地开展，上级下达的各项工作任务目标得到了较好的落实，获得“江苏省民主法治示范村”“苏州市建设社会主义新农村示范村”“苏州市健康促进先进村”“苏州市规范化村（社区）人民调解委员会”“苏州市无邪教示范村”“太仓市三星级党员服务中心”“太仓市勤廉文化建设示范点”“三星级康居乡村”等荣誉称号。

近年来，勤力村认真贯彻落实党的十八大、十九大，党的十八届三中、四中、五中、六中全会，以及习近平总书记系列重要讲话精神，特别是视察江苏重要讲话精神，围绕建设“美丽金太仓”总体目标，以提升全村生态品质为工作重点和着力点，自觉践行新发展理念，扎实推进生态文明建设各项工作，在江苏省生态文明建设示范村创建方面取得阶段性成果。

生活垃圾分类宣传栏

村一站式服务中心

生态果园

干净整洁的道路

东方锦鲤基地

河塘沟渠

昆山市巴城镇

巴城镇域面积157平方千米，是昆山市地域面积第一大镇。巴城镇地处阳澄湖东岸、昆山西北部，与苏州工业园区、相城区和常熟市接壤，东距上海50千米，西邻苏州25千米，沪宁城际铁路在巴城设有阳澄湖站点，苏昆太高速、苏州外环高速贯穿镇域，境内共有三个高速公路互通口，交通便捷。巴城镇先后获得“中国民间艺术特色书法之乡”“国家级卫生镇”“全国环境优美乡镇”“国家园林城镇”“全国重点镇”等荣誉称号和中国人居环境范例奖。

巴城镇于2017年初正式启动创建省级生态文明示范镇工作。巴城镇始终把“生态文明建设”作为重点贯穿于全镇的各项工作中，坚持稳中求进工作总基调，凝心聚力谋发展，提质增效促转型，积极践行“五大发展理念”，始终坚持“五个牢牢把握”工作导向，围绕“聚力创新求突破，聚焦富民补短板”工作要求，团结依靠广大干部、群众，攻坚克难、创新发展，全力推动全镇经济社会稳步向好发展，同时科学统筹生产、生活、生态等功能布局，进一步促进经济社会的发展。目前，巴城镇的经济社会平稳健康发展，省级生态文明示范镇创建工作有序开展，生态环境不断优化。

镇容镇貌

美观住宅

社会公共服务设施

历史文化建筑

镇区文化生活

小梅花戏曲团的表演

昆山市张浦镇金华村

金华村地处张浦镇西北侧，昆山市主要交通干道江浦路贯穿其中，交通便捷，区位优越。村域面积 1.83 平方千米，由南华翔、北华翔两个村调整合并而成。现有农户 226 户，12 个村民小组，总人口 1 549 人。

近年来，金华村始终坚持以“经济强、百姓富、环境美、社会文明程度高”为总目标，加快优化村庄生态环境、提升公共服务水平、创新社会管理，全村保持了粉墙黛瓦的江南水乡风貌，打造优美舒适的人居环境，村民生活质量和幸福指数显著提高。金华村先后获得了“全国文明村”“中国美丽宜居示范村”“江苏省社会主义新农村建设先进村”“省三星级康居乡村”“省村庄建设整治示范村”“苏州市最美乡村”“苏州市‘绿色庭院，美化家园’”“‘双百’绿色行动先行村”“苏州市十大幸福乡村”等荣誉称号。

经济发展方面，金华村抢抓改革机遇，利用良好的区位优势，找到自身特色，逐步摸索出“政府+村集体合作社+运营机构共同组建运营端公司”的发展模式，带动集现代农业、休闲旅游、文化产业为一体的乡村旅游项目。同时，不定期开展戏曲表演、耕作、垂钓、采摘、吊井水等民俗体验活动；举办“金华乡村美食文化节”“金华花海节”等特色节庆活动；与上海书画院结盟，开展书画艺术交流、主题写生、书画培训、摄影采风等文化活动。基础设施建设方面，金华村抓住新农村建设的机遇，修桥铺路，三线入地，切实考虑人民群众的需求，建设污水处理站 4 座，新增垃圾资源化处理站，实现垃圾资源化、减量化、无害化处理。扎实推进厕所革命，新建 3A 级和 1A 级厕所各 1 座，3 座在建，并改善了一系列配套的公共设施，真正地惠及了村民。环境提升方面，金华村选择了美丽乡村建设产业生态化的道路，治理污染，整治环境。新增绿化 18 000 平方米、建设生态河道 6 500 多米、生态停车场 3 000 平方米，实行退耕造林，营造了“村在林中、房在景中、人在画中”的绿色生态、自然优美的生活环境。公共服务方面，金华村将传统公共服务进行迭代改造，打造金华村史馆、田园大讲堂、田园市集、田园村厨、乡见集，承担会务、茶歇、餐饮、文化娱乐功能，充分利用存量激活乡村土地活力，提升村内环境品质和发展平台。村内配备完善的消防、防盗、救护、安全监测等设施设备，休息座椅、景观小品等配套设施特色鲜明，与乡村环境紧密融合，形成一个生活富裕、生态宜居的共同体。乡风文化方面，随着时代的发展，金华村实现了从传统依水而居的农耕文化到村集体自发经营管理文化的转变，形成了“画匠文化”“腊肉文化”“集体文化”三位一体的特色文化村。以文化建设促提升、以村民合作促增收，整合多方资源，在“形”“魂”“人”三方面聚焦发力，积极发展乡村旅游，着力打造集农事体验、艺术田园、乡村众创、亲子度假为一体的“产、学、创、游”田园度假目的地和田园文化创意基地。

村容村貌

绿化美化后的村庄

生态河道

便民服务设施

健身设施

农村生活污水处理站

昆山市周市镇市北村

市北村位于昆山市东北部，东邻太仓，北靠常熟。全村区域面积 5.35 平方千米，下辖 31 个村民小组，总户数 2 500 户，本地人口 3 100 人，外来人口 11 800 人，现有可耕地面积 1.38 平方千米。

市北村是江苏省、苏州市、昆山市新农村建设示范村，村党委、村委会紧紧抓住市北村被确定为江苏省、苏州市、昆山市新农村建设示范村的机遇，大力实施“富民强村”，坚持“一产稳村、二产兴村、三产强村”的总思路和“跳出市北、发展市北、壮大市北”的新理念，把握机遇，用足用好各级涉农政策，做大做强村级集体经济。2004 年，市北村创建“江苏省生态村”工作顺利通过考核验收，次年获得“江苏省生态村”殊荣。2007 年启动创建国家级生态村工作，市北村“经济、政治、文化、生态”四个文明协调发展，先后荣获了“全国民主法治示范村”“中国特色村”“共青团中央青年就业创业见习基地”“国家级生态村”“全国妇联基层组织建设示范村”“全国示范农家书屋”“江苏省文明村”“江苏省康居示范村”“江苏省社会主义新农村建设示范村”“江苏省先进基层党组织”“第一批省级创业型村”等荣誉称号。2004 年 5 月 3 日，时任中共中央总书记胡锦涛专程前来市北村视察，对市北村的经济社会发展和新农村建设给予高度评价和充分肯定，并非常满意地说：“如果都像昆山，小康社会就实现了。”2012 年 5 月 21 日，李克强视察市北村，高度赞扬：“市北村在实现了高水平的小康后，将来还要现代化，你们真不是传统的农村啊。”

村容村貌

尉州广场

农场

葡萄园

农民公园

文化活动中心

昆山市周市镇永共村

永共村位于昆山市周市镇西南部，紧邻青阳北路，占地面积5.01平方千米，包含永平家园、西南花园A区、西南花园B区、永共新村、兰泾花苑五个小区，有26个村民小组。全村户籍人口713户，共计2 379人，常住人口16 056人。距离周市镇镇区2千米、昆山市市区5千米、太仓市市区13千米。永共村西邻玉山镇，北与新塘村相接，东侧为平庄村，南面与周市镇中乐社区相邻，位于交通要道长江北路和城北大道交界处，地理位置优越，交通便捷。

永共村自然风光秀美，气候条件好，绿化覆盖率高，村域内水源清洁、田园清洁、家园清洁，村容村貌整洁有序，是生态宜居的“美丽乡村”。2016年永共村获得“江苏省卫生村”“江苏省生态村”“昆山市民主法治示范村”“苏州市民主法治示范村”“江苏省民主法治示范村”“昆山市新农村建设示范村”等荣誉称号。2017年村民人均收入达42 034元，增长率多年来一直维持在10%以上。

村容村貌

村级道路

为老综合服务中心

党群服务站

昆山市淀山湖镇永新村

永新村于 2001 年由原永义村、永安村、永生村、永益村合并而成，全村区域面积 6.25 平方千米，位于昆山市淀山湖镇南部，是淀山湖镇辖区下的一个行政村。永新村位于淀山湖镇南部，东临淀山湖镇曙光路及上海市青浦区，南靠淀山湖，西临淀山湖镇兴复村及度城村，水陆交通十分便利。全村现有自然村落 6 个（原有自然村落 11 个，其中 5 个自然村落动迁至集聚社区），村民小组 39 个，户籍人口 3 128 人。永新村共有富民合作社 1 家、农地股份专业合作社 1 家、社区股份专业合作社 1 家、六如农房农业观光专业合作社 1 家。

近年来，永新村紧紧围绕“红色引领、绿色发展”的理念，以“乡村振兴，美丽永新”为奋斗目标，发挥银杏工作室效应，团结全体党员干部群众积极进取，稳步推进村庄建设，着力提升乡风文明，逐渐成为一个让人“记得住乡愁”的典型江南水乡农村。永新村曾获得“全国文明村”“江苏最美乡村”“江苏省卫生村”“江苏省村庄建设整治示范村”“江苏省生态村”“江苏省文明村”“苏州市美丽村庄”“苏州市公共文化服务优秀村”等荣誉称号。当前，生态文明村建设已融入乡村建设的各项工作环节，渗透到了每个角落。村级经济持续发展，村容村貌得到改善，村风民风不断提高，生活水平显著提升。

村容村貌

村级农田

村级道路

农家书屋

吴江区松陵镇

松陵镇开展人居环境整治以来，坚持全域理念，整体规划、因地制宜、注重自然，摒弃大刀阔斧的开发建设方式，不刻意翻新建筑，坚持微介入原则，提升环境质量的同时留住乡愁留住记忆，给居民最亲切的居住体验。为深入贯彻落实党的十九届五中全会和中央农村工作会议关于实施乡村建设行动、持续推进农村人居环境整治提升行动的精神，进一步巩固农村人居环境整治三年行动成果，实现“干净、整洁、有序、美好”的村庄面貌，松陵镇实行党政负责人、班子成员（片长、分管领导）挂钩村庄，村书记任“清洁指挥长”负总责、村干部分片包干制度。村两委通过“四议两公开”程序修订村规民约，将人居环境整治纳入村规民约。对在人居环境建设方面表现突出的村民进行奖励，对拒不配合人居环境建设的村民实施惩戒，从源头上治理，引导村民更好地投入到人居环境整治中来。

镇容镇貌

南库街

吴江区盛泽镇

盛泽镇属于江苏省苏州市吴江区，位于江苏省的最南端，地处长江三角洲和太湖地区的中心地带，南接浙江湖州、嘉兴，北依苏州，东临上海，西濒太湖。盛泽镇总面积147.74平方千米（2017年），城区建成面积45.98平方千米，规划工业产业区60平方千米，下辖8个社区、35个行政村，全镇常住人口50万人，是吴江区两个主城区之一。境内苏嘉杭高速公路、227省道贯穿其中，交通十分便捷。盛泽镇是中国重要的丝绸纺织品生产基地和产品集散地，历史上以“日出万匹、衣被天下”闻名于世，有“绸都”的美称。农副业是盛泽镇经济发展的重要基础。除了农田基本建设外，先后建成鸵鸟、特种水产、苗猪、蔬菜、蚕桑、苗木等种养基地数十个。盛泽是一个有悠久历史的丝绸纺织重镇，早在明清时期就有发达的丝绸织造和繁荣的丝绸贸易，与苏州、杭州、湖州并称为中国的四大绸都。

镇容镇貌

乡镇农田

镇区景色

洁净河道

吴江区黎里镇

黎里镇隶属于江苏省苏州市吴江区，东临上海、西濒太湖、南接浙江、北依苏州，地处江苏、浙江、上海两省一市交汇的金三角腹地。南北向的苏嘉杭高速公路及207省道，与东西向的沪苏浙皖高速公路及318国道交会于古镇北侧，还有苏同里一级公路穿镇而过，交通十分便利。黎里镇地处太湖平原地区，属亚热带季风海洋性气候区，四季分明，日照适中，雨水充沛，气候温和湿润。镇面积258平方千米，下辖4个社区，22个行政村，常住人口177 603人。

黎里镇内的黎里古镇位于吴江区东南部，东临上海，北通苏州，南与浙江嘉兴相邻，面积121.5公顷，古镇保护范围46公顷，明清民国建筑9.7万平方米。黎里一共有12座古桥，8座是原汁原味的明清古桥。黎里镇主要有黎里辣鸡脚、油墩、套肠、李永兴酱鸭、老虎豆、生禄斋月饼、麦芽塌饼、皮蛋、酒酿饼等特产。

洁净河道

农村住宅

农村环境

古镇风貌

吴江区平望镇

平望镇是江苏省历史文化名镇，隶属于苏州市吴江区，连接长江三角洲中的苏锡常地区和杭、嘉、湖地区，南距嘉兴 30 千米，北距苏州 35 千米，东距上海 95 千米，西距湖州 55 千米。不但有 318 国道、227 省道复合穿镇而过，还有京杭大运河、长湖申线（太浦河），更有苏嘉杭高速公路、沪苏浙高速公路穿镇而过，与 308、312 国道和沪宁、沪杭高速公路相衔接，水陆交通十分便利。区域面积 133.5 平方千米，地形微有起伏，东北较高，逐渐向西南倾斜。流经平望镇内的主要河道有大运河、太浦河、頔塘、烂溪、新运河、市河等。境内主要湖荡有莺脰湖、草荡、雪湖、唐家湖，尚有与邻镇相连的大龙荡、张鸭荡、杨家荡、长荡、西下沙荡、南万荡、东下沙荡、前村荡等。这里的农田灌溉、舟楫往来等都依诸水。平望镇下辖 2 个办事处、21 个行政村、7 个社区居委会，常住人口约 15 万人，先后获得"全国环境优美乡镇""国家卫生镇""省文明创建先进镇""苏州市文化建设示范镇"等诸多荣誉称号。

镇区景色

镇区河道

农村环境

吴江区桃源镇

桃源镇隶属于江苏省苏州市吴江区，地处吴江区南部，东与浙江省嘉兴市秀洲区新塍镇毗邻、南与浙江省桐乡市乌镇镇接壤，西与浙江省湖州市南浔区南浔镇交界，北与震泽镇相连，东北靠盛泽镇。桃源镇出自曾弃职隐居于此的元兵部侍郎戴敬本诗句“问津桃花何处去，为有源头活水来”。桃源镇总面积 90.6 平方千米。截至 2018 年末，桃源镇户籍人口有 71 142 人。桃源镇以纺织服装、精细化工、新型建材、传统酿酒为四大支柱产业，其铜罗黄酒酿造技艺为江苏省非物质文化遗产。桃源镇先后获得“国家级生态乡镇”“中国出口服装制造名镇”“全国环境优美镇”“苏州市先锋镇”“省级森林公园”“国家卫生镇”等荣誉称号。

镇容镇貌

污水处理设施

吴江区松陵镇农创村

农创村位于苏州市吴江区南端，全村面积 5.1 平方千米，共有 468 户居民，本地人口 1 167 人，全村耕地面积 1.96 平方千米。近年来，农创村经济快速健康发展，整体呈现出蒸蒸日上的良好局面，先后荣获“江苏省社会主义新农村建设先进村、生态村、卫生村、文明村、健康村、美丽乡村”“苏州市先进基层党组织、先锋村”等荣誉称号。

农创村坚持建设以绿色生态村庄为主题，以保增长促增收、提高村民生活水平为出发点，注重全村资源和环境的整合优化，通过环境整治，为村民建设一个良好的生活环境，打造一个生态村、一个幸福村。经过全体村民的共同努力，全村综合环境展现出一个崭新的面貌。下一阶段，农创村将严格按照要求，着力巩固与深化创建成果，以“打造特色田园乡村”为目标，努力将其建设成为一个富裕文明、环境优美、生态宜居的特色田园村庄。

村内建筑

农村住宅

休闲广场

洁净的河道

吴中区木渎镇

木渎镇地处苏州市吴中区的西北部，东距苏州市 12 千米，距苏州新区 10.8 千米，距上海虹桥机场 80 千米，西距光福机场 8 千米，西北距无锡市 50 千米，北至张家港码头 70 千米。紧靠沪宁高速公路、312 国道和京杭大运河，为苏州市西南部各乡镇和风景区之交通枢纽。全镇区域总面积 74.59 平方千米，现有 1 个办事处、3 个社区、9 个行政村，常住总人口 30.2 万人，其中户籍人口 9.98 万人，外来登记人口 20.2 万人。木渎镇的传统种植产品以水稻、三麦、油菜为主，工业主导产业为汽车配件、模具及精密机械制造业，镇内有灵岩山、天平山、严家花园、虹饮山房、榜眼府第、明月寺等著名景点。

镇容镇貌

生态河道

光大环保

水乡风貌

吴中区横泾街道

横泾街道位于苏州市吴中区西南部，地处北纬30°06′—30°12′、东经120°31′—120°33′，东接越溪街道，南临东太湖，与吴江、浙江湖州隔湖相望，西与浦庄相邻，北倚横山支脉尧峰山，与木渎、胥口两镇接壤，拥有11.33平方千米耕地、2.32平方千米山林、20千米太湖岸线和超过20平方千米的养殖水面，盛产“四大家鱼”和太湖蟹等水产品，以及茶叶、林果等作物，是典型的“江南鱼米之乡”。行政区总面积52.2平方千米，现辖新路村、新齐村、上林村、新湖村和长远村5个行政村，以及泾峰社区、上巷社区、尧南社区和泾苑社区4个社区居委会。街道常住人口63 646人，其中户籍人口33 147人，外来人口30 499人。横泾街道是国家级开发区——吴中经济技术开发区的重要板块，以及苏州市城乡一体化综合配套改革试点先导区、正在规划建设的苏州太湖新城的重要组成部分。横泾街道以创建工作为抓手，扎实推进生态文明建设工作，积极打造农旅融合示范区、社会管理模范区以及城乡一体先导区，促进经济社会和生态环境的协调发展，取得了显著成效。

农村环境

居民住宅

绿化后的街道

村农贸市场

吴中区东山镇

东山镇隶属于江苏省苏州市吴中区，又称“洞庭东山”，位于太湖东南岸东山半岛西南部，距苏州古城区 37 千米，位于北纬 31°00′—31°07′、东经 120°20′—120°27′，总面积 96. 6 平方千米，常住人口 5. 3 万余人，下辖 12 个行政村和 1 个社区。

东山镇在吴中区委、区政府的正确领导下，在省、市、区环保部门和其他部门的关心支持下，积极创建江苏省生态文明建设示范乡镇。全镇以创建工作为抓手，深入贯彻落实习近平新时代中国特色社会主义思想，紧紧团结和依靠全镇人民，紧扣建设“大美东山、幸福东山”的目标要求，立足本镇实际，狠抓工作落实，较好地完成了各项目标任务，全镇经济社会发展保持了平稳有序、稳中有进的良好势头，为生态文明建设奠定坚实基础。东山镇先后获得“中国历史文化名镇”“全国环境优美镇”等荣誉称号。

居民住宅

环岛路

现代渔业生态养殖示范区

山浪年味活动

吴中区甪直镇

甪直镇隶属于江苏省苏州市吴中区，是一座与苏州古城同龄，具有2 500多年历史的中国水乡文化古镇。甪直镇位于苏州城东南25千米处，是吴中区的东大门，北靠吴淞江，南临澄湖，西接苏州工业园区，东衔昆山南港镇。全镇总面积120.81平方千米，有人口6.9万人，下辖16个行政村和2个社区居委。

甪直镇在吴中区委、区政府的正确领导下，在省、市、区环保部门和其他部门的关心支持下，积极创建江苏省生态文明建设示范乡镇。全镇以创建工作为抓手，深入贯彻落实习近平新时代中国特色社会主义思想，围绕区“根植吴文化、建设新吴中”主题导向和“三大布局、四大红利”战略重点，按照镇党代会、人代会确定的目标任务，扎实推进作风效能提升年、重点项目推进年、“三资”管理攻坚年“三个年行动”及城镇环境综合整治提升暨“263”专项行动等重点工作，加速“三区并举、四镇建设”特色发展，经济社会保持健康较快发展态势，为生态文明建设奠定坚实基础。近年来，甪直镇获评国家4A级旅游风景区，先后获得“中国历史文化名镇”“中国特色小镇”“国家园林城镇”“全国环境优美镇”“全国重点镇”“全国特色景观旅游名镇”“江苏省百强乡镇”“外向型经济明星镇”“江苏省卫生镇”等荣誉称号。

镇容镇貌

古镇风貌

农村环境

镇区交通道路

吴中区香山街道

香山街道地处苏州市吴中区的西部，西南临太湖，北枕穹窿山，是太湖国家旅游度假区的核心区域。街道所辖总面积25.37平方千米，包含蒋墩、香山花园、长沙、小横山、舟山花园、水桥花园、墅里、渔帆8个社区，梅舍、郁舍、香山、舟山4个行政村。常住总人口2.3万人，其中户籍人口7 546户。

香山街道围绕“五位一体”总体布局和“四个全面”战略布局，紧扣度假区建设“休闲度假目的地和新兴服务业高地”目标，经济社会保持健康稳定发展态势。以文旅融合为导向，大力打造环太湖“生态文旅带”，以舟山核雕村、长沙农家乐等成熟旅游载体为依托，引领带动服务产业规模质量全面提升。2017年全年接待旅游人数269万人次，同比增长10.2%；旅游收入37.35亿元，同比增长13.8%；服务业增加值约16.26亿元，同比增长2.87%。

镇容镇貌

香山长沙岛

跨湖交通道路

玉山湾茶叶基地

吴中区光福镇

光福镇隶属于江苏省苏州市吴中区，地处北纬 31°11′—31°28′、东经 119°50′—119°57′，位于苏州市区西南郊，距苏州市中心 21.5 千米。全镇丘陵起伏，群山环抱，气候属北亚热带湿润性季风气候类型，受太湖水体的调节作用，具有四季分明、温暖湿润、降水丰沛、日照充足和无霜期较长的气候特点。光福镇有 2 500 多年的历史，为太湖风景名胜区 13 个景区之一，是江苏省历史文化古镇、全国环境优美乡镇，也是苏绣的发源地之一。传统产业特色鲜明，又多种经营发展，尤以种植花卉苗木为最。光福镇于 2008 年被命名为江苏省“花木之乡”，2011 年被命名为“中国花木之乡”。一年四季有青梅、杨梅、枇杷、栗子等数十种蜜饯产品。光福镇是著名的“桂花之乡”，是全国五大桂花产区之一。工艺雕刻产业是光福镇的一大经济特色，光福镇也被称为“工艺雕刻之乡”，明清时，光福镇就有专事象牙雕、玉雕、核雕、红木雕、佛雕的艺人。

镇容镇貌

新四军纪念馆

镇级道路

文体市民中心广场

吴中区横泾街道上林村

上林村位于横泾街道东南部、太湖苏州湾之滨，全村太湖沿岸区域达3.4千米，辖区总面积6.7平方千米，现有耕地面积2平方千米，下辖13个自然村，29个村民小组，分8个片区，总户数1 062户，人口4 860人。上林村依傍太湖，生态环境优美，一直以来致力于保护太湖水源，全村辖区内没有工业（异地建设发展），是目前苏州保留下来的为数不多的纯农业村之一。上林村以打造生态上林、实现幸福上林梦为目标，围绕横泾街道“农旅融合示范区”“社会治理模范区”“城乡一体先导区”三区建设，扎实开展生态文明建设工作，不断推进各项事业发展。

上林村在上级党委、政府的正确领导以及地方有关部门的大力指导下，高度重视省级生态文明建设示范村的创建工作，坚持全面、协调、可持续的发展理念。对创建“省级生态文明建设示范村”的重要意义进行广泛宣传，使生态村创建做到家喻户晓，人人皆知。全村生态环境质量得到进一步提高。

村容村貌

洁净的河道

生态农田

吴中区胥口镇新峰村

新峰村地处苏州市吴中区西南角，坐落于美丽的太湖之滨，环境优美，交通发达。全村区域面积6.696平方千米，下辖18个自然村、46个村民小组，常住人口5 086人，总户数1 224户。

新峰村在上级党委、政府的正确领导以及地方有关部门的大力指导下，高度重视省级生态文明建设示范村的创建工作，坚持全面、协调、可持续的发展理念，把创建工作作为加强农村环境保护工作的载体和抓手，成立了创建工作小组，明确创建目标和任务，落实创建资金和措施。同时，注重发挥全村党员干部的核心带头和先锋模范作用，以实际行动带领广大群众积极参与创建活动。广泛宣传创建“省级生态文明建设示范村”的重要意义，使生态村创建做到家喻户晓、人人皆知。全村生态环境质量得到进一步提高。

村容村貌

村民住宅

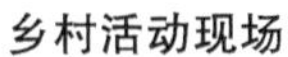

乡村活动现场

社区活动设施

相城区北桥街道

北桥街道隶属于江苏省苏州市相城区，地处相城区西北部，东、东南与渭塘镇接壤，南与黄埭镇为邻，西南、西与无锡市鹅湖镇交界，北、东北与常熟市辛庄镇毗连，总面积73.07平方千米。北桥街道原名“莲花庄”，因庄西有座名为“北桥”的石拱桥而得名。2006年10月，撤镇，改设北桥街道。

北桥街道不断加强生态文明建设工作，围绕打造“品质城镇、宜居北桥”总体目标，主动适应发展新常态，以提升生态品质为工作重点和着力点，自觉践行新发展理念，扎实推进生态文明建设各项工作，从区域布局、产业发展、生态环境、人居环境、社会文明等方面都体现了生态化建设特色，人民生活水平和生态环境水平显著提高。

北桥街道坚持全面、协调、可持续的发展理念，把创建工作作为加强农村环境保护工作的载体和抓手，成立了创建工作小组，明确创建目标和任务，落实创建资金和措施。同时，注重发挥党员干部的核心带头和先锋模范作用，以实际行动带领广大群众积极参与创建活动。广泛宣传创建“省级生态文明建设示范乡镇”的重要意义，使生态村创建做到家喻户晓、人人皆知。全镇生态环境质量得到进一步提高。

村容村貌

农村环境

村级道路

村庄道路

相城区阳澄湖生态旅游度假区清水村

清水村地处度假区南部，全村区域面积 6.3 平方千米，现有 13 个村民小组、895 户人家，总人口 3 525 人，外来常住人口 300 多人。

清水村在上级党委、政府的正确领导以及地方有关部门的大力指导下，高度重视省级生态文明建设示范村的创建工作，坚持全面、协调、可持续的发展理念，把创建工作作为加强农村环境保护工作的载体和抓手，成立了创建工作小组，明确创建目标和任务，落实创建资金和措施。同时，注重发挥全村党员干部的核心带头和先锋模范作用，以实际行动带领广大群众积极参与创建活动。广泛宣传创建“省级生态文明建设示范村”的重要意义，使生态村创建做到家喻户晓、人人皆知。全村生态环境质量得到进一步提高。

村容村貌

村庄环境

村庄道路

村庄景色

相城区阳澄湖镇车渡村

阳澄湖镇车渡村位于阳澄湖镇东北方向。东邻昆山市巴城镇，南靠阳澄湖中湖，水产资源丰富，西接苏嘉杭高速，北邻常熟沙家浜，阳澄湖镇大闸蟹青虾市场介于车渡和沙家浜之间。苏州绕城高速公路 S48 及湘石公路横贯车渡村。地理位置十分优越，道路交通较为便利。全村辖区面积 5. 66 平方千米，现有农户 760 户，户籍人口 2 996 人。

车渡村在上级党委、政府的正确领导以及地方有关部门的大力指导下，高度重视省级生态文明建设示范村的创建工作，坚持全面、协调、可持续的发展理念，把创建工作作为加强农村环境保护工作的载体和抓手，成立了创建工作小组，明确创建目标和任务，落实创建资金和措施。同时，注重发挥全村党员干部的核心带头和先锋模范作用，以实际行动带领广大群众积极参与创建活动。广泛宣传创建“省级生态文明建设示范村”的重要意义，使生态村创建做到家喻户晓、人人皆知。全村生态环境质量得到进一步提高。

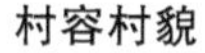

村容村貌

风能发电项目

相城区望亭镇项路村

项路村是2003年由原项路、巨庄、吴泗泾三村合并而成的，地处望亭镇的最南面，东至张村里与华阳村交接，南至南沿与高新区交接，西至董巷与迎湖村交接，北至问渡路与新镇区交接。新312国道、230省道、苏锡绕城高速穿村而过。项路村面积7.2平方千米，耕地3.76平方千米，现有人口5 766人，合计1 356户。

项路村在上级党委、政府的正确领导以及地方有关部门的大力指导下，高度重视省级生态文明建设示范村的创建工作，坚持全面、协调、可持续的发展理念，把创建工作作为加强农村环境保护工作的载体和抓手，成立了创建工作小组，明确创建目标和任务，落实创建资金和措施。同时，注重发挥全村党员干部的核心带头和先锋模范作用，以实际行动带领广大群众积极参与创建活动。广泛宣传创建“省级生态文明建设示范村”的重要意义，使生态村创建做到家喻户晓、人人皆知。全村生态环境质量得到进一步提高。

村容村貌

村级道路

村庄河道

垃圾分类公共投放点

高新区通安镇树山村

通安镇树山村位于大阳山北麓，东接姑苏古城，西邻浩瀚太湖，全村占地 5.2 平方千米，山地面积超过 3.13 平方千米，其中茶叶种植面积超过 0.667 平方千米、杨梅种植面积超过 1.33 平方千米、翠冠梨种植面积 0.707 平方千米。村下辖 11 个村民小组，现有 400 多农户、1 700 多人。

树山村在上级党委、政府的正确领导以及地方有关部门的大力指导下，高度重视省级生态文明建设示范村的创建工作，坚持全面、协调、可持续的发展理念，把创建工作作为加强农村环境保护工作的载体和抓手，成立了创建工作小组，明确创建目标和任务，落实创建资金和措施。同时，注重发挥全村党员干部的核心带头和先锋模范作用，以实际行动带领广大群众积极参与创建活动。广泛宣传创建“省级生态文明建设示范村”的重要意义，使生态村创建做到家喻户晓、人人皆知。全村生态环境质量得到进一步提高。

村容村貌

洁净的河道

树山清晨

生态茶场

第三批

江苏省生态文明建设示范乡镇（街道）、村（社区）

张家港市凤凰镇

凤凰镇地处张家港市最南端，因境内凤凰山得名，历史悠久，底蕴深厚，人文荟萃，遗迹众多。下辖 2 个办事处、15 个行政村、3 个社区居委会，户籍人口 6. 6 万人，外来人口 5. 5 万人。

凤凰镇以“经济强镇、旅游名镇、生态美镇”为引领，依托生态优势、致力绿色发展，构建了“听山歌、泡温泉、赏桃花、逛古街、游古寺”的特色文旅品牌，着力打造以人为本的幸福安康的“生活品质之镇”、低碳高效循环再生的“生产创新之镇”、青山碧水刚柔并济的“生命活力之镇”和道德高尚社会和谐的“生态文化之镇”。凤凰镇先后获得“全国千强镇”“全国发展改革试点小城镇”“国家新型城镇化综合试点镇”“江苏省行政管理体制改革试点镇”“苏州市社会管理创新试点镇”“国家卫生镇”“中国历史文化名镇”“江苏省水美乡镇”“苏州市美丽城镇建设示范点”等荣誉称号。

近年来，凤凰镇突出“打造江南美凤凰”目标，加快绿色转型、优化生态环境，努力建设“宜居、宜游、宜业”的绿色凤凰。不断推进“河长制”，对印染企业工业废水进行接管处理，推进农村生活污水处理，疏浚镇村河道、拆坝建桥，治理黑臭河道、建设生态河道，关停畜禽养殖场，水环境质量得到持续提升；加快实施“蓝天工程”，减少煤炭消费总量，永兴热电、富淼科技燃煤锅炉完成超低排放改造，中鼎化学热电厂关停并转；切实加强固废管理，生活垃圾收运“全覆盖”，建成 1 处有机垃圾处理站，在 5 个行政村开展垃圾分类收集，推进工业固体废物减量化、无害化、资源化。2018 年，重点河道断面水质达到Ⅳ类，无黑臭水体；城镇环境空气达到二级标准，优良率达 70%；区域环境噪声、道路交通噪声均优于功能区标准。

镇容镇貌

金谷村朱家弄

程墩村酒店弄

恬庄村陆家宕

张家港市大新镇

大新镇地处张家港市北部江滨，与如皋市隔江相望，港城大道、杨新公路纵贯南北，港丰公路、沿江公路横穿东西，国泰北路将张家港市区与大新镇新镇区紧密相连，省级清水廊道朝东圩港畅通全镇，通江达海，水陆交通便捷，是一座充满活力、彰显精致、洋溢幸福的现代化滨江新镇。镇域面积40.48平方千米，下辖10个行政村、4个社区居委会，户籍人口3.8万人，外来人口3.3万人，是张家港市区域面积最小、户籍人口最少的建制镇。

近年来，大新镇围绕“打造和美大新”目标，加快绿色转型、优化生态环境，努力建设“活力、精致、幸福”滨江新镇，取得了一定的成绩，先后获得“国家卫生镇”“全国环境优美镇”“江苏省新型示范小城镇”等荣誉称号，入选全国镇级新时代文明实践所建设样板。

社会经济发展方面，大新镇推进空间布局集约化，积极培育五金、纺织、建材等传统产业工业智能化升级；推进农业发展产业化，荣德利农牧科技获评苏州市首家美丽生态牧场，新增高标准农田0.424平方千米，中山村朴墅庭院等乡村旅游业态发展势头良好，有效带动农民共同致富，农民人均可支配收入增幅超过张家港市平均水平。生态环境保护方面，大新镇推行“三位一体”水环境治理，推进入江支流500米范围和沿江岸线1千米范围内居民、企业生活污水接管工程，新增改造主次管网10千米以上，完成入江排污口整合归并，建设标准化池塘0.134平方千米，疏浚镇村河道32条，拆坝建桥6座；严控大气污染，全面完成减煤任务，落实扬尘管控措施，实现“散乱污”企业动态“零存量”；加强固废管理，实现生活垃圾收运“全覆盖”，推进工业固体废物减量化、无害化、资源化。2018年，主要河道断面水质Ⅲ类以上比例达到83.3%，城镇环境空气PM2.5（细颗粒物）浓度为40微克/立方米，优良率同比上升12.2个百分点，完成环境搬迁15户，挥发性有机物（VOCs）整治全部到位。

镇容镇貌

优美的环境

北横套

张家港市常阴沙现代农业示范园区常兴社区

常兴社区位于全国文明城市张家港市现代农业示范园区东部，紧靠长江，沿江公路贯穿其中。辖区面积 5.19 平方千米，耕地面积 3.35 平方千米，绿化面积 1.91 平方千米，绿化覆盖率达 36%以上，下辖 12 个村民小组，总户数 652 户，人口 1 980 人。

社区先后获得“江苏省和谐社区建设示范社区”“江苏省绿色社区”“江苏省三星级康居乡村”“江苏省水美乡村”“苏州市美丽乡村示范点”“苏州市 2009—2014 年度文明社区”“张家港市文明社区标兵”“江苏省休闲农业精品村”“张家港市十大最有故事乡村”等荣誉称号。

近年来，社区围绕“优化人居环境，提升人居品质，打造生态文明绿色社区”的目标，创新思路，大胆实践。一是立足民生，以人为本，构建幸福和谐人居环境。注重生态环境，扎实开展“263”专项行动、“三大百日行动”及“河长制”等重点工作，累计疏浚河道 30 条次，进行“一河一策”，积极推行居民生活垃圾分类收集。二是因地制宜，助农增收，推进生态绿色社区建设。按照“生态、优质、高效”的现代农业发展理念，强调改变传统农业比例，转变农民发展思路，大力发展高效、生态、旅游农业。建设 1.67 平方千米粮田，实施高标准农田建设，打造千亩智能节水灌溉示范区；大力发展生态养殖和休闲观光农业，将社区建设成集休闲度假、旅游观光、垂钓采摘、绿色农产品采购等多功能的现代生态休闲型社区；依托社区良好的生态优势，配合园区旅游发展需要，挖掘乡村特色旅游资源，合理增添旅游元素，倾心打造苏南第一花海。

社区入口

优美的环境

村庄一角

布局有序的农庄

张家港市金港镇永兴村

永兴村位于金港镇东北部，与德积集镇毗邻，东、南与小明沙村相依，西以护漕港为界与双丰村相邻，北临长江，是典型的江南鱼米之乡。永兴村长江岸线约 3 千米，滩涂绵长。全村总面积 2.92 平方千米，其中耕地面积 1.454 平方千米，户籍人口 3 500 人，设 16 个村民小组。

永兴村先后被评为“省级卫生村”“苏州农村现代化建设示范村”“苏州市级先锋村”“保税区（金港镇）生态文明建设先进单位”“省级民主法治示范村”“张家港市文明村”“保税区（金港镇）十佳示范村”，永兴生态园被评为“江苏省四星级乡村旅游区”。

永兴村重视夯实生态建设的物质基础，加强招育提资力度，全力提升工业发展水平；发展高效农业，土地流转比例达 98%；突出打造集特色农副产品种养、江鲜美食、休闲度假、文化展示于一体的具有乡村魅力的园林式生态文化休闲农庄——永兴生态园。2018 年，永兴村一、二、三产业总产值 7.2 亿元。注重营造创建生态村的良好氛围，组建以“生态永兴”为主的卫生环保宣传队，利用网上村委会、村微信公众号平台、宣传栏等广泛开展生态保护主题宣传活动。重点突出给排水体系、垃圾收运体系、村级道路体系、生态环境体系、文化服务体系五大体系的建设，以生态创建促进民生和谐。永兴村加大环卫队伍建设，增添环卫设备，全天候对村庄环境进行保洁，彻底整治村组脏、乱、差现象，有效改善了村民的生活环境。

镇容镇貌

亲水栈道

滨江绿色廊道

规整的农田和村民住所

常熟市梅李镇

梅李镇位于常熟东北部，东靠上海，南濒苏州，西邻无锡，北依黄金水道长江，总面积 80.84 平方千米，下辖 15 个行政村、3 个社区居委会，户籍人口 8 万人，外来人口 6 万人。

梅李镇先后获得“国家园林城镇”“国家卫生镇”“国家级生态镇”“国家建设宜居小镇示范”“全国特色景观旅游名镇示范”“中国经编名镇”“中国绒类产品生产基地”“中国孝爱文化之乡和中国孝爱文化传承基地”“江苏省文明镇”“江苏省健康镇”“江苏省现代化新型示范小城镇”“江苏省环境与经济协调发展示范镇”等荣誉称号，以及中国人居环境范例奖。同时，又是江苏省经济发达镇行政管理体制改革试点镇、苏州市城乡一体化发展综合配套改革试点工作先导区、苏州市美丽城镇示范点。

近年来，梅李镇以创建生态文明建设示范镇为契机，投入较多的财力和资源，积极提升“生态优”这一软实力，全力打造乡镇生态文明建设示范典型。一方面，全力打造“一核、两点、两轴、三区”产业发展格局，形成集现代农业、先进制造业、现代服务业于一体的产业体系，积极推进现代化新型小城市的建设进程。另一方面，持续改善环境，加强打好污染防治攻坚战暨“263”专项行动、“散乱污”企业专项整治工作；坚持整治提升，强化 10 蒸吨以上燃煤锅炉整治，汽修、皮革等行业挥发性有机物治理，以及码头整治；全面深化“河长制”工作，寺泾河、横泾河畅流活水项目及月河塘、孙家河等 6 条河道整治工程全面完工，疏浚镇村河道 29 条。

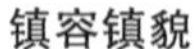
镇容镇貌

社区游园

沿湖住宅区

常熟市尚湖镇

尚湖镇位于常熟120平方千米核心生态圈上游，东靠常福街道、虞山街道，南接辛庄镇，毗邻无锡、江阴、张家港，由原王庄、冶塘、练塘三镇合并而成，是常熟市的西大门。尚湖镇拥有南湖荡、官塘、六里塘等生态湿地，望虞河清水通道穿境而过，是全市重要的生态保育区。全镇总面积112.50平方千米，下辖2个办事处、22个行政村、3个社区居委会，户籍人口7.90万人，外来人口6.40万人。

尚湖镇获得“全国科学发展百强镇”“国家卫生镇”“国家生态镇”“中国民间文化艺术之乡”“全国社区教育示范镇”“江苏省文明镇”“江苏省体育强镇”等荣誉称号。

近年来，尚湖镇以创建生态文明建设示范镇为契机，牢固确立“生态立镇”的发展战略，统筹考虑生态与经济、生态与社会、生态与发展的关系，积极打造“青山、绿水、蓝天”生态竞争优势。一方面，调整镇域布局，持续加大“腾笼换鸟”和“退二还一”工作力度，淘汰落后产能，推动资源集约节约利用，增加产出水平和经济质量；新建货架产业园5.5万平方米标准厂房，做好产业规划，推动货架行业集聚升级，翁家庄工业区完成区域环评申报，提高园区准入门槛，重点发展绿色、环保、节约型项目。另一方面，改善环境，全力以赴开展两湖流域水环境综合治理、货架行业和拉丝企业专项整治行动，全面取缔涉酸、涉磷工段，从源头消除环境隐患；持续节能减排，累计淘汰10蒸吨以下燃煤炉窑257台；全力推进挥发性有机物综合治理、内河船舶码头治理工程，开展望虞河流域水环境治理，全面落实“河长制”，明确334条河道河长并落实相应责任，整治黑臭河道19条；扎实开展“两路一河”专项行动，对沿线村庄进行环境整治和绿化补植，共清理垃圾3 000多吨，补植绿化近1.2万平方米。

镇容镇貌

良渚国家考古遗址公园

农产品展示中心

常熟市碧溪新区留下村

留下村位于常熟市西北方向，东邻太仓市，与张家港、江阴市接壤，全村域面积271.40公顷，以农林用地、水域、住宅用地和工业用地为主。村域内现有19个村民小组、总户数609户，常住人口2 175人。

近年来，村两委会高度重视生态文明建设工作，始终把生态文明村建设工作列入到村级重点工作行列，坚持经济建设与生态建设一起推进，产业竞争力与环境竞争力一起提升，经济效益与环境效益一起考核，物质文明与生态文明一起发展，有力促进了农村生态环境的改善，打下了坚实生态基础。先后获得“江苏省生态村”“江苏省卫生村”“江苏省‘三化’示范村”“苏州市美丽乡村先进集体”“苏州市建设社会主义新农村示范村”“常熟市环境卫生工作先进村”“常熟市秸秆综合利用和禁烧工作先进集体”等荣誉称号。

在加快推进创建省级生态文明建设示范村的工作实践中，留下村以村庄改造为重点，实施村貌美化工程。结合新农村建设，将村庄改造与环境整治同步推进，建筑风貌以简洁、淡雅的江南水乡风貌为特色。以垃圾分类处置为重点，实施环境洁美工程。2017年试点实施农村生活垃圾分类处理工作，当年通过了苏州市级的验收，2018年实行整村全覆盖。坚持整治与管护并重，形成长效管理机制。村委与第三方物业公司签订了保洁合同，实行市场化运作，定期对保洁情况进行检查、考核。开展环境集中整治活动，对各种乱堆、乱放、乱搭建现象进行了整治。以生活污水处理为重点，实施水环境治理工程。根据市农村生活污水治理“四个统一”模式，推广PPP污水处理模式，极大地提升了村庄生活污水处理能力，有效改善了水环境。以实施农业现代化作为新世纪农业发展的方向，狠抓农产品质量建设，在全村的共同努力下，农业标准化建设成效显著。

亲水生态园

村庄一角

标准农田

道路绿化效果

常熟市古里镇李市村

李市村位于常熟市白茆南部 5 千米处，东与支塘镇陈泾村相连，南与昆山石牌冯桥村毗邻，西与沙家浜镇接壤，北与联泾村交界，于 1999 年 7 月由李市村、天中村合并而成。常昆高速公路与锡太一级公路交汇于村南端。李市村区域面积 7. 16 平方千米，有 18 个自然村、26 个村民小组，总户数 586 户，总人口 2 506 人。

通过多年努力，李市村先后获得“江苏省生态村”“江苏省文明村”“江苏省卫生村”“苏州市先进村”“苏州市文明村”“苏州市民主法治村”等荣誉称号。

近年来，李市村牢固树立“农业为本、生态发展”的理念，把开展生态文明建设作为推进新农村建设的有效载体和改变农村面貌的有力抓手，精心规划，加大投入，强力实施，全村生态文明建设取得显著成效。重点转变农业发展模式，由现代农业向生态农业发展；同时打造美丽乡村，完善基础公共设施，改善农村环境，提高农民生活水平。推进村庄整治。在 2017 年成功创建丁家娄“三星级康居乡村”的基础上，2018 年通过丁家娄的“三星级康居乡村”考核验收，对唐家坝宅基进行整洁村庄整治。完善民生基础设施，新建集健身娱乐、休息游览等功能于一体的中心广场两处，配套安装了运动健身器材，新建生态停车场 3 处。加大卫生基础设施投入。三年里新改建公厕 6 座，新建筒房 2 座，新添分类垃圾桶 870 只、垃圾分类亭 2 座，向 26 个村民小组 586 户农户分配分类垃圾桶，实行垃圾分类处理，处理率达到 90%。投入 60 多万元整治辖区内黑臭河道，共计长度 3 200 米，清淤方量约 12 万立方米。为村域内 26 个村民小组 586 户农户进行了污水管道接管，实行集中式和分散式污水收集处理。

整齐的农田

整洁的河道

村庄一角

日间照料中心

常熟市辛庄镇合泰村

合泰村位于辛庄镇东北部，合泰村东邻沙家浜镇，南濒蛇泾河，西靠辛安塘，北与莫城街道办事处东青村相连，距行政中心 2.87 千米，由原刘巷、新苏和新南三村合并形成。G524 国道贯穿全村，河网交织，水陆交通便利。合泰村总面积 4.82 平方千米，下辖 29 个村民小组，人口 2 371 人。

经过多年努力，合泰村建设完善了党群服务中心，红色邻里・刘巷、新苏、新南先锋站，合泰村日间照料中心，合泰村全媒体信息服务站，合泰村新时代文明实践站等站点，功能齐全，设施完善。先后获得“江苏省民主法治示范村”“江苏省级卫生村”“江苏省健康村”“江苏省生态村”“江苏省康居示范村”“苏州市廉洁文化建设示范点”“苏州市文明村”“苏州先锋村”“苏州市新农村建设示范村”“常熟市文明单位先进集体荣誉称号”等荣誉。

在加快推进创建省级生态文明建设示范村的工作实践中，合泰村以村庄改造为重点，实施村貌美化工程，以突出提升村庄风貌、美化环境卫生、完善配套设施、塑造村庄特色等建设内容。全面开展三星级康居乡村建设工作，对村内主干道路两侧、宅前屋后、驳岸两侧、公共绿地进行绿化，打造多层次多品种的绿化体系。对河道清淤疏浚、清理垃圾，建造重力式驳岸、生态驳岸，打造水清、岸绿、景美的生态水环境。以垃圾分类处置为重点，实施环境洁美工程。健全农村环境长效管护机制，试点实施农村生活垃圾分类就地处置工作，制定垃圾分拣员、收运员、管理员考核评优制度。以农业生产工作为重点，发展绿色现代化农业。以实施农业现代化作为新世纪农业发展的方向，狠抓农产品质量建设，对全村 80 公顷农田进行高标准农田建设，高质量推进新南片区土地休耕轮作，改善乡村田园风貌。

村容村貌

村庄道路

优美的环境

不倒翁——困难老人安全环境改善计划启动仪式

常熟市支塘镇蒋巷村

蒋巷村位于常、昆、太三市交界的阳澄水网地区的沙家浜水乡。全村 192 户，人口 879 人，村辖面积 3 平方千米，有着“学校像花园、工厂像公园、村前宅后像果园、全村像个天然大公园”的美誉。

多年来蒋巷村始终坚持生态环境与经济发展并重，围绕乡村振兴战略目标，按照“强富美高”总体要求，实现工业转型升级，农业迈出生态化、有机化步伐，完成乡村旅游提档升级，全力打造社会主义新农村。蒋巷村先后获得“国家级生态村”“全国文明村”“国家级农村现代化示范村”“全国民主法治示范村”“江苏省文明村”“江苏省卫生村”“江苏省百家生态村”“江苏省循环经济示范村”等荣誉称号。

近年来，蒋巷村从建设现代化农业进一步跨越提升至建设生态农业，发展高效绿色农业产品，建成了田块成方、树木成行、沟渠成网、道路通畅的高产稳产良田。蒋巷村以千亩生态化无公害优质粮油生产基地为基础，辅以各类农作物种植实践区，成了未成年人社会实践教育基地，让青少年亲自实践，参与劳作，增强生态文明意识。雨污实现分流，生活污水全部接管至污水处理厂处理。在村民集中居住区，家家配有太阳能，三星级乡村旅游宾馆也以太阳能供应热水。农作物秸秆、畜禽粪便得到综合利用，将河塘淤泥作为农作物的有机质肥源。规划布局建成蒋巷生态园，发展绿色田园生态观光旅游产业，真正成为社会主义新农村建设领跑者，生态文明建设水平进一步提升。

村容村貌

蒋巷生态园

实现机械化耕作的农田

民俗馆

太仓市双凤镇

双凤镇隶属于太仓市，位于太仓西部，东濒苏州太仓港，南临国际大都市上海，西接历史文化名城苏州，具有独特的区位优势，距太仓港中远国际城码头 20 千米，至上海 45 千米，至苏州 55 千米，204 国道贯穿全镇，沪嘉高速公路及苏昆太高速公路直达镇区，交通便捷。全镇总面积 62.53 平方千米，下辖 9 个行政村、5 个居委会，户籍人口 3.3 万人，常住人口 7.9 万人，镇域范围内各类企业约 1 300 家。地势平坦，物产丰富，蔬菜、水产、畜禽形成特色，素有“锦绣江南鱼米之乡”的美称。历史古迹众多，玉皇阁、双凤寺远近闻名，史称“双凤福地”。

近年来，双凤镇认真贯彻落实习近平总书记系列重要讲话精神，紧紧围绕建设“美丽金太仓、幸福田园城”总体目标，把生态文明建设作为推动转型升级、内涵发展、绿色增长的重要内容，靠生态造福百姓、靠生态吸引要素、靠生态集聚产业，主动适应发展新常态，以提升全镇生态品质为工作重点和着力点，自觉践行新发展理念，扎实推进生态文明建设各项工作。双凤镇先后被命名为中国龙狮艺术之乡、中国羊肉美食之乡、全国钓鱼竞赛训练基地，获得“中国美丽乡村建设示范镇”“中国商旅文产业发展示范镇”“全国环境优美乡镇”“国家卫生镇”“江苏省健康镇”“江苏省体育强镇”“苏州市食品安全镇”“苏州市文明镇”等荣誉称号。

镇容镇貌

优美的环境

华丽菲尼克斯度假村

太仓市城厢镇电站村

电站村位于太仓市区北端、金仓湖西延区，北起杨林河，南至新港路，西靠 204 国道，东依有“城市绿肺”之称的国家水利风景区金仓湖。地理位置优越，毗邻沪苏两地，交通便利。电站村总面积 3.2 平方千米，耕地面积 2.122 平方千米，下设 30 个村民小组，总农户数 619 户，在册农业人口 2 772 人，外来人口 2 850 人。

电站村认真贯彻落实党的十八大、十九大和习近平总书记系列重要讲话精神，立足本村实际，认真落实目标任务，求真务实，在镇党委、政府的正确领导和关心支持下，在村两委及全村村民的共同努力下，先后获得“全国科普惠农兴村先进单位”“全国农业旅游示范点”“国家级生态村”“中国特色农庄”“中国美丽休闲乡村”“江苏省文明村”“江苏省卫生村”“江苏省最具魅力休闲乡村”“苏州市十大生态旅游乡村”等荣誉称号。

经过近 20 年的发展，全村已基本形成工业集聚区、生态园林果休闲区和农民集中居住区三大板块。长期以来，电站村秉持“绿水青山就是金山银山”的发展理念，强化卫生整治，改善村居环境，率先在全市试点开展农村生产生活垃圾分类就地处置工作，提高了垃圾减量化、资源化、无害化水平。加快转型升级，推动绿色生态发展，做优做大翠冠梨、黄桃、新毛芋艿等优势农产品，精品生态园建设初见成效；建设以咖啡、烧烤、垂钓、民宿为主题的“田园驿站”，农旅融合步伐加快。

培训中心

大棚种植

生物防虫

“生态杯”亲子跑活动现场

太仓市双凤镇庆丰村

庆丰村地处双凤镇东部，紧靠水上要道盐铁塘，西接204国道，南至杨林塘，东北两侧分别与城厢镇、沙溪镇接壤，规划的双浮公路东西相向贯穿而过，水陆交通便捷。村域面积11.2平方千米，下辖57个村民小组，总人数4 525人，农户1 337户。

庆丰村坚持党建引领促发展、凝心聚力惠民生，牢牢把握“发展好经济、改善好民生”的总体要求，自觉践行新发展理念，扎实推进生态文明建设各项工作，取得了阶段性成果。2015年以来获得“2016年度合作农场发展示范村”“三星级康居乡村”“农村生活污水治理2015—2016年示范村”“苏州市城乡一体化改革发展先进集体”“江苏省文明村”等多个荣誉称号，并获2016年度双凤镇城乡环境综合整治“百日行动”三等奖。

在加快推进创建省级生态文明建设示范村的工作实践中，庆丰村加强环境综合治理。强化大气污染防治，开展秸秆禁烧工作，推进秸秆循环利用；深入水环境污染防治，开展村域范围内所有河塘沟渠整治工作，完善全村污水管网和污水处理设施，全力推进“河长制”；推动固废污染防治，实行垃圾分类试点，开展高标准环境卫生综合整治，全面提升村庄环境卫生水平。发展生态产业，遵循“发展现代高效农业，做美水乡生态产业”的发展理念，按照太仓市水稻产业园区规划建设，基本实现“路相通、渠相连、田成方、林成行”。2009年庆丰村被提升为国家农业部高产增收万亩水稻示范区。加快道路维修和提档升级，两条主要农路成功创建了“美丽乡村路—示范线路”；通过道路亮化绿化、小游园建设和环境卫生管理等，建成六个三星级康居乡村点；打造党建“红心林”，配合全镇“三优三保”绿化移植工作等，河道水生植物持续种植，规模效应和河道生态建设效果进一步显现。

污水处理湿地

生态农业园

水清岸绿

太仓市沙溪镇香塘村

香塘村位于沙溪镇北端，西靠沿江高速公路，东临太仓港开发区，地理位置十分优越，交通便捷。村辖区面积 2.14 平方千米，河网密布、水系丰富、农宅分布错落有致，下辖 13 个村民小组，共有农户 240 户，常住人口 1 002 人，外来人口 196 人。

近年来，香塘村认真贯彻落实党的十九大和习近平总书记系列重要讲话精神，特别是视察江苏重要讲话精神，以提升全村生态品质为工作重点和着力点，自觉践行新发展理念，扎实推进生态文明建设各项工作，先后被评为江苏省村民自治模范村、文明村、卫生村、环境生态村，以及苏州市现代化建设示范村、先锋村、康居特色村。

在加快推进创建省级生态文明建设示范村的工作实践中，香塘村重视产业融合发展。依托江南水乡农村的优美景观、自然环境、历史文化等资源，开发农业多种功能，发展乡村旅游业，集临河垂钓、果园采摘、田间花海、乡间民宿、休闲观光于一体的农旅基地建设已初显风貌。以建设“太仓第一乡村游学主题度假村”为目标，打造具有香塘特色的研学教育产业——研学与亲子旅游核心体验，做实做深做优香塘生态农业与休闲旅游的结合。全面清理辖区河道，加强河网生态化改造，改善农村河道水质；推进农业产业模式化，减少农业面源污染；强化对闲置土地整治和复垦复耕，优化田容田貌。香塘村在长期的发展过程中形成了特色的家风家训文化，在建设社会公德、培育职业道德、宣传家庭美德、塑造个人品德方面起了模范带头作用。香塘村以家风家训的优秀传统文化为基础，建设了香塘文化公园，展示香塘文化脉络。同时围绕“社会主义核心价值观”“江南水乡风貌”“二十四节气”等主题，创作了数十幅巨幅文化墙绘作品，将乡风文明融入生态文明建设，提升了村庄的“颜值”与“气质”。

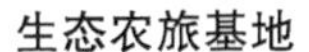

生态农旅基地

优美的环境

昆山市花桥镇

花桥位于江苏省东南端、昆山市东部，东与太仓市城厢镇、上海市嘉定区安亭镇接壤，南与上海市青浦区白鹤镇、赵屯镇交界，西与玉山镇、陆家镇相连，北与昆山开发区毗邻，有“江苏东大门，苏沪大陆桥”之称。辖区东西最大直线距离 5.4 千米，南北最大直线距离 8.2 千米，地处东经 121°02′26″—121°09′42″、北纬 31°16′04″—31°21′21″，总面积 50.1 平方千米。花桥镇与花桥经济开发区实行“区镇合一”管理，2017 年户籍人口 46 513 人，常住人口 105 580 人。

花桥镇党委、政府深入学习党的十九大精神，以习近平新时代中国特色社会主义思想为指导，高度重视生态文明建设，践行“绿水青山就是金山银山”的发展理念，突出区域优势和产业优势，持续优化生态环境，先后获得“全国环境优美镇”“国家卫生镇”等荣誉称号。花桥国际商务城先后获得“中国 10 大最佳服务外包园区”“服务外包认证国家示范区”等荣誉称号。

花桥镇扬产业之长，发展生态经济。重点发展区域性总部、服务外包、金融机构后台处理中心、物流采购中心及与之相配套的酒店、商业、文化和居住等四大服务性产业；坚持推进工业企业绿色发展，开展各类专项检查，排查环境隐患，区内企业污水全部接管至花桥污水处理厂，处理达标后再排放；天福农业园统一规划整治建设花桥镇农业。完善基础建设，打造宜居花桥。推进生活污水接管，坚持生活垃圾定点存放清运，开展生活垃圾分类收集。

镇容镇貌

村庄道路

便民交通设施

古桥梁

昆山市周市镇

周市镇地处江苏昆山、太仓、常熟三市交接处，由原周市、新镇、陆杨三镇合并而成，区域总面积79.5平方千米，下辖新镇、陆杨2个办事处，6个社区和14个行政村，常住人口23.7万人，户籍人口6.6万人。

经过长期努力，周市镇先后被授予“全国环境优美乡镇”“江苏省文明镇”“苏州市招商引资先进乡镇”等荣誉称号。

周市镇坚持“绿水青山就是金山银山”的绿色发展理念，推动建设山青、水秀、天蓝的“美丽幸福周市”，以加快经济社会发展为主题，以发展生态经济、建设生态环境、培育生态文明为重点，有序开展省级生态文明建设示范村的创建工作。发展生态经济，经济运行稳中提质。围绕产业振兴，引进田园综合体项目，嫁接现代科技农业，由点到线带动东方、朱家湾、城隍潭等村庄连片发展，大力发展生态农业；坚持绿色发展，关停向阳乳业养牛场，工业企业建设项目严格执行环境管理有关规定。建设生态环境，镇村环境明显改善。打赢打好污染防治攻坚战，全年空气质量优良天数比例达到82.1%，二氧化硫、二氧化氮平均浓度分别下降51.85%、29.27%，辖区内林木覆盖率达到22%，建成区人均公共绿地面积为17.15平方米，居民对环境状况满意率达到100%。培育生态文明，民生福祉不断提升。举办“六·五”世界环境日、“欢乐文明百村行”、第七届野马渡民俗文化节、第十三届群众文化艺术节等大型活动，大大丰富了基层群众的文化生活。

镇容镇貌

优美的环境

昆山市巴城镇武神潭村

武神潭村位于美丽的阳澄湖北岸，西与苏州市相城区接壤，苏州绕城高速、相石公路贯穿境内，交通十分便捷。村域面积 5.7 平方千米，下辖 13 个自然村、9 个村民小组，有 523 户村民，人口 2109 人。

武神潭村不断发挥党建引领作用，以满足村民对美好生活的向往为出发点，以实现山青、水绿、天蓝为目标，把污染面源治理、改善人居环境等作为总攻方向，不断加大生态文明建设力度，努力实现村庄生态宜居、村民生活美好，先后获得“江苏省文明村”“江苏省生态村”“江苏省卫生村”“江苏省科普示范村”“江苏省民主法治示范村”“江苏省‘一村一品一店’示范村”等荣誉称号。

在加快推进创建省级生态文明建设示范村的工作实践中，武神潭村明确方向，勾勒山青、水绿、天蓝生态画卷。严格控制农用化肥、农药使用强度，落实秸秆还田措施等，减少农业面污染；大力开展农村生活污水、垃圾治理及生活垃圾分类处置工作；落实“河长制”工作制度，加大河塘沟渠整治力度，河塘沟渠整治率达 95%。突出重心，串联特色乡村旅游亮点。武神潭村以特色田园乡村建设为契机，将村庄发展与大闸蟹产业基地、高标准粮油基地等进行串联，探索发展特色乡村旅游产业，提升农民人均纯收入。长效管理，彰显生态宜居崭新面貌。武神潭村通过提升村民意识、落实长效管理制度、创新管理机制等多项举措，有效保护生态环境治理成果，努力营造“保护生态环境光荣，破坏生态环境可耻”的良好社会风气。

大闸蟹产业基地站

高标准粮油基地

卜家堰污水处理站

垃圾分类收集亭

昆山市千灯镇歇马桥村

歇马桥村位于昆山千灯镇石浦南郊，是一个原生态的古村落，小桥流水如画，田园风光如诗，恰似世外桃源，绰约在江南的烟波浩渺里。村域总面积 3. 62 平方千米，共有 13 个自然村、26 个村民小组，常住人口 3 083 人，户籍人口 1 545 人。

近年来，歇马桥村依托得天独厚的区位优势和特质鲜明的人文生态资源，结合“美丽村庄”、“特色田园乡村建设”和“乡村振兴”新要求，有条不紊地进行传统村落的历史保护、提升村庄人居环境，先后获得“中国传统村落”“中国美丽宜居乡村”“江苏省文明村”“江苏省生态村”“江苏省康居示范村”“江苏省水美乡村”“苏州市美丽村庄”“苏州市文明标兵村”等荣誉称号。

歇马桥村始终坚持把创建江苏省生态文明示范村与传统村落保护、特色田园乡村建设总体规划相结合，做足特色发展文章，持续拓宽强村富民路径，全面改善人居环境。注重生态产业建设，拓宽强村富民路径。以“千年古村、农创新+园”为核心，推广无公害农产品的种植；打造田园休闲型都市农庄、现代观光型有机农庄，打造民宿品牌，延续歇马桥村“歇”文化，以大都市近郊区乡村旅游为基础，打造都市家庭休闲地。注重生态人居建设，全面提升人居环境。从 2011 年起结合古村保护和环境综合整治、三星级康居乡村等建设，先后投入资金 2 500 多万元，并开展省级特色田园乡村和歇马桥文旅综合体项目建设，村庄配套设施齐全，林木覆盖率达 26. 75%，河塘沟渠整治率达 100%，村民对环境状况满意率达 97%。注重生态文化建设，共同营造美好家园。秉持着“红色引领、绿色发展”的理念，打造歇马桥村党群服务站、“永不停歇、一马当先”党建品牌、两个爱国主义教育基地，发挥党建引领生态文明建设的作用。

村容村貌

整洁的河道

优美的环境

特色公厕

吴江区七都镇

七都镇位于苏州市吴江区的西南端、江浙交界处，东部与横扇镇、震泽镇毗邻，南部与浙江南浔镇隔河相望，西部与浙江织里镇漾西接壤，北临太湖，古有“吴头越尾”之称。七都镇交通便捷，南临沪苏浙高速公路、318 国道，西接苏震桃一级公路，中有 230 省道横贯全镇，七都镇已纳入临沪一小时经济圈。七都镇总面积 102.9 平方千米，下辖 26 个行政村（社区）。

2016 年，七都镇被评为“国家卫生镇”。2017 年 8 月，七都镇被住房城乡建设部评为“全国特色小镇”。

七都镇以习近平新时代中国特色社会主义思想和生态文明思想为指引，围绕创新、协调、绿色、开放、共享五大发展理念，按照高质量发展要求，坚持人与自然和谐共生基本方略，牢固树立“绿水青山就是金山银山”和“共抓大保护，不搞大开发”的发展理念，以打造“宜居、科创”生态文明小镇为目标，以创建生态文明建设示范镇为契机，进一步提升生态文明建设水平，落实环境综合整治、污染防治攻坚战等重点工作，生态文明建设已经取得一定成效。

村容村貌

江村文化弄堂

吴中区东山镇渡口村

渡口村是东山镇的东大门，东临东太湖，南接东山镇吴巷村，西靠木东公路，北与临湖镇接壤，辖区面积 4 平方千米，由原来的摆渡口和漾家桥合并而成。全村有耕地面积 2 000 多亩，主要种植蔬菜；水产养殖面积 1.33 平方千米，主要养殖大闸蟹。苏州市现代农业规模化示范区——吴中区东山蔬菜园就位于渡口村。

近年来，渡口村广泛开展以“优化生态环境、发展生态经济、培育生态文化”为主题的生态创建活动，在保持村庄原生态的前提下，结合“散乱污”整治、人居环境整治等工作，整治顽疾，注重细节，稳固成效，长效管理，扎实开展生态文明建设工作，生态文明水平得到进一步提升。

村容村貌

蔬菜基地

整洁的河道

消防安全演练现场

吴中区东山镇潦里村

潦里村位于苏州城西南东太湖之滨，是一个美丽富饶的鱼米之乡。潦里村位于东山镇西南，东邻渡桥村，北与东山镇区交界，西接新潦村，由原高田、潦里两村合并而成，辖区总面积1.53平方千米，下辖11个自然村，总户数1 514户，人口5 184人。潦里村是传统渔业养殖村，养殖面积达8.67平方千米，全村劳动力中75%从事渔业养殖，主要养殖太湖蟹，套养青虾、小龙虾和各种鱼类，同时池埂上兼种枇杷、茶叶等经济林果。

近年来，潦里村广泛开展以“优化生态环境、发展生态经济、培育生态文化”为主题的生态创建活动，以保持生态、发展循环经济为核心，从生产发展、生态良好、生活富裕、乡风文明等方面扎实开展生态文明建设工作，生态文明建设水平进一步提高。

村容村貌

荷花塘

中横游园广场

优美的环境

吴中区横泾街道新路村

新路村位于横泾街道西南方向，距街道办事处 3 千米，东北与新齐村相连，南为太湖，西与浦庄镇相邻。新路村总面积 9. 67 平方千米，下辖 8 个自然村、18 个村民小组，总户数 542 户，人口 2 324 人。

新路村依傍太湖，生态环境优美，一直以来致力于保护太湖水源，全村辖区内没有工业，是目前苏州保留下来的为数不多的纯农业村之一。新路村坚持以种植水稻为主，黄桃、葡萄、芡实等为辅的农业发展模式。新路村以打造生态新路、实现幸福新路梦为目标，围绕横泾街道“农旅融合示范区”“社会治理模范区”“城乡一体先导区”三区建设，扎实开展生态文明建设工作，不断推进各项事业发展。2017 年率先实现美丽乡村建设全覆盖，村庄整体环境面貌、村民生活质量得到全面提升，同时获得省、市、区各级多项荣誉，2016 年被评为“江苏省文明村”，2017 年被评为“苏州市美丽乡村建设示范村”，2018 年被评为“吴中区十佳最美乡村”。

新路村广泛开展以“优化生态环境、发展生态经济、培育生态文化”为主题的生态文明创建活动，以整治农村环境为切入点，以保持生态环境、发展循环经济为核心，从生产发展、生态良好、生活富裕、乡风文明等方面进行全面生态文明建设。经过持续多年的奋斗和努力，全村可持续发展能力不断加强，生态环境得到显著改善，生态文明建设工作深入人心。

新路村入口

村庄河道

文化建设墙

亮化的道路

相城区高铁新城

苏州高铁新城规划面积28.9平方千米，东到聚金路，西至元和塘，南到太阳路，北至渭泾塘，是苏州中心城市“一核四城”发展战略的北部核心板块，是相城区五大片区——阳澄国际生态新区（高铁新城）片区核心区。苏州高铁新城以构建“双十字”枢纽，打造长三角国家级高铁枢纽为契机，围绕建设“苏州市域新中心、长三角一体化协同创新先导区”目标，打造苏州展示国际现代都市第一印象的活力门户。

新城容貌

花园式污水处理厂

河道生态修复及景观改造

南京师范大学苏州实验学校

相城区黄埭镇

黄埭镇，古名春申埭，又名埭川、埭溪，因春申君黄歇以水筑埭而得名，隶属于苏州市相城区，距苏州市中心约 14.5 千米，东与蠡口镇、渭塘镇相连，南与黄桥镇、浒墅关镇接壤，西与东桥镇、无锡市后宅镇相邻，北与北桥镇毗邻，是苏州西北部和无锡锡东地区的重要商埠，全镇总面积 49 平方千米，下辖 8 个行政村和 10 个居委会。黄埭镇境内河港浜纵横交织，地势平坦，素有江南鱼米之乡美誉。

经过多年努力，黄埭镇先后获得“国家卫生镇”“国家生态优美镇”“江苏省文明镇”“江苏省卫生镇”“江苏省科技示范乡镇”等荣誉称号。

近年来，黄埭镇不断加强生态文明建设工作，围绕建设“国家级高新区”和“相城副中心”总体目标，主动适应发展新常态，以提升生态品质为工作重点和着力点，自觉践行新发展理念，扎实推进生态文明建设各项工作，从区域布局、产业发展、生态环境、人居环境、社会文明等方面体现了生态文明建设特色，人民生活水平和生态环境质量显著提高。

春申湖

农村面貌

文体公园

黄埭夜景

相城区阳澄湖生态休闲旅游度假区

阳澄湖生态休闲旅游度假区于 2009 年 2 月 18 日挂牌成立，2011 年被苏州市政府批准为苏州市级旅游度假区，2013 年被江苏省政府批准为江苏省级旅游度假区。全区总面积 61.72 平方千米，其中陆地面积 18.7 平方千米，水域面积 43.02 平方千米。该度假区主要由“莲花岛”和“美人腿”两大区域组成，基本保存了阳澄湖地区原生态和江南水乡风情。

长期以来，度假区秉承“科学发展、注重保护、合理开发”的开发原则，在传承苏州地域水乡文化的基础上，着力打造生态优越、人文浓郁、体验非凡的生态湿地湖泊型旅游度假地。其主要的做法如下：一是围绕干净、整洁、美丽、有序的目标，以村庄环境、田园环境、河湖环境、旅游环境、安全环境“五大环境”为抓手，坚持整治、建设与管理并重，以整治促建设、以建设促管理、以管理促规范，系统谋划，统筹推进，综合提升田水路林村风貌。二是围绕保障和提升民生工作主线，以实施民生项目建设为重点，以完善公共服务为支撑，以提高幸福指数为目标，深入落实提升社会管理综合能力、便民惠民服务质量、公共服务运维水平、弱势群体帮扶力度、基础设施建设标准，充实群众获得感、幸福感、安全感。三是着力加强思想理论武装，提升基层组织能力、管理考核效能，纪律保障力度，促使各级党员干部深入践行为民服务的根本宗旨，凝心聚力推动各项事业发展。四是效益提升。根据区委“3+2”主导产业发展规划，结合度假区定位，重点围绕强化预算管理、提升国有集体经济、扶持地方产业等，做好资产资源整合利用，精减支出，提升效益，确保各项收益持续增长，经济发展稳中有进。

度假区全貌

度假区的一年四季

森林“学校”

稻画

相城区阳澄湖镇

阳澄湖镇位于苏州市相城区东北部，是中国阳澄湖清水大闸蟹之乡。全镇总面积76.22平方千米，其中，水域面积38.34平方千米，下辖10个行政村、2个社区。

2010年，原环境保护部授予阳澄湖镇2010年国家生态建设示范区之“全国环境优美乡镇”称号。2015年，江苏省商务厅确定阳澄湖镇为首批江苏省农村电子商务示范镇。

在生态文明示范镇建设过程中，阳澄湖镇抓住产业这个核心关键，突出强镇富民这个发展重点，加快构建生态宜居环境，着力彰显特色文化内涵。倾力打造省级新材料基地，坚定不移淘汰“散乱污”企业，加快推动工业向阳澄科技产业园集中。加快转型升级，以投资结构优化推动产业结构提升。全力巩固农业产业园建设成果，充分发挥阳澄湖现代农业产业园国家级现代农业示范区的优势，加强体制机制改革，激发产业园活力；持续深化产学研合作，加大力度培育“阳澄湖1号”大规格蟹苗。扎实推进生态环境治理，履行阳澄湖水源地准保护区职责使命，全面落实环境保护和污染治理三年行动，深入推进“河长制”工作，狠抓“散乱污”企业集中整治，持续淘汰整治印染企业、“散乱污”企业。持续实施美丽村庄建设，通过康居示范村庄建设，改善村庄人居环境。深度挖掘阳澄湖地区的传统文化和历史名人，大力传承弘扬沈周文化，以非遗文化为主，保护湘城古镇历史文化古迹，形成以非遗文化为核心的特色湘城古镇；做靓阳澄湖旅游名片，镇区东部全力打造集娱乐、创意、研发、会展、博览等多功能于一体的复合型、创新型产业综合体和现代田园综合体，北部老镇区保留阳澄湖镇水乡镇村的历史脉络。

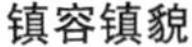

镇容镇貌

湘园公园

现代农业产业园养殖塘

相城区望亭镇宅基村

宅基村地处望亭镇西北角，南与望亭镇区相连、北与无锡市隔河相望，由原宅基村、奚家村、牡丹村三村合并而成，村域面积 4. 84 平方千米，耕地面积 0. 817 平方千米，全村在册户数 1 056 户，在册人口 3 802 人，分设 20 个村民小组。

宅基村社会稳定、经济发展、人民安居乐业，先后被区级以上单位评为“苏州市村级经济发展百强村”“2008—2010 年度文明村镇”“江苏省管理民主示范村”“苏州市先锋村”，在“四城杯”竞赛活动中荣获集体先进奖。

在推进创建省级生态文明建设示范村的工作中，宅基村不断完善村庄建设。全面实施村庄污水管网建设，改善村民出行，修建硬化道路，严控违章建筑，有序规划村民建房，提升村庄整体面貌。宅基村从 2016 年起陆续对辖区内废轮胎市场、废塑市场、废金属市场（通灵金属市场）开展清理取缔。组织实施基本农田基础设施建设，大力发展农、林、蔬果等多元化农业，依托农业示范区做好传统农业向观光农业、旅游农业发展。

三星级康居村旧宅浜

村庄一角

社区服务中心

第四批

江苏省生态文明建设示范乡镇（街道）、村（社区）

张家港市杨舍镇

张家港市杨舍镇位于张家港市西部，是张家港市的城关镇。张家港经济技术开发区成立于1993年，2011年升格为国家级经济技术开发区，与杨舍镇实施区镇一体化管理。张家港经开区（杨舍镇）辖区面积153平方千米，耕地面积4 800公顷；总人口53万人，户籍人口28万人。下辖城东、城南、城西、城北4个城区街道办事处，以及泗港、塘市、乘航、东莱、晨阳5个城郊办事处，管理51个社区、23个行政村。

杨舍镇始终秉承“绿水青山就是金山银山”的理念，始终坚持“共抓大保护、不搞大开发”，努力追求经济效益、社会效益和环境效益的统一，把生态文明建设纳入经济和社会发展的总体部署，先后获批国家首批再制造产业示范基地、国家级循环化改造示范试点园区、国家节能环保装备高新技术产业化基地、中国产学研合作创新示范基地等绿色发展载体，荣膺“中国百强镇”“全国千强镇”“中国美丽乡村建设示范镇”“国家级绿色园区”等称号，通过国家生态工业示范园区现场考核。

杨舍镇全力优化发展模式，精心构筑绿色低碳的产业结构和工业布局。建设国家再制造产业示范基地，通过逆向物流和旧件回收、拆解加工再制造、公共服务保障等三大再制造示范体系，形成了以汽车关键零部件再制造为主，光电设备、数控装备及精密切削工具再制造为辅的绿色生态工业，获国家发展和改革委员会、财政部批复作为园区循环化改造示范试点园区。强化污染综合治理，全区主要通江支流水质全部达到Ⅲ类，省考断面水质优Ⅲ类比例达100%，再现水清河畅、岸绿景美的和谐景象；推进打好“净土防御战”，土壤环境质量监测全覆盖，严守生态红线，电镀企业全部关停淘汰。拥有暨阳湖、沙洲湖、黄泗浦等大体量城市湿地，改造提升张家港公园、梁丰生态园、沙洲公园等高品质城市公园，绿化覆盖率逐步提高，形成“城在园中、楼在绿中、景在水中、人在画中”的现实模样。扎实推进美丽乡村建设，新建省级特色田园乡村1个（福前村）、苏州三星级康居乡村39个。

古建筑北新桥

虎泾口三星级康居乡村

镇容镇貌

南新村道路

张家港市常阴沙现代农业示范园区

常阴沙现代农业示范园区紧邻长江，总面积37.5平方千米，下辖7个社区和1个居委会，人口2万多人。近年来，园区在张家港市委、市政府的领导下，牢固树立“绿水青山就是金山银山”理念，认真落实“共抓大保护、不搞大开发”方针，立足“做强现代农业、做优乡村旅游”的板块定位，坚定不移走生态优先、绿色发展之路，持续提升生态文明建设水平。

园区是张家港现代农业发展的“核心区”，拥有耕地24平方千米，田块平整，集中连片，基础设施完善，产业布局合理，已形成南北高效果蔬、中部绿色稻米、滨江特色水产三大产业。常阴沙地产大米获国家地理标志认证，“常绿”大米获评苏州市名牌产品。引进培育农业企业45家，其中，农业重点龙头企业国家级1家、苏州市级3家、县级6家。园区先后创建省级现代农业科技园、省级现代农业产业园区、国家级农业产业化示范基地等。

园区坚持农旅融合，做精做优乡村旅游。依托良好的自然、人文、区位等生态资源优势，积极发展乡村生态休闲旅游，完善旅游配套服务，先后建成通江公园、澳洋生态园、震宇生态园、“常阴沙花海”核心区等一批景观（景点），连续多年举办常阴沙油菜花节，“苏南第一花海”闻名遐迩。常阴沙生态农业度假区先后被评为省四星级乡村旅游景区（点）、国家3A级旅游景区。震宇生态园获评苏州市五星级农家乐、江苏省四星级乡村旅游景区（点）。

园区始终秉承“生态宜居、文明乐居、特色靓居”的宗旨，全力构建“村在景中，人在绿中，碧水蓝天”的田园村居。成功创建省级康居村庄、省级特色田园乡村各1个，苏州市“康居特色村”4个、特色田园乡村1个。

环保宣传活动现场

红旗路

社区民宅

田园风光

张家港市杨舍镇福前村

福前村地处张家港经济技术开发区（杨舍镇）北区，由原来的福前、福东、永协三村合并而成，区域面积约 8 平方千米，总户数 2 038 户，户籍人口 6 394 人，新市民 3 000 余人。

福前村在上级党委政府的关心和指导下，坚持以“以人为本、服务百姓、幸福安居、构筑和谐”为服务宗旨，对标乡村振兴战略，率先在经开区整村推进美丽村庄建设，并积极寻求打破受规划控制的局限，引领村级经济和各项社会事业取得了显著进步。福前村先后获得“全国文明村”“江苏省特色田园乡村”“江苏省休闲农业精品村”“江苏省美丽家园”“江苏省卫生村”“江苏省社会主义新农村建设先进村”“江苏省和谐社区建设示范村”“江苏省民主法治示范村”“江苏省水美村庄”“苏州市十佳最美乡村”“苏州市农村人居环境示范村”等荣誉称号。

福前村始终坚持“强村富民”的工作理念，凝心聚力，攻坚克难，确保村级经济稳健发展。大力发展三产服务业，在稳步发展经济的同时，福前村还积极开展丰富多彩的各类文明创建活动，为经济社会持续、健康发展提供了强大的精神动力，使“福前福地”发展态势良好。福前村一直以“村容村貌整洁、生态环境优美、生活文明幸福”为目标，于 2018 年底实现了美丽村庄建设全覆盖，进一步提升了辖区内村民的幸福指数。充分利用宣传栏、横幅等多种形式，建立生态文明建设的宣教体系，牢固树立生态文明观念，广泛开展丰富多彩的生态文明宣传教育活动，营造创建生态文明示范村的良好氛围，提高民众的参与热度，逐步形成全民参与的局面。福前村以传承优秀传统文化为主要内容，努力创新文化活动形式，丰富群众精神文化生活。

文化景观

绿色优质水稻基地

生态河道

村庄道路

常熟市碧溪街道

碧溪街道地处长江之滨，和国家级常熟经济技术开发区实行一体化管理。碧溪街道总面积 11 120 公顷，下辖碧溪、浒浦、吴市、东张 4 个综合服务中心。碧溪街道是中国农村改革开放 30 年的历史典范之一“碧溪之路”的发祥地，20 世纪 80 年代，就以“离土不离乡，进厂不进城，亦工又亦农，集体同富裕”的“碧溪之路”享誉全国，实现了乡镇企业的繁荣发展和小城镇建设的协调推进。碧溪街道下辖 20 个村、8 个社区居委会，常住人口 104 061 人，登记外来人口 63 165 人。碧溪街道自成立以来，始终秉持绿色发展理念，积极适应经济发展新常态，环保和发展并重。近年来，先后获得“全国环境优美乡镇”“国家园林城镇”“江苏省园林小城镇”“江苏省生态文明示范村”等荣誉称号，并获中国人居环境奖。

为深入贯彻习近平生态文明思想，落实上级有关生态环境机构监测监察执法垂直管理制度改革的部署要求，碧溪街道成立碧溪街道生态环境保护委员会，统筹协调街道生态文明建设和保护工作。近年来，碧溪街道生态环境质量不断改善，生态环境治理体系日臻完善，人居环境质量再提升，现代农业优质高效。2020 年验收通过 156 个自然村组，惠及农户 4 190 户，66 个自然村组通过苏州三星级康居村验收；长江沿线一千米实现“千村美居”全覆盖；留下村成功创建苏州市康居特色村，留下村、浒西村获评“苏州市农村人居环境示范村”。碧溪街道近年来不断加强“院校对接”，以农业园区为平台，引进蔬菜新品种 17 个、新技术 9 项。7.33 平方千米高标准农田建成投用，2 平方千米农田建设有序推进。成功举办浒西果园樱桃、枇杷采摘节等活动，吸引游客 1.5 万人次。吉礼葡萄家庭农场获评“苏州市十佳家庭农场”，并成为苏州首个“全国家庭农场典型案例”。

镇容镇貌

美丽乡村

江浦公园

垃圾资源化处理站

常熟市辛庄镇

辛庄镇位于江苏省常熟市南部，邻近苏州、无锡两大城市，总面积104.26平方千米，下辖1个办事处、20个行政村、3个社区居委会和1个南湖农场，是苏州市新规划的两大一类小城镇之一，是苏州城市未来发展的功能拓展区。

辛庄镇先后获得“国家卫生镇”“江苏省文明镇”“全国环境优美镇”“中国针织服装名镇”“全国综合实力千强镇”“江苏省人居环境范例奖”“国家级生态镇”“苏州市园林小城镇、先锋镇”等荣誉称号。

辛庄镇自成立以来，始终秉持绿色发展理念，积极适应经济发展新常态，环保和发展并重。辛庄镇合理规划，优化空间布局，以国土空间规划编制为契机，科学划定国土空间功能分区，调整镇域布局，形成具有辛庄镇鲜明特色的一镇、两片、八区的镇域空间布局结构，实现生产、生活、生态“三生空间”合理衔接；积极推进“美丽乡村”建设，全面完成“千村美居”工程100个自然村（组）验收目标任务，累计铺设道路42 102米，新增村庄绿化66 491平方米；全面推进生活污水基础设施建设，疏浚清淤农村河道30条共13 498米，基本消除各类黑臭水体，完成3条生态美丽河湖建设。推进垃圾分类全员参与，集镇建成25个“三定一督”四分类小区，行政村全面推进“一户两桶”，实现镇村生活垃圾分类设施全覆盖，实施环境洁美工程。

镇容镇貌

田园风光

沟塘河渠

乡风文明宣传墙

常熟市古里镇

古里镇位于江苏省常熟市东郊，西接常熟市区，东接董浜镇，南邻高新技术产业开发区，北与梅李镇接壤，镇域面积 96.46 平方千米，常住人口 10.8 万人。古里历史久远、文脉悠长、物华天宝，素有“书香古里”之美誉。近年来，古里镇积极推动“融入主城区、对接高新区”的发展战略，致力打造古今融合、充满活力的常熟东部新城区。

古里镇近年来先后获得“全国环境优美镇”“国家卫生镇”“中国绿色名镇”“中国县域产业集群竞争力 100 强”“中国产业集群经济示范镇”“中国市场名镇”“中国羽绒服装针织名镇”“中国民间文化艺术之乡”“江苏省园林小城镇”“江苏省村庄环境整治工作先进集体”“生态文明建设先进集体”“新农村十佳魅力乡镇形象风采奖”等荣誉称号。此外，古里镇下辖的康博村获评国家级生态村，吴庄村获评省级生态村。

近年来，古里镇农业优势进一步积累，新建高标准农田 6.07 平方千米、省级绿色优质水稻基地 8.67 平方千米，红豆山庄“共享农庄”完成创建，农文旅有机融合初显成效。坞坵大米获“稻味常熟”特等奖。人居环境进一步改善，扎实开展生活污水处理提质增效精准攻坚“333”行动，新建污水管网 11 千米，深入推进“河长制”工作，完成黑臭河道治理 1 条、河道疏浚 21 条；实现“无散乱污”村（社区）全覆盖；推进生活垃圾分类片区建设，实现“三增三提全覆盖”，建成“三定一督”小区 20 个、自然村 19 个。现代服务业蓬勃发展，红豆山庄康养游综合体、波司登商学院、虞东时代广场建设扎实推进；知旅街区获得省“书旅融合先行区”荣誉称号，并获长三角“百佳公共文化空间奖”；成功举办“万物来潮”“古里星光小夜市”等活动，累计接待游客超 20 万人次，打造苏州市首个夜间经济发展乡镇样板。

古镇夜景

红豆山庄

生态农业

非遗文化白茆山歌表演现场

常熟市支塘镇

支塘镇位于常熟市东南方向，东连太仓市，南接昆山，西靠古里镇和沙家浜镇，北与董浜镇为邻，是常熟市的区划大镇、历史名镇、商贸重镇之一，工业门类齐全，产业链结构合理，形成了纺织、无纺和食品三大特色产业。镇域面积 128.96 平方千米，下辖 3 个社区居委会和 16 个行政村，常住人口 8.3 万人。支塘镇先后获得“国家环境优美镇”“国家卫生镇”“中国非织造布及设备名镇”“江苏省环境与经济协调发展示范镇”等荣誉称号，是国家建设部确定的 500 家重点建设小城镇之一和江苏省人民政府确定的 100 家新型示范小城镇之一，苏州市确定的重点中心镇之一，常熟市明确的未来两大卫星小城市之一。

近年来支塘镇优化空间格局，保护生态红线，优化城市功能布局，完善集镇基础设施，实施古镇保护开发，基本形成“新镇区功能完善、老镇区设施配套、古镇区古韵初现”的城市格局。严守耕地红线和永久基本农田保护目标，深入实施乡村振兴战略，推动现代农业高质量发展，加快农村一、二、三产业融合发展。提档升级产业结构，深入推进“去产能”，不断淘汰落后、低端、低效企业（作坊）。坚定不移打好污染防治攻坚战，全面开展蓝天、碧水、净土保卫战。多措并举全面改善支塘生态环境，通过推进美丽城镇建设和被撤并镇集镇区整治提升三年行动计划，镇区公共设施进一步完善，生活污水收治持续规范，集镇区餐饮场所生活污水接管整治到位，天然气扩面工作进一步深化。

持续推进基层生态文明创建，2008 年，支塘镇蒋巷村成为全国首批国家级生态村。2003 年以来，先后有枫塘村等 8 个行政村获得省级生态村称号，何市社区、任阳社区通过苏州市绿色社区验收，支塘镇市镇社区通过了江苏省绿色社区考核。2020 年，七浦塘入围中国水利报社、中国水利水电科学院、凤凰卫视共同主办的全国第二届寻找“最美家乡河”活动，支塘镇蒋巷村获得“第三批江苏省生态文明建设示范村（社区）”“江苏省特色田园乡村”荣誉称号。中国电力首个综合智慧能源乡村振兴项目（零碳数字蒋巷）签约启动，创建江苏省生态文明教育实践基地、生态文明建设典型稳步推进。

镇容镇貌　　　　优美的生态环境

常熟市莫城街道燕巷村

燕巷村地处常熟招商城南，东邻 S227 省道，北靠南三环，贯村而过的莫干路东接昆承湖景区状元堤，交通便捷，区位独特。燕巷村区域面积 2.3 平方千米，共 8 个自然村（燕泾新村、燕巷新村、燕巷二村、陶家上、姚家上、水西巷、唐家浜、洋沟溇），总户数 601 户，人口 2 292 人，耕地面积 0.48 平方千米。

近年来，燕巷村广泛开展以“优化生态环境、发展生态经济、培育生态文化”为主题的生态文明创建活动，在习近平新时代中国特色社会主义思想指导下，以整治农村环境为切入点，以保持生态、发展循环经济为核心，从生产发展、生态良好、生活富裕、乡风文明等方面进行全面生态文明建设。燕巷村物质文明建设和精神文明建设同步发展，先后获得“国家级生态村”“江苏省文明村”“老龄工作先进集体”“年度计划生育工作先进集体”“‘331’专项整治先进单位”“乡村振兴先进单位”“江苏省健康村和常熟市‘三星级康居乡村’”等荣誉称号。

燕巷村发挥当地资源优势，大力发展特色优势产业，有机农业、循环农业和生态农业发展模式得到普遍推广，取得了较好的生态效益和经济效益。利用农村田园风光、乡风民俗等资源，积极发展“农家乐”、休闲农业、旅游农业等，生活污水、垃圾等污染治理设施和旅游基础设施完备，管理规范，特色鲜明。燕巷村建立党建品牌“筑巢引燕，美庭丽巷”。燕巷村以魅力宜居为理念，优化人居环境，建立“美庭丽巷”。通过河道清理、消防安全治理、“美丽庭院”建设等工作的推进，展现家庭“小美”，汇聚燕巷“大美”，进一步提升村级面貌，营造本土文化氛围。

村容村貌

垃圾分类亭

常熟市梅李镇瞿巷村

瞿巷村位于梅李镇西北部，东濒常熟港，南临沿江高速，西接张家港，北依长江，同南通隔江相望，地理位置优越，水陆交通便捷。1998 年至今未并村，村域面积 0.78 平方千米，现有村民小组 12 个，共 407 户 1 590 人。

瞿巷村以家风促民风，以民风带乡风，以乡风文明建设推动生态文明建设整体提升。瞿巷村先后获得“江苏省文明村”“江苏省卫生村”“江苏省生态村”“江苏省民主法治示范村”“江苏省和谐社区建设示范村”“苏州市先锋村”“苏州市建设社会主义新农村示范村”“苏州市经济发展百强村”“全国文明村”“江苏省健康村”“2019 年度省级农村人居环境整治综合示范村”“2017—2019 年度常熟市文明村”“第二批全国乡村治理示范村”等荣誉称号。

近年来，瞿巷村秉持“先人一步”的工作理念，不断加大公共配套和环境基础设施建设投入。2014 年以来，瞿巷村先后完成了整村生活污水收水治理工程，成为全镇首个整村通过三星级康居验收村，对辖区内的主干道路进行了全面硬化、绿化，道路硬化率达到 100%；全村于 2018 年完成整村全部河塘沟渠整治 9 条，全面推进垃圾分类，新建垃圾池 10 个。瞿巷村还积极参与“美丽菜园”创建。利用房前屋后的闲置土地建设，创建党建菜园、巾帼菜园、智慧菜园、邻里菜园、共享菜园等，既用好了村民房前屋后的空闲地，又解决了乱堆乱放等问题，还改善了村庄整体环境。

村容村貌

生态农业

乡村道路

美丽河湖

常熟市沙家浜镇芦荡村

芦荡村位于中国历史文化名镇常熟市沙家浜镇最南端，毗邻全国百家红色旅游经典景区、国家5A级旅游区沙家浜风景区，苏嘉杭高速、锡太一级公路穿村而过，交通便捷，区位优势明显。芦荡村由原草荡、三家、下浜、倪家四个村合并而成，全村总面积6.5平方千米，水域面积约4平方千米。下辖12个自然村，分别为桥东、草荡西、草荡东、黄家桥、章基、尤石角、三家、马家里、大河南、小河南、南湾河、颜家浜，总户数311户，总人口1 365人。

近年来，芦荡村以习近平生态文明思想为指导，广泛开展以“优化生态环境、发展生态经济、培育生态文化”为主题的生态文明创建活动，以美丽乡村建设、特色田园乡村建设、乡村振兴战略、农村人居环境整治和“331”专项整治等工作为切入点，从生产发展、生态良好、生活富裕、乡风文明等方面进行全面生态文明建设。芦荡村先后获得“江苏省卫生村”“江苏省生态村”“苏州市先锋村”“苏州市先进基层党组织”“常熟市先进基层党组织”等荣誉称号，2021年，芦荡村更是被中组部、财政部确定为“推动红色村组织振兴建设红色美丽村庄”试点村，为江苏省13个试点村之一、苏州市唯一。

芦荡村根据因地制宜的原则，立足规划区现有产业基础和资源优势，以高效生态水产养殖产业带动乡村旅游产业的建设与发展，提升规划区产业特色和品质，形成高效生态水产“立”园，科技品牌“亮”园，乡村旅游“乐”园的产业格局。芦荡村充分发挥毗邻国家5A级旅游景区沙家浜革命历史纪念馆区位效应，统筹芦荡村丰富的红色资源和绿色生态资源，结合特色精品田园乡村创建，打造集革命旧址参观、草荡水上体验、江南美食、特色农业和水乡民宿于一体，革命传统红色游与江南水乡休闲游相结合的特色旅游线路。

村容村貌

特色旅游

美丽河湖

太仓市城厢镇万丰村

万丰村位于城厢镇最北端，东北与沙溪镇相连，西北与双凤镇相接，以杨林塘、横沥河、顾门泾、项七泾四河为界，区域面积 6 平方千米，共有 41 个村民小组，在册人口 3 005 人，农户 801 户，全村耕地总面积约 3. 36 平方千米。

近年来，万丰村坚持党建引领促发展、凝心聚力惠民生，努力建设“水美乡村”新农村。万丰村在上级党委、政府和村党委的坚强领导下，在全体村民的共同努力下，牢牢把握“发展好经济、改善好民生”的总体要求，锐意进取，求真务实，为全村经济发展、社会和谐稳定做出了应有的努力。村级各项工作全面、有序地开展，上级下达的各项工作任务目标得到了较好的完成和落实，2018 年至今获得“省级河道管理示范村”“江苏省档案工作三星级”“太仓市生活污水治理示范村”“太仓市村庄环境长效管理优秀单位”“江苏省苏州市三星级乡村旅游区”“苏州市三星级康居乡村”“2019 年度苏州市农村人居环境整治工作示范村”等多个荣誉。

万丰村认真贯彻落实党的十九大和习近平总书记系列重要讲话精神，以提升全村生态品质为工作重点和着力点，自觉践行“创新、协调、绿色、开放、共享”五大发展理念，团结和依靠全村人民奋发进取，扎实推进生态文明建设各项工作。在环境保护方面，万丰村强化污染防治，推动环境质量改善，开展秸秆禁烧工作，解决秸秆出路问题，减少化肥施用量。基本完成河塘沟渠整治，整治率达到 96%。完善全村污水管网和污水处理设施，村民生活污水得到妥善处置。大力推进“河长制”，积极配合推进市、镇两级河道的“一河一档”“一河一策”工作。健全垃圾分类处理体系，完善社会承包管理机制，河道保洁、绿化养护、垃圾拖运、道路保洁均采用委托承包管理机制。

生态农业

整齐的稻田

“三水一宅”休闲农庄

门楼景观

太仓市浮桥镇方桥村

方桥村位于浮桥镇西南部，南与沙溪镇太星村接壤，总面积5.9平方千米，耕地面积2.858平方千米，由原方桥村、红光村、新浦村、大众村四村合并而成，全村共有村民小组33个、农户391户、常住人口2 979人，其中户籍人口1 701人。村内交通便捷，水系畅通。双浮路、陆璜路交叉过村，牌九路、方桥线、方红线、石湖路等农路连村进户，水面率达到25.2%，市级河道茜泾河、戚浦塘横跨村南北两侧，镇级河道南章浦、戴浦、大众河通江达海。

方桥村围绕产业兴旺，统筹规划农业产业布局，根据浮桥镇确定以双浮路为中轴的观光旅游农业布局，结合方桥村四个农业产业片区，推进“农业+”产业融合发展，多种业态互相促进，引领乡村产业高质量发展，实现村级收入、村民收入“双提升”。南部方家桥老街农旅休闲区，打造老街名片，以方家桥老街为重点，稳步推进水环境治理、老街风貌改造、乡村田园建设，提升乡村配套功能，还原江南村落素雅风貌，着力打造农旅融合新样板。西部现代农业示范区，坚持特色发展，做优生态农业，依托猕猴桃、黄桃、芋艿等特色采摘项目，以及十八湾休闲垂钓项目，大力发展观光农业、采摘农业，为方桥村现代农业发展注入新动力。中部高质量农产品区，推进品牌战略，依托“方家桥大米”品牌，在原有优质大米的基础上探索“自然农法”水稻种植，主打“绿色、健康”牌，占领高品质大米“制高点”。东部生态高标准农田区，打好产业“蒜”盘，加快推进高标准农田建设，强化合作经营，推广大蒜深加工产品、蒜田米等农业产品，拉长增收“产业链”。方桥村长期围绕生态宜居乡村建设目标，坚持水岸同治，全面推进人居环境整治工作。

村容村貌

门楼景观

美丽乡村一角

老街廊桥

太仓市璜泾镇杨漕村

杨漕村位于太仓市璜泾镇西北部，由四个自然村合并而成，总面积6.8平方千米，下辖55个村民小组、农户1 068户，常住人口4 362人，是太仓第一个党支部的诞生地。2018年杨漕村开展三年生态文明建设示范村创建工作，按照“生态宜居，田园风光”的目标，高标准、严要求，扎实开展生态文明村建设工作，持续完善杨漕村基础设施、改善生态环境、塑造特色风貌、培育特色产业，努力打造农业强、农村美、农民富的宜居田园乡村。

杨漕村深化“一颗红星，聚力发展”党建品牌，发挥党建引领作用，发动党员、志愿者、村民三股有生力量，参与到生态文明村建设工作中，积极推动人居环境治理、垃圾分类和精神文明建设。加强美丽田园建设，新建3A级旅游公厕和老年人日间照料中心，投入2 000余万元实现截污纳管全村覆盖，在331专项行动中淘汰落后产业、拆除厂房。多方位、多角度地提升全村风貌，打造田园乡村的自然之美。改善河流环境，杨漕村河道纵横，为更好地治理河道、还原河道的自然之美，杨漕村大力整治河道，治理河道，新建亲水平台，打造生态河坡。中小河流治理提档沿心塘周边，形成如今河道宽阔、水面如镜、流水如靛的美丽河道。杨漕村积极推动“河长制”，定期巡查河流，拆迁河流簖网、网兜，还河道一丝清洁，为村民赢得一份水美。建设美丽菜园，对菜地进行集中整治，修建路径约1 500米，矮墙约1 200米，安装围栏超过300米，打造“能看又能吃”的田园景观，并获得“苏州市美丽菜园示范村”荣誉称号。

村容村貌

现代农业

沟塘河渠

村风文明宣传活动现场

昆山市周庄镇

周庄镇位于昆山市西南部，历史悠久、人文荟萃、环境优美、生态资源丰富，境内46.6%为水域，江南水乡的原生态风貌保留至今，有“中国第一水乡”的美誉。周庄镇下辖3个社区、10个行政村，全镇户籍人口2.3万人，常住人口2.9万人，其中建成区户籍人口1.3万人，常住人口2.1万人。

长期以来，周庄镇党委、政府清醒地认识到环境保护、生态文明建设是全镇经济发展的生命线，是打造精致古镇、最美水乡的立足点。在全镇各级党组织和广大党员、干部群众的共同努力下，周庄镇先后获得“省环境与经济协调发展示范镇”“国家卫生镇”“全国环境优美镇”“中华环境奖”“长三角世博体验之旅示范点”“全国首批低碳旅游示范景区”“全国文明城市创建先进集体”等荣誉称号，并获联合国迪拜国际改善居住环境最佳范例奖。

近年来，周庄加快转型升级，发展绿色经济。2020年3月，昆山市周庄现代农业园区被评为“苏州市级现代农业园区”。加快建设肖甸湖现代渔业产业园，系统规划、整治肖甸湖区域鱼塘，采用循环水养殖技术，提高养殖质量，减少养殖污染。打造全域“旅游+”业态。围绕南部省级特色小镇、中部湿地滨水度假游、北部乡村田园休闲由的总体布局，谋划景点串联，增强旅游内容体验。深入打造“夜周庄”品牌，推广特色“夜周庄”产品，彰显省级夜间经济文旅消费集聚区色彩，“周庄水乡风情小镇”入选“江苏省旅游类省级特色小镇”创建名单。同时，周庄开展专项整治，守护良好生态。2020年，全镇纳入各区镇市长环保及生态文明建设责任书考核的2条集镇内河和21条农村河流水质全部达Ⅳ类以上；急水港国考断面水质稳定达Ⅲ类水，空气优良天数占比为92.8%，PM2.5（细颗粒物）年均浓度控制值位于苏州区镇前列，环境质量稳中向好，居民对环境状况满意率超过90%。

镇容镇貌

现代农业园区

特色田园

乡风文明宣传活动现场

昆山市陆家镇陈巷村

陈巷村位于陆家镇驻地西南方，属长江三角洲东端，太湖下游。东、北被吴淞江所围，与花桥镇陆巷村、陆家镇陆家村、神童泾村、昆山出口加工区隔水相望，南隔小市河与千灯镇交界，西与千灯镇张家浜村接壤。北距昆山市中心 12. 50 千米，西距苏州市中心 55 千米，东距上海市中心 55 千米，地理位置优越。村域面积为 5. 2 平方千米，其中农田面积约 3. 53 平方千米；户籍户数 839 户，户籍人口 3 426 人；常住户数 3 933 户，下辖 28 个村民小组。

陈巷村党委、村委会在创建省级生态文明示范村工作的过程中，牢固确立“生态富民，产业强村”的根本理念，始终坚持把创建省级生态文明示范村与建设特色田园乡村规划相结合，以建设美丽乡村、特色田园为目标，以发展村域经济、增加农民创收为依托，以改善人居环境、提高生活质量为使命，积极有序组织开展创建省级生态文明示范村工作。陈巷村以陈巷田园综合体产业基地和高效农业种植基地为代表，大力发展生态农业；稳步推进陈巷村农场的集体规范化建设，使其成为昆山市粮食生产全程机械化示范点；推进清洁生产，整治农田环境；对全村的生活垃圾实行定点存放清运，在农民集居区、公共场所和主要路段配放固定垃圾桶，开展生活垃圾分类收集；创新开展丰富多彩的全民生态文明宣传教育活动，紧紧围绕资源节约利用，以节能、节地、节水、节材、资源综合利用为重点，在人民群众衣食住行等日常行为中倡导绿色行为理念。

村容村貌

夏秋之交农田实景

便民设施

村风文明宣传活动现场

昆山市锦溪镇长云村

长云村地处锦溪镇的北部，西北与角直镇隔湖相望，东北与张浦镇交界。交通便捷，地理位置优越，环境宜人。长云村下辖6个自然村，全村区域面积约3.5平方千米，共有23个小组，全村共有居民530户，总人口约1 820人。

近年来，在上级党委、政府的正确领导下，长云村先后获得“国家农民合作社示范社”“江苏省卫生村”“苏州市民主法治村”“苏州市生态村”“昆山市文明村”“昆山市农村环境综合整治先进村”“昆山市农村精神文明建设先进村”“全国亿万农民健康促进行动苏州市先进村”“江苏省和谐社区建设示范村”“锦溪镇长云村长娄里三星级康居乡村”“苏州市城乡一体化改革发展先进集体”“先进基层党组织”“江苏省生态循环农业试点村”“苏州市康居特色村”等荣誉称号。

长云村长期以基础设施建设为中心，不断壮大村集体经济，执行“农场+支部”的集体经营模式，提高土地经济收益。不断提高防汛圩岸抗灾能力，扩大稻田养蟹养鸭项目面积。长云村在保证林木正常生长的前提下，逐步丰富产业结构。管辖村里31条河道，实行每周巡查计划，确保为辖区居民营造一个“河清、水畅、岸绿、景美”的宜居环境，为全村的河道创建岸绿、水清、鱼跃的原生态水环境。完善“五位一体”长效管理机制，确保保洁员常态管护，真正做到生活垃圾日产日清，集中运转处理。科学制订生态文明宣传方案，实施环境保护各项工作，不断实现生态环境保护目标。

村容村貌

绿色农业

田园风光

分散式污水处理设施

昆山市张浦镇尚明甸村

尚明甸村位于张浦镇最南端，处于淀山湖、锦溪、千灯三镇交界处，南北公路、锦淀公路贯穿全村，交通便利。全村总面积 5.33 平方千米，耕地面积 1.87 平方千米，全村由尚明甸、清水湾、郁家堰、李家浜、金家堰、律八里 6 个自然村组成，共 21 个村民小组，总户数 500 户，总人口 1 791 人。

近年来，尚明甸村在探索农村新产业、新业态、新模式的前提下，秉持“改善人居环境，建设美丽乡村”的新发展理念，广泛开展农村人居环境整治宣传工作，发动农民群众参与“净美家园”活动，推进农村“厕所革命”以及美丽宜居村庄建设等专项行动。全村在加强新时代农村精神文明建设方面成果突出，先后获得“昆山市文明村”“美丽宜居乡村”“三星级康居乡村”“苏州市住户优秀调查点”等荣誉称号。经过持续多年的探索与奋斗，全村整体宜居宜业、农业高质高效、农民富裕富足。

尚明甸村把工作重点放在“发展村级经济，让农民富起来；完善基础设施，让农民生活便起来；加强环境建设，让农村面貌亮起来；丰富农村文化生活，让农民乐起来”。尚明甸村环境整治工作开展以来，新增绿化面积 128 000 平方米、建设生态河道 3.8 千米、沥青道路 12 千米、污水处理设施 9 处、垃圾分类站 1 座、分类垃圾桶 1 000 个、公厕升级改造 9 座、清理不规范养殖 180 处、维修污水管网 2 000 米、铺设天然气管道等环境保护工作，村内环境整治工作效果显著。尚明甸村在大力加强生态环境建设和保护的同时，大力提倡清洁能源的使用，全村清洁能源普及率为 100%，村内无一家规模性禽畜养殖，秸秆还田 100%，全村做到“不冒一处烟，不烧一把火，不污染一条河”。

村容村貌

景观塔

稻田艺术景观

生态美丽河道

吴江区同里镇

同里古镇地处太湖之滨、大运河畔，1981 年由国家建设部批准列为国家级太湖风景区 13 个景区之一，1982 年被列为江苏省文物保护单位，1995 年被列为首批“江苏省历史文化名镇”，2000 年古镇内的清代园林退思园被联合国教科文组织列为“世界文化遗产”，2003 年由全国爱卫会评为“国家卫生镇”，同年被国家建设部、国家文物局评为“中国十大历史文化名镇”，2004 年被国家环保总局评为“全国环境优美镇”（2011 年更名为“国家级生态乡镇”），2005 年荣获“中国十大魅力名镇”称号，2006 年摘得中国人居环境范例奖，2010 年被评为国家 5A 级旅游景区，2011 年获“全国文明镇”称号（2017 年通过复评），2012 年获“国家园林城镇”“中国最美小镇”等称号，2013 年荣获“美丽宜居小镇”称号。2013 年 11 月，吴江经济技术开发区与同里镇实行“区镇合一”。2019 年，为统筹优化国家级开发区、旅游度假区等区域资源布局，探索适合经济发展、社会管理的中心城区行政管理体制，吴江区调整了同里镇区域范围，调整后同里镇行政区域面积 93.03 平方千米，由吴江经济技术开发区代管。

全镇紧扣“一体化”和“高质量”等发展要求，围绕吴江区打造“创新湖区”、建设“乐居之城”目标定位，以及开发区“打造强劲增长极、美丽南苏州，建设创新高地、生态高地、人居高地”战略部署，进一步解放思想、开拓创新，扎实推进各项工作，生态文明建设迈上新台阶。同里镇产业结构合理，主导产业明晰；严守生态红线和耕地红线，基本农田得到有效保护。在全市率先基本实现农业农村现代化，现代农业产业园成功纳入国家现代农业产业园创建名单，成为苏州唯一一个纳入创建名单的小镇。晶园艺入选“全省数字农业农村基地”。主动串联水乡古镇、生态湿地、田园乡村、现代农业，全要素推动农文旅融合发展示范区建设。同里古镇通过 5A 级景区复核，荣获“大运河城市文旅消费十佳示范名镇”“江苏研学旅行基地”等称号。同里国家湿地公园建成国家重点示范湿地公园，荣获“WWF 注册自然学校”称号。深入开展农村人居环境整治提升工程，考核成绩持续排名全区第一，获评“2020 年苏州市农村人居环境整治工作示范镇”，5 个自然村、2 个行政村上榜区红榜。建成三星级康居乡村 19 个，北联村通过省级特色田园乡村验收。农村“厕所革命”走在全区前列，全村一共修建 76 座公厕，农村卫生厕所普及率达到 100%。启动创建“美丽村景”67 处，实现村村有美景、景景有特色。

特色水乡

特色田园风光

吴江区同里镇北联村

北联村，位于历史文化名镇同里的东北部，黄泥兜、沐庄湖、同里湖、九里湖四湖环绕，自然资源丰富，地理位置优越，背靠苏州，东联上海。2013 年 8 月，为了进一步优化农村资源配置，优化资源整合，创建国家级现代农业示范区，北联、三港两村合并成立新的北联村。全村共有 57 个村民小组、农户 1 792 户、人口 6 198 人、村区域面积 12.83 平方千米。

北联村着力发展特色现代农业，抓住产业振兴的“突破口”，走出别具特色的发展道路。近年来立足新农村建设，大力发展现代农业，积极打造国家级现代农业产业园，形成优质粮油、高效设施和特色水产三大农业功能集聚区。北联村加强农业园区各特色板块建设，积极办好油菜花节、瓜果采摘、农业休闲观光等乡村旅游项目，同时提供水八仙、稻草扎肉等特色农家菜，打造“游同里，送北联”“看北联景，尝北联菜”等活动，将传统的古镇游、水上游和生态游相互串联，让游客停下来、住下来、消费起来。充满创意的稻田画和油菜花节享誉周边，中国·同里油菜花节已经成为一个成熟和知名的旅游品牌，受到外界的广泛关注和高度评价。

北联村注重生态文明建设与新农村建设、和谐社会建设和幸福家庭建设相结合，通过宣传栏、横幅、墙面画、便民手册、村规民约等宣传生态理念，以及垃圾分类、节约用水等科普知识。依托地球日、“六五”环境日等重要节日，开展科普宣传周、环保主题宣讲活动，普及农村环境保护知识，倡导生态环保理念，增强群众生态环保意识。北联村先后获得农业部国家级美丽乡村、江苏省社会主义新农村建设先进村、康居示范村、生态村、健康村、卫生村、苏州市先锋村、吴江市农村“三大组织”改革创新、廉洁文化示范点、江苏省特色田园乡村等荣誉称号。

村容村貌

稻田画

欢庆油菜花节的人们

田园风光

吴江区同里镇肖甸湖村

肖甸湖村，位于吴江区同里镇东北部，于2003年7月分别由原来的肖甸湖村、张家港村和横港村合并而成，位于同里镇最东侧。肖甸湖村区域面积8.03平方千米，下辖8个自然村（横港、狭港、章浜、石头渠、草里洲、张家港、池浜、肖甸湖），27个村民小组，村民2 256人，常住人口2 061人。肖甸湖村是传统的农业村，无规模工业生产，农作物种植以水稻、大棚蔬菜为主。

2008年，肖甸湖被评为苏州市级新农村示范村，先后获得“绿化工作先进集体”“吴江市文明村”“江苏省三星级康居乡村”“江苏省省级卫生村”“全国生态文化村”等荣誉称号，并获吴江市生态环境建设优美奖。2019年12月25日，国家林业和草原局评价认定同里镇肖甸湖村为国家森林乡村。自2010年以来，已创建完成省级三星级康居村庄1个、二星级康居村庄2个、一星级康居村庄1个、整洁村4个。

肖甸湖村贯彻落实习近平生态文明思想，牢固树立“绿水青山就是金山银山”绿色发展理念，积极践行“两海两绿”发展路径，始终将生态文明建设摆在重要位置，坚持绿色发展、生态优先，坚守生态红线，大力开展生态文明建设示范村创建工作，统筹推进环境基础设施建设、环境综合整治等各项工作，生态文明建设工作纵深推进，人民群众的“幸福感”不断提升，全村生态环境质量持续稳中向好。草里洲、池浜、石头渠完成4处共250平方米墙面宣传彩绘，池浜和肖甸湖新增大型宣传展板共3块，安装村庄人居环境长效公示牌5块。肖甸湖村每季度开展环境整洁示范户和美丽庭院评比，并公示和提供适当物质奖励，提高村民参与意识，营造人人参与的良好氛围。

水乡美景

多样的物种

吴中区太湖街道

太湖街道位于吴中区太湖新城，东、南至吴中区行政区域边界，与吴江区松陵镇隔湖相望，西与横泾街道相接，北至沪常高速公路，与越溪街道接壤，总面积约为25.9平方千米，其中，陆地面积16.8平方千米、太湖水面9.1平方千米。距上海虹桥机场和无锡苏南国际机场很近，随着东太湖大桥建成通车，以及轨道交通4号线延伸段、苏州中环的建设，太湖街道区位条件优越，交通便捷。2018年11月正式设立太湖街道，街道办事处与太湖新城吴中管委会合署办公，实行两块牌子一套班子，新城发展迈入了“区政合一”、产城融合的新阶段。太湖街道总面积约为25.9平方千米，其中陆地面积16.8平方千米、水域面积9.1平方千米（含岛0.15平方千米）。现管理融湾、颐湾2个社区居委会，常住人口约2.06万人。

太湖街道没有大规模的工业开发，良好生态环境成为建设生态文明示范街道的后发优势。太湖街道始终秉持“绿色发展、生态至上”的发展理念，坚决打赢污染防治攻坚战。巩固扩大蓝天保卫战成果，持续开展挥发性有机物专项治理，强化扬尘污染控制，推动辖区环境空气质量持续改善。大力推进水污染防治，加大对重点河汊流域周边环境违法行为的查处力度，强化水质监测预警，实现第一时间发现、第一时间预警、第一时间交办处置，为太湖新城实现一体化“治水”提供强有力的数据和决策支持。扎实推进重点行业企业用地土壤污染状况调查，加强固体废物全过程监管，严厉打击固体废物违法违规处置问题，确保辖区土壤环境安全。街道各部门既有明确分工，又有协同联动，支撑起长效管理的系统性。太湖街道始终以善美人文为内涵，把人性之善、人文之美放在首位，坚持用社会主义核心价值观教育引导全体居民，使民风和镇容镇貌获得美的统一。

镇容镇貌

太湖边道路

太湖街道道路

太湖风景

吴中区金庭镇石公村

石公村地处吴中区金庭镇西山岛东南隅，东南两侧环绕太湖，连接一斗入湖的石公山，西临消夏湾，北靠四龙山，由原明湾、石丰、石公 3 个行政村组成，总面积 6.41 平方千米。境内明月湾古村为“中国历史文化名村”和“中国传统村落”。

按照金庭镇“两带三区一半岛”新布局，石公半岛围绕乡村振兴统筹谋划，聚焦石公半岛精准发力，在西山农业园区（金庭镇）党（工）委、政府正确领导下，在全体党员和广大村民的大力支持和监督下，带领村民发展特色经济，促进了全村各项工作的不断推进。

石公村以打造“产业兴旺、生态宜居、乡风文明、治理有效、生活富裕”的美丽新家园为目标，在习近平生态文明思想的指导下，探索一条传统农业观光、生态旅游、农家乐休闲、吴文化同步进取的乡村振兴之路，进行全面生态化建设。石公村先后获得“江苏省卫生村”“苏州市生态村”“江苏省民主法治示范村”“江苏省农业信息化示范基地”“苏州市集体林权制度改革先进集体”等荣誉称号。

石公村以半岛建设、提升整村环境为着力点，全方位、多角度整治村庄环境，对太湖沿线环境、村内环境、整体规划进行一个质的提升。石公村切实践行“两山”理论，实现差异化发展，打造“农文体旅”综合体，围绕生态发展，因地制宜融入产业发展，创新社会管理，打造集住宿、餐饮、采摘、农业体验于一体的休闲生态村庄。石公村 2020 年上榜了第一批江苏省传统村落名录，2021 年入选江苏省乡村旅游重点村名录。

村容村貌

村庄一角

吴中区光福镇香雪村

香雪村位于苏州市吴中区光福镇西，北邻西淹湖，西靠太湖。村中山峰环绕，自然风景优美。全国闻名的“香雪海”旅游风景点就坐落于村中。全村占地面积 15 平方千米，由香雪村、铜坑村、窑上村、潭东村二次合并而来。全村现有村民小组 42 个、自然村 31 个、总农户 2 052 户、总人口 8 116 人。有园地面积 4. 528 平方千米、林地面积 5. 19 平方千米。

香雪村坚持做“两山”理论的实干家，大力发展香雪村特色产业，以特色产业的优势促进乡村产业振兴。加大特色资源宣传力度。挂钩苏州广电总台，依托苏州广电新闻媒介，以及学习强国、新华社、看苏州等主流媒体，助力“四花”品牌，进一步加大香雪村的特色产业和文化特色的“曝光率”，助力发展旅游配套的文化产业。拓宽特色产业产销渠道。通过线上融媒体直播带货活动，以香雪蜂蜜为试点，对潭东樱花、香雪青梅、枇杷、民宿等特色产品，采取直播、短视频等多渠道进行宣传，让更多农产品开拓新渠道。搭好乡村红色宣传阵地。香雪村重点打造了一个集党建、社会志愿服务、新时代文明实践于一体的具有香雪村特色的多功能空间，配备有大型的党建讲习室、党建展馆、学习室、图书馆等，展示内容涵盖党史、农业、民俗、村史、特色产业、自然风光等，为有效传承香雪文化而建立香雪红传习所，助力乡村振兴发展。

村容村貌

香雪海景区

吴中区临湖镇牛桥村

牛桥村坐落于苏州市吴中区临湖镇南部，往南延伸为太湖宝岛东山，往东边延伸两千米是风光秀丽、水产丰富的东太湖。牛桥得名于村中的一座古老的石拱桥，因桥形状如牛扼而得名。牛桥村村域面积 5.38 平方千米，包括牛桥片、三连片和前秧片 3 个片区，共有 22 个自然村、总户数 1 432 户、常住人口 8 172 人。

2020 年，牛桥村先后荣获“全国文明村”“苏州市先锋村”“苏州市人居环境示范村”等称号，连续十余次荣登吴中区农村人居环境整治检查考核“红榜”。2021 年荣获“苏州先进基层党组织”称号。牛桥村着力打造生态宜居村庄，建设“三星级康居乡村”。

牛桥村党总支部、村委会按照常熟市生态建设规划的总体要求，以上级党委、政府提出的以建设生态环境为先导，省级环境优美乡为主体，创造性地提出了“五牛精神”，即“实干老黄牛、奉献孺子牛、创新拓荒牛、廉洁清风牛、和谐幸福牛”，并将其融入生态文明建设中，对应实干、奉献、创新、廉政、和谐精神，以此来激励广大干部群众，形成争先创优的良好氛围，取得了一定的成效。村民环保意识明显提高，村庄内各项事业协调并进，实现了生态产业健康发展、生态环境质量稳步提升、生态文化突出显现、生态行为深入人心，逐步实现了人口、资源、环境和经济的协调发展，进一步向“生态环境优美、生态经济发达、社会文明和谐、人民幸福安康”的现代化特色村庄建设目标靠拢。

村容村貌

村庄道路

吴中区木渎镇接驾社区

接驾社区位于苏州市吴中区木渎镇西，紧邻穹窿山景区，辖区面积 4.15 平方千米。接驾社区现有自然村庄 7 个（山尾村、庙前、南竹坞、上泾村、接驾堂、宁邦坞、吴家堂），村民小组 19 个，总户数 495 户，户籍总人口 2 113 人，党员 70 人。

接驾社区在习近平生态文明思想的指导下，以整治农村环境为切入点，以保持生态、发展循环经济为核心，从生产发展、生态良好、生活富裕、乡风文明等方面进行全面生态化建设。经过持续多年的奋斗和努力，社区可持续发展能力不断加强，生态环境得到显著改善，生态文明创建工作深入人心。接驾社区先后获得“吴中区和谐示范社区”“吴中区五好村”“吴中区土地先进管理村”“苏州市绿色社区”等荣誉称号。

接驾社区发挥资源优势，大力发展特色优势产业。有机农业、循环农业和生态农业发展模式得到普遍推广，取得了较好的生态效益和经济效益。接驾社区利用农村田园风光、乡风民俗等资源，积极发展“农家乐”、休闲农业、旅游农业等，生活污水、垃圾等污染治理设施和旅游基础设施完备，管理规范，特色鲜明。

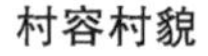

村容村貌

乡村道路

相城区澄阳街道

澄阳街道办事处为相城经济技术开发区所辖 2 个街道之一，于 2016 年 10 月正式批准设立。行政区域总面积 11.7 平方千米，下辖泰元社区、徐庄社区、南亚花园社区、蠡塘社区和登云社区等 5 个社区。

澄阳街道在做好生态文明建设的同时推动经济社会可持续发展，区域经济发展呈现“量质齐升”的发展态势。围绕构建现代服务业高地的发展目标，澄阳街道不断加快产业转型升级步伐，持续开展“退二进三”“退二优二”，狠抓重点行业、企业的节能减排工作，大力发展循环经济，先后对诸多重污染化工、家具、纺织等企业实施“淘汰”，“263”专项行动和网格化治理成效明显，城镇生态环境质量得到较大改善。辖区内创新服务体系逐步健全，创新创业实力不断提升，产业结构不断得到优化升级，资源节约、环境友好的生产方式、生活方式和消费模式将加快形成。污染治理和生态建设力度不断加大，澄阳街道积极开展环境隐患综合治理，突出抓好大气污染治理，水岸同治，加强水环境保护，不断规范环境监管工作。

澄阳街道正全面贯彻落实党的十九大精神，以习近平新时代中国特色社会主义思想为指导，紧扣相城区委区政府“12345”发展战略思路，以城市更新为主线，统筹推进企业服务、社会治理、文化建设、民生福祉，加快建成国际研发社区，奋力拓展新空间、增创新优势、实现新突破，推动澄阳高质量发展和生态文明建设走在前列。

整洁的道路

阳澄湖国际科创园

高新区浒墅关经开区（镇）九图村

九图村位于浒墅关东北部，东邻相城区，北靠春申湖，西近西塘河，四面环水。全村下设 8 个自然村落、17 个村民小组，共有 530 户村民，总人口 2 312 人。辖区总面积 2.5 平方千米，土地 1.32 平方千米，目前流转农田 0.762 平方千米，以种植水稻、小麦为主。

在村“两委”班子人员的共同努力下，九图村先后获得“江苏省文明村”“江苏省卫生村”“江苏省健康村”“苏州市先锋村”“苏州市农村人居环境整治示范村”“苏州市康居特色村”“苏州市健康村”等多项荣誉称号。

九图村号召广大党员干部和村民代表要争当“打造美好生态家园的开拓者、争做保护生态环境的领跑者”。九图村一直严格落实大气、水、固废环境污染防治各项任务，积极对村庄进行散乱污整治，实施全村域农村生活污水改造，配备垃圾倒桶汽车，实施垃圾倒桶，建强村庄保洁队伍，制定保洁标准。通过道路亮化绿化、小游园建设和环境卫生管理等，建成六个三星级康居乡村点。同时带动农户原宅翻建，全村农房翻建率超过 70%。九图村村容村貌不断改善。

生态农场

公园景色

生态美丽河道

生态步道

高新区浒墅关经开区（镇）青灯村

青灯村地处浒墅关经开区（镇）东北部，紧靠西塘河、浒东运河，西接沪宁高速，北接新 312 国道，南接中环快速路，交通便捷。村域面积 3.2 平方千米，耕地总面积 0.983 平方千米。常住人口 2 850 人，流动人口 3 591 人，农户 650 户，下辖 20 个村民小组、17 个自然村。

青灯村坚持党建引领促发展、凝心聚力惠民生，努力建设“都市田园”新农村，2018 年至今获得“2018—2020 年度江苏省文明村”“2019 年度苏州市乡风文明建设先进集体”“南海巷郎创建‘三星级康居乡村’”“2020 年度苏州市农村人居环境整治工作示范村”等多个荣誉称号。

青灯村通过全体人员创业奋斗，发挥自身优势，坚持科学发展，盘活集体和农村闲置资产，以公开、公平、公正方式将其出租、出让，提高租金收入，增长村集体经营性收入。通过土地流转集中经营，实现集约规模经营，促进农业农村现代化发展，促民增收及增加集体收入。加快二号青灯地块精品酒店项目、鹏欣奥特莱斯等项目落地，并以此项目运营为突破口，发挥虹吸效益，促进本村及周边经济发展。同时研究农房翻建试点，有效盘活利用闲置农房资源，鼓励村民开办集国风民俗、乡村景观于一体的农家乐、精品民宿，打造休闲旅游区，激活乡村旅游经济潜力，助力形成“以旅富农”产业发展新格局。

村容村貌

生态美丽河道

乡间道路

循环生态农田